農業ボランティア

災害列島をめぐる
人・組織の復旧記録

齊藤 康則／朝廣 和夫

農文協

まえがき

本書の目的

本書は、2011（平成23）年の東日本大震災以降、度重なる村落型災害のなかで展開されてきた「農業ボランティア」について、その全国的な広がりと地域ごとの取り組みの実態に迫るものである。

一般的に、被災した農地・農業用施設の復旧は、小規模な被害であれば自助、もしくは生産組合や地域の農家、住民同士の互助により行われる一方、大規模な被害については国の災害復旧制度に基づく公助が適用される。しかし近年、農村部では高齢化により農業労働力の減少が進むなか、想定を超えた激甚災害が発生している。公的な災害復旧事業は道路・橋梁・法面などのインフラを優先するため、農地の復旧は後回しとなり、数年を要するケースも見られる。

そもそも農業は農家の生計手段である。農地の復旧が遅れれば未収穫・未収益期間が長くなり、被災者の生活再建がきわめて困難となる。特に永年性作物（果樹）の場合、適切な時期に栽培管理・収穫作業を行えなければ、樹木が枯死するといった二次被害も出てこよう。このように災害に見舞われた農村では、計画や政策が想定する復旧・復興プロセスの隙間に置かれた部分が少なくない。被災農家の窮状を受けて、試行錯誤を通して立ち上げられたのが、各地のボランタリーな団体・組織による「共助としての農業ボランティア」であった。

1995（平成7）年の阪神・淡路大震災を契機として登場した災害ボランティア活動は、2000年代中葉より、社会福祉協議会（以下、社協）が設置する災害ボランティアセンター（以下、災害ボラセン）により実施されてきた。その活動範囲は被災家屋の片付けや被災者の傾聴といった生活支援が中心である。一方、東日本大震災以降、社協型災害ボラセンの枠組みとは別に、被災者の生業《なりわい》である農業・農村の復旧・復興を支援する取り組みが、ボランティア・NPO等を担い手として、ボトムアップ的に展開されるようになった。

そして、2016（平成28）年の熊本地震以降、こうした動きは行政、農業協同組合（以下の各章では、地域の慣例に応じて農協／JAのいずれかで略称）など関係機関とも連携してゆく。「農業ボランティア」という新たな現象が、この間、どちらかと言えば「ローカルな災害」に見舞われた地域で次々と創出されたのは、必ずしも偶然事ではない。ローカルな災害は外部支援者が被災現場に深く入り込み、被災住民と関係を築きながら試行錯誤を重ねることを可能とするからである。

本書の目的の一つは、東北・九州・四国・甲信越地方において、2010年代に発生した災害で展開された農業ボランティアの取り組みを、フィールド調査を旨とする異分野（緑地保全学、地域社会学）の研究者2名が具体的に描写することに置かれている。農業ボランティア活動は各地のボランティア・NPO、行政、農協、被災農家など、多様なアクターにより着想され、実行されてきた。初期段階では「あの人、あの組織」が活動の成否を左右する、不安定・不確実な取り組みであったが、そこから農業ボランティアセンター（以下、農業ボラセン）のように「制度化」された事例も生まれつつある。本書は、それぞれの被災地における人・組織の論理や行動に着目し、農業ボランティア活動がどのように組み立てられ、その後の復興にどのように繋がっていったのか、このような点を記述することに重きを置いている。

もう一つの目的は、農業ボランティアが蓄積してきた実践知やネットワークを理論的に考察し、激甚化する災害への備えとして、農業ボランティア活動を社会実装する必要性と、その具体的な方向性を提示することである。社協型災害ボラセンとは対照的に、これまでのところ農業ボランティア活動について標準的な制度的枠組みは存在せず、一般化もなされていない。毎年のように全国各地で村落型災害が発生するなか、農業ボランティア活動を立ち上げるための事前の仕組みづくり、発災時の関係機関や生産者同士のコンセンサスのあり方など、取り組み体制の体系化は喫緊のテーマだといえる。このような観点から、今後、関係機関やボランティア・NPOに求められる役割について、具体的に検討している点も本書の特色である。

本書の構成

第1章「自然災害と農業ボランティアの胎動」では、２０１０年代に発生した主な災害における農地・農業用施設の被災状況を紹介し、農業ボランティアが必要とされるようになった背景を説明する。また、援農ボランティア活動など先行する活動の系譜にも触れながら、農業ボランティア活動の内包と外延を明らかにする。そのうえで、用排水路、田圃・畑地、ビニールハウス、樹園地などを対象に行われた具体的な活動内容を紹介し、従来の災害ボランティアとは異なる「もう一つの災害ボランティア」としての農業ボランティア像を浮き彫りにしたい。

続いて第2章からは、各地の事例を紹介する。

第2章は「農業をはじめた農地復旧ボランティア——支援者の当事者性と復興への関わり**【東日本大震災（２０１１年）・宮城県仙台市】**」と題し、被災した農家が生活を立て直すまでの支援を目的として、津波被災した畑地において農地復旧を手掛けた「ＲｅＲｏｏｔｓ《リルーツ》」という学生団体の取り組みを紹介する。メンバーによる野菜づくりや被災農家を対象とした販売支援など、10年にわたる「ＲｅＲｏｏｔｓ」の活動の変遷を跡付けるとともに、学生を中心とする流動性の高い組織が、なぜ長期にわたって存続しえたのかについても考察する。

第3章は「ＮＰＯは被災農村をいかに支援したのか——里地・里山保全と災害復興**【平成24年7月九州北部豪雨（２０１２年）・福岡県八女市・うきは市】**」である。平成24年7月九州北部豪雨は、気象庁が線状降水帯という語で豪雨の危険性を伝えた最初期の災害である。本章がフィールドとする伝統的な棚田地帯である八女市黒木《くろぎ》町・星野村、うきは市の3地域では、「ＮＰＯ法人山村塾」のように、災害前から棚田の保全活動が行われていた。このような活動の蓄積が、被災後の農業ボランティア活動として活かされた点について詳述する。

第4章「活かされた地域おこし協力隊の実践知――カライモの苗植え・収穫支援と組織化のプロセス**【熊本地震（２０１６年）・熊本県西原村】**」では、熊本地震の被災地で唯一設立された「西原村農業復興ボランティアセンター」を取り上げる。この農業ボラセンは、地域の重要な農産物であるカライモ（サツマイモ）の栽培を被災下でも継続できるよう、被災農家の要望を承けて元・地域おこし協力隊員が組織したものである。本章では、なぜ農業ボラセンが会員制の「西原村百笑応援団」へ移行したのかについても説明する。

第5章は「ＪＡが開設した初のボランティアセンター――三者連携による農地復旧と農業復興の新機軸**【平成29年7月九州北部豪雨（２０１７年）・福岡県朝倉市】**」である。九州地方では先行する2つの災害を通して、農業ボランティア活動に関する実践知が蓄積されてきた。さらに「全国災害ボランティア支援団体ネットワーク（ＪＶＯＡＤ）」のコミットメントを背景として、ＪＡ筑前あさくらが農業ボラセンを設立することになった。本章では、このプロセスを追跡するとともに、その後ＪＡが手掛けた農業復興の内容についても紹介する。

第6章は「被災農家とボランティアが織りなす復旧――多様な主体による支援と営農再開

の課題【西日本豪雨（２０１８年）・愛媛県宇和島市】」である。西日本豪雨は急傾斜地の樹園地に多大な被害をもたらし、産地の存亡を左右する深刻な状況に陥った。本章では、外部の災害救援NPOなどが着手した農業ボランティア活動が、地元のJAを担い手とする「みかんボランティアセンター」へと移行するプロセスを追跡する。くわえて、被災農家によるボランティアのコーディネートや、産地復興に向けた新会社の立ち上げについても論じる。

第7章は「複数セクターの連携による土砂撤去――災害文化の限界と越境的ネットワークの意味【令和元年東日本台風（２０１９年）・長野県長野市】」である。台風災害により千曲川の堤防が決壊した長野市長沼地区では、樹園地に大量の土砂や災害漂着物が堆積し、手の付けられない状況となった。本章では、災前に発足していた「長野県災害時支援ネットワーク」や「長野県まちづくりボランティアセンター」を背景に、各種団体と行政機関が連携して「信州農業再生復興ボランティアプロジェクト」を立ち上げるまでのプロセスを説明する。

第8章「農業ボランティア活動の課題と展望――制度化と伝播の様相、そして連帯のゆくえ」は、第2〜7章で紹介した取り組みを踏まえた、本書の中間総括である。ここでは農業ボランティア活動を、前組織化期・組織化期・制度化期という3つの段階によって整理するとともに、この間に見られた支援のレパートリーの伝播のあり方を、災害内伝播と災害間伝播の2つに類型化する。そのうえで、農業ボランティア活動がもたらした都市住民と農村地域の出会いに、一時的な災害支援を超えた連帯という意味合いを見いだそうとしている。

最後の第9章「農業ボランティア活動を立ち上げる」では、社会実装を視野に入れて、いくつかの視点と具体的なノウハウを紹介する。農業ボランティアの活動拠点の多様な類型や、被災地域（市町村）・都道府県・全国の連携のあり方を、第2〜7章の内容を踏まえて説明する。また、発災前から求められる関係機関の連携や都市農村交流の重要性にくわえ、農業ボラセンの運営概要と人材育成のあり方についても論じる。

本書のねらい

災害時に私たちは、誰一人取り残されることなく避難が行われ、速やかな復旧・復興が実現するよう、平時より準備を行うことが求められている。農家そして農村は、古来より度重なる自然災害を受けながらも、農村コミュニティという互助の力により生活と生業の復旧・復興を成し遂げてきた存在である。しかし、人口減少・高齢化により農業労働力が減少し、地球温暖化にともなう極端気象が頻繁に発生するようになった今、ひとり農家、農村だけで復旧・復興を完遂することは困難だと言わざるをえない。グローバル化、都市化、情報化といった背景のもと、私たちは新たな社会編成の論理、すなわち個人の共感力をベースとした共助のあり方を構想することがますます重要となっている。

別の視点から見ると、災害列島に広がる農業ボランティアは、市民社会を結び直す可能性を秘めた存在ともいえる。海外に目を向ければ、アメリカの国立公園づくりにおける「国内青年協力隊（Civilian Conservation Corps）」、イギリスの田園景観の保全、そしてオーストラリアのエコツーリズムの展開など、力強いボランティアサービスが各国の市民社会形成を支えてきた。一方、我が国では、農村と言えば都市に若者を送り出し、実家に戻るのは盆と正月のみ。今や、都会で生まれ育った世代が中心である。都市と農村が連携した市民社会形成の一つの場として、頻発する災害からの復旧・復興、その支援活動を考えることはできないだろうか。

災害に見舞われた被災地では、過ぎる月日と共に平時が訪れる。しかし同時に、その間に進行した農山村の人口減少などの社会的課題を受け、直売所での農作物の購入、余暇での農村訪問といった関係人口を生み出す取り組みが重要度を増している。このような都市農村交流における農家との触れ合いが、身体性をともなう都市・農村の共感力を育むことになる。

農業ボランティアという「もう一つの災害ボランティア」の取り組みは、復旧期の支援を通して、被災地のしなやかな復興に寄与するだけではない。災害をきっかけとする都市住民と農村住民の出会いは、平時における農ある暮らしを支え、豊かな自然を育む活動へと発展するポテンシャルも有している。それは、持続可能な農ある暮らしと環境をどのように次世代に受け渡すかという課題を、あらためて私たちが問い直す契機ともなるだろう。

朝廣　和夫

目次

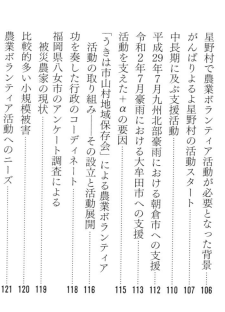

第6章 被災農家とボランティアが織りなす復旧
――多様な主体による支援と営農再開の課題

第7章 複数セクターの連携による土砂撤去
――災害文化の限界と越境的ネットワークの意味

第1章 自然災害と農業ボランティアの胎動

一般的に、農地・農業用施設が被災したら、どのように復旧されるのだろうか。図1－1に被災した農地・農業用施設の復旧における主体と費用負担の大まかな考え方を示してみる。まず、災害規模について復旧にかかる経費で3つに区分している。工事費が40万円以上かかる場合は農地・農業用施設災害復旧事業（国庫補助）の採択対象となり、行政機関の査定、入札を経て請負業者が工事を実施する。工事費が10～50万円程度の被災だと、市町村の単独事業として実施することができる。これも請負業者が必要であるが、中小規模であるため、地域の業者が実施することが多い。これらのクラスの被害はこのように公助の利用が可能である。もちろん、中小規模の被害についても自助や、地域の互助での復旧作業が行われる。最後に10万円以下の小規模の被害は、基本的に農家が自助や地域の互助で復旧する。このように、被災した農地の復旧は、自助、互助、公助が分担・連携しながら行われる枠組みになっている。

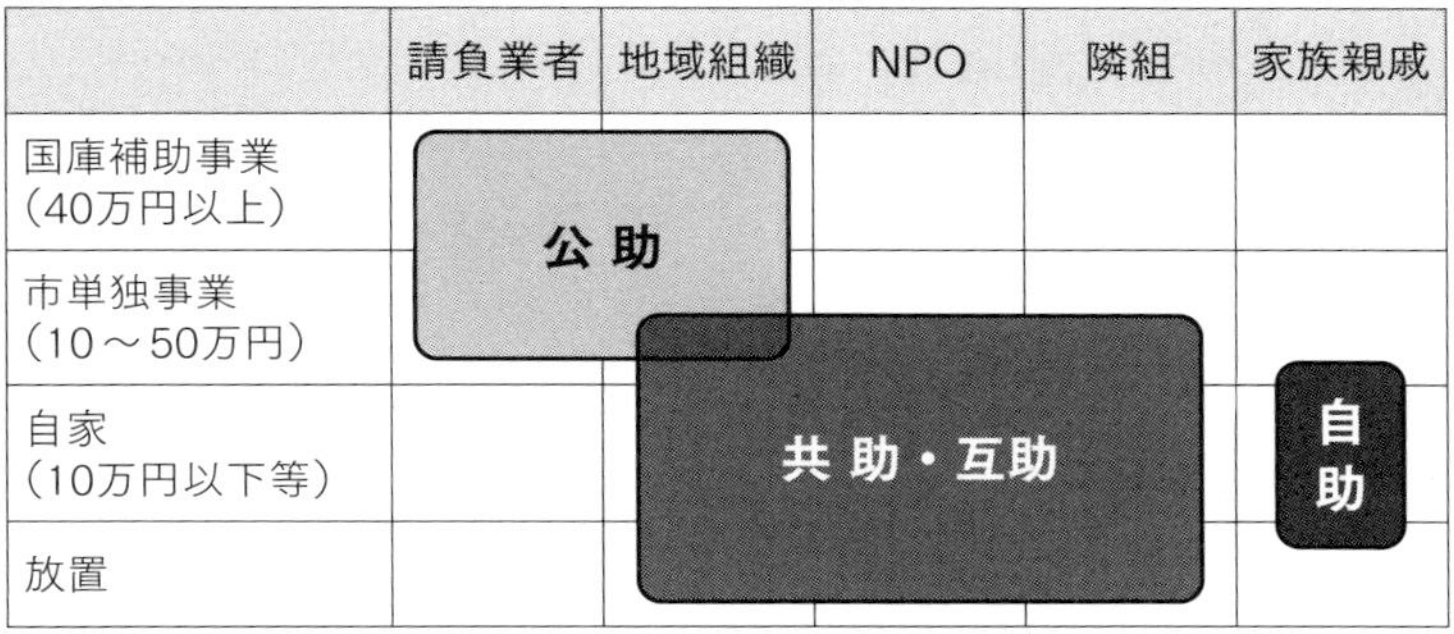

図1－1　農地・農業用施設の復旧主体と費用負担の考え方

注）朝廣（2016）をもとに作成。

だが近年の災害では、災害そのものが激甚化し、復旧の早期化が求められる状況のなか、この自助・互助・公助の枠組みだけでは対応できないニーズもまた発生している。そのときに必要とされるのが「共助としての農業ボランティア」[*1]なのである。例えば、対応できないニーズの筆頭にあげられるのが、季節に応じて迅速な対応が求められる作付けや収穫作業、水路の復旧作業である。災害で被災農家が避難生活と家屋の後片付けで手一杯のなか、今、農作物の作付けをしないと今年の収入や自家用の食べ物がなくなる。この水路に水を通さないと育てている作物が枯れてしまう。果樹の周りの土砂を取り除かないと樹が枯れてしまう。稲刈りの時期、水田に土砂や木くずなどが入るとコンバインが利用できず、手作業で収穫をする必要がある。道路が土砂に埋まると軽トラックで農地に行けず、人力で行き来するしかない。被災した農地での農作業は、人手や機械力なしに被災農家だけで実施することは難しい。このようなとき、農業ボランティアの手足が大きな助けとなる。

従来の復旧の枠組みからこぼれおちる理由としては、農村が抱えている内在的課題も挙げられる。例えば、高齢の農家のなかには、体力的にも経済的にも自助で復旧する力がなく、災害を機に離農をしようかと考える農家もある。土砂に埋まった水路や石垣は、昔なら地域の互助で復旧作業を行ったが、現在は農村人口が減り作業ができない。復旧して農業を続けたいが、高齢のため自己負担金を出してまで公的な災害復旧事業を行うかどうか思案してしまう。他にも農地の復旧をあきらめるさまざまな事例がある。このような視点は表立って目に見えることはなく、農家も口にしないため把握が難しく、支援が行き届きにくいのが実態である。そういう農家の存在がNPO・ボランティアの活動により可視化されていく。ボランティアの「開発的機能」（山下・菅 2002）が効果を発揮するのである。

農作物は経済的な作物であるとともに、それにとどまらない「命」である。被災後すぐに人の手があれば対応できる被害に対し、対応できる復旧の枠組みは十分ではない。そして「被災したから」「高齢だから」といった理由で営農の継続をあきらめてしまう。ひとたび農地の復旧を断念すれば、農地が荒れ、やがて農村から人口が減り、地域が衰退していく。このような悪循環を軽減させるには、復旧の早期化に資する取り組みが必要である。このような状況のなか、全国のあちらこちらの被災地で、被災した農家に手を差し伸べる農業ボランティアによる「共助」の活動が展開したのである。

災害ボランティアと農業ボランティアの違いとは

一般的に知られている災害ボランティアとは、社会福祉協議会（以下、社協）の設置する災害ボランティアセンター（以下、災害ボラセン）が募集・派遣を行うボランティア活動である。ここで、この災害ボランティアと農業ボランティアの違いを表1－1に示してみる。

社協の設置する災害ボラセンの目的は「生活支援」とされている。これは、設置母体である社協の活動範囲として定められているからである。被災地での活動の内容は、住居の復旧や避難所や仮設住宅における被災者の生活支援である。具体的には、住居の泥出し・片付け、清掃やごみ搬出、そして避難所における炊き出し、物資支援、引っ越し支援、子どもや家族の生活サポートなどである。災害ボラセンでは、社協職員にくわえ、災害救援ＮＰＯのスタッフや災害ボランティア経験の豊富な人々が、コーディネーターとして被災地での必要資材の確保、ニーズ調査、ボランティアとのマッチング、現地活動の実施、各種調整活動を展開する。[*2]

それに対して、農業ボランティア活動の目的は「生業《なりわい》支援」である。農業ボランティア活動の設置母体は、特に定まった主体や機関はなく、制度的根拠もない。被災地での活動の内容は、農地・農業用施設（田畑、水路、倉庫など）の土砂の撤去、石垣や土羽《どは》の復旧、農業等の支援として稲刈り、季節の農作業、草刈り、そしてお祭りや地域行事の支援等も行われる。

表1−1　災害ボランティアと農業ボランティアの違い

	災害ボランティア	農業ボランティア
目的	生活復旧、生活支援	生業支援、地域環境保全
実施母体	社会福祉協議会が設置する災害ボランティアセンター※	定まった主体・機関はない。NPO、JA、行政機関等が連携して実施
活動内容	• **住居の復旧**：泥出し・片付け、清掃やごみ搬出 • **避難所・被災者の生活支援**：炊き出し、物資支援、引っ越し支援、子どもや家族の生活サポート	• **農地復旧等の支援**：農地・農業用施設（田畑、水路、倉庫など）の土砂の撤去、石垣や土羽の復旧 • **農業等の支援**：稲刈り、季節の農作業、草刈り • **年中行事の支援**：お祭りや地域行事の支援

※NPO等の他団体が設置する災害ボランティアセンターもあり、活動内容は生活支援にとどまらず、広く、団体の事業目的に応じ実施されている。
注）筆者作成。

本書で紹介する活動はいずれも自発的な模索のなかで組織が設置され、NPO、JA、行政機関等が連携するなど、その形態もさまざまである。例えば、JA、NPO等の既存の団体が個別に支援を行うケース、農業ボランティアセンター（以下、農業ボラセン）を設置し実施するケースがある。災害を受けてNPO等が新たに団体を設立して農業支援を行うケースもあり、団体の事業目的に応じて多様な活動が行われている。

なお、社協の設置する災害ボラセンによる農地へのボランティア派遣は、これまで基本的にできなかった。農業ボランティアは「生業支援」とみなされ、活動対象が異なるからである。[*3] また、発災から数日後の復旧の初動では災害ボラセンが始動し、生活復旧の目途が立った1〜3ヵ月後から農業ボランティア活動が展開していくことが多い。このように時期が異なる理由は、生活復旧が第一義として重要であること、農地・農業用施設の被災状況は徐々に判明してくること、そして、災害ボランティア活動をしたボランティアを農業ボランティア活動に引き継ぐという意味合いがある。

それに対して農業ボランティア活動は、農村に住む農家と、都市に住むボランティアとの関係性に基づき展開される。災害前からの観光や援農活動が被災地の復旧ボランティアにつながり、災害後は中長期にわたり農を通じた農家や地域との関わりが続く事例もある。農村に住む農家にとって農地・農業用施設そして農村は、農作物を生産し生計を立てる場であるとともに、日々の自家消費用の食料を生産し、農地に通いながら心身の健康を養い、自然と親しみ、ときには地域の人と会話をする生活・社交の場でもある。

また、自然環境という視点では、農地はさまざまな環境保全機能を有しており、多様な生き物を育み、空気や水を生み出す地域環境保全の場でもある。都市生活者にとって農家は食料を生産する生産者であり、農家が支える農村環境は、その基盤である。土日に余暇として訪れたり、農作業を行ったりする人もいる。農村と都市の関係には生産と消費という視点だけではなく、共同で行う環境の保全という含意がある。災害時の農業ボランティア活動は、地域環境保全の一端が垣間見られる事象である。

増加する災害と農業被害

近年、報道で伝えられているように、地球温暖化の影響と考えられる海水温度の上昇、水蒸気の増加などの極端気象により、台風・豪雨などの激甚災害が増加傾向にある。農業は、これらの災害で大きな被害を受けてきた。2006（平成18）年から2020（令和2）年までの災害における農業関連被害額を図1－2に示す。東日本大震災関連の被害が最も多く、その他の年は被害額が少ないものの、全体的に増加傾向を示している。気象災害の種類は、津波の他、雪害、台風、豪雨・長雨、冷害などさまざまである。

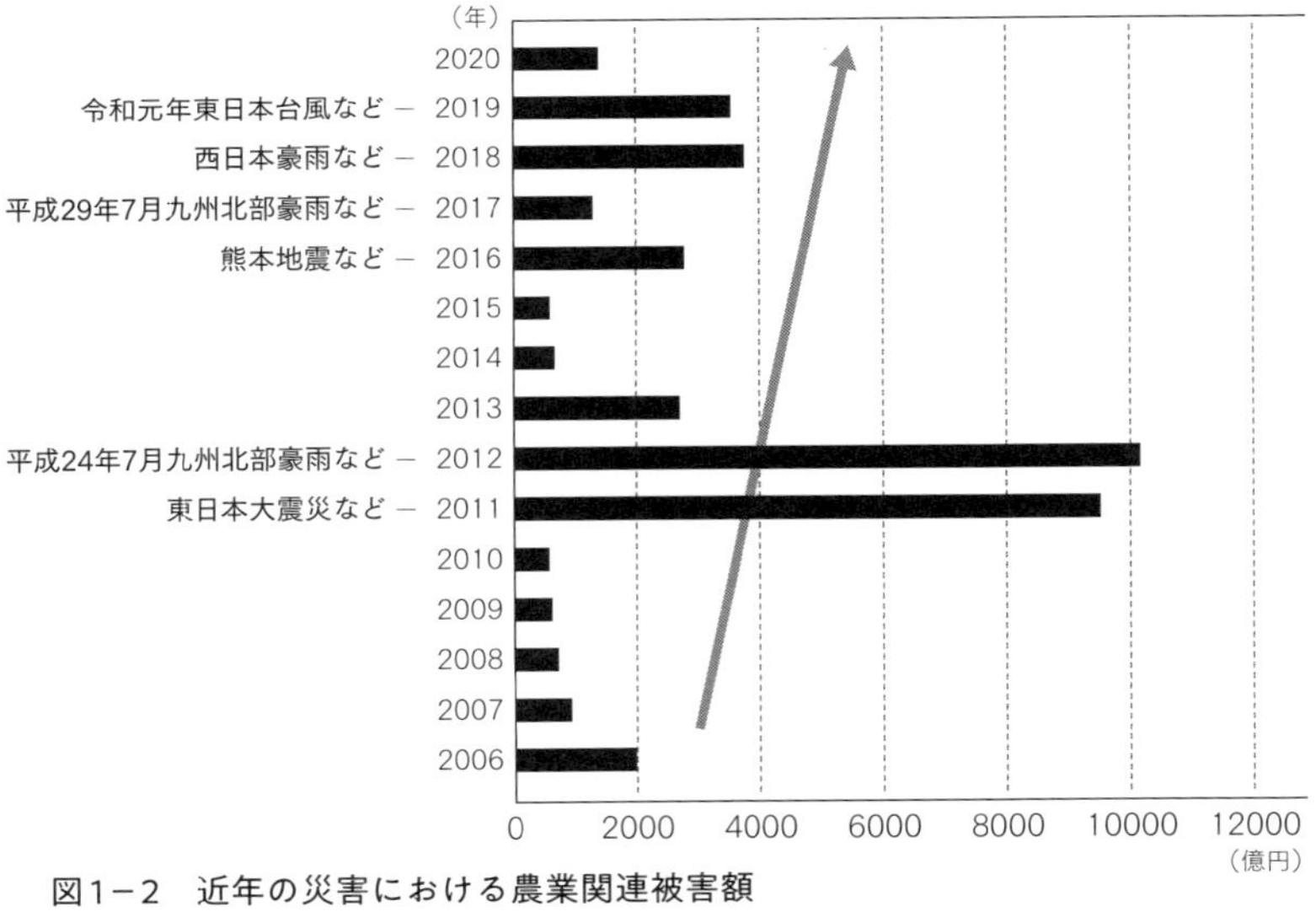

図1－2　近年の災害における農業関連被害額

注）農林水産省『食料・農業・農村白書』（2006 ～ 2020年）を参照し作成。

表1－2、図1－3に2011（平成23）年～2020（令和2）年の農業関連被害をもたらした主な災害と、本書で紹介する農業ボランティア活動を示した。実に毎年、多様な災害が発災しており、農業関連被害額も大小さまざまである。被災地域は全国各地にわたっており、豪雪や台風、豪雨は県境を越えて影響を及ぼす傾向がある。この間、全ての被災地域で農業ボランティア活動が展開されてきたわけではないが、この2010年代には顕著な取り組みが見られた地域が存在した。本書ではこの期間に実施された活動を取り上げている。

農業ボランティア活動の系譜と「制度化」

こうして2010年代に被災地で見られるようになった農業ボランティア活動について、先行する系譜のいくつかを辿りながら、「制度化」に至るまでのプロセスを描き出してみよう。

系譜の一つに数えられるのが消費者運動（生協運動）である。1960～70年代に全国各地で組織された地域生協は、周知のように食の安全・安心を確立するため、産直（産地直結）活動を通じて生産者と消費者（生活者）の「顔の見える関係」を構築してきた。この産直活動の柱ともいえる有機野菜の栽培は、種々の工程において手間暇のかかるものである。そこで生産者サイドから、ときに組合員による労働力の提供（援農）が求められたのである。

このような関係性を背景として、ひとたび災害が発生すれば組合員が被災農地に出向いて復

農業被害※ 単位（億円）	本書で取り扱う農業ボランティア活動
9476	ReRoots
9049	
90	
676	笠原復興プロジェクト（山村塾）、がんばりよるよ星野村、うきは市山村復興プロジェクト、阿蘇タカナリボン運動
89	
113	
69	
521	
390	
1457	
155	
351	
115	
23	
567	
1368	西原村農業復興ボランティアセンター（西原村百笑応援団）、阿蘇復耕祭、南阿蘇ふるさと復興ネットワーク
365	山都町棚田復興プロジェクト
46	
238	
665	
14	
45	
661	JA筑前あさくら農業ボランティアセンター、黒川復興プロジェクト、東峰村元気プロジェクト（東峰村農援隊）、東峰村棚田まもり隊、ひちくボランティアセンター
37	
566	
1762	JAえひめ南みかんボランティアセンター、まつやまみかんボランティア
564	
673	
546	
66	
171	
764	
2505	信州農業再生復興ボランティアプロジェクト
1218	大牟田市農業災害復旧ボランティアサポート協議会
140	

※農業被害は、10億円以上のものを抽出している。

表1－2　2011～2020年の災害と本書で言及する農業ボランティア活動

和暦		西暦	災害名
平成	23	2011	東日本大震災
	24	2012	東日本大震災
			暴風（4月）
			梅雨前線豪雨等（台風第4号含む）（6～7月） 平成24年7月九州北部豪雨
			台風第16号（9月）、第17号（9月）
			大雪
	25	2013	4月以降の低温
			梅雨時期における大雨等（6～8月）
			台風第18号（9月）
			11月からの大雪
	26	2014	6月上旬の梅雨前線やその後の台風第8号に伴う大雨
			8月の台風第12号及び第11号を含む大雨
			台風第18号（9月）、第19号（10月）
			長野県北部を震源とする地震（11月）
	27	2015	台風第11号（7月）、第15号（8月）、第18号（9月）
	28	2016	熊本地震（4月）
			豪雨による災害（6～7月）
			台風第7号（8月）
			台風第11号・9号（8月）
			台風第10号（8月）、第16号（9月）
			鳥取県中部を震源とする地震
			冬期の大雪等
	29	2017	台風第３号及び梅雨前線による６月30日からの大雨、 平成29年7月九州北部豪雨
			台風第5号（8月）
			台風第18号（９月）、第21号（10月）、第22号（10月）
	30	2018	平成30年7月豪雨（西日本豪雨）
			台風第21号
			北海道胆振東部地震
			台風第24号
令和	元年	2019	6月下旬からの大雨
			8月の前線に伴う大雨
			令和元年房総半島台風
			令和元年東日本台風等（台風第19号）
	2	2020	令和2年7月豪雨
			令和2年から3年までの冬期の大雪

注）農林水産省『食料・農業・農村白書』（2006～2020年）を参照し作成。

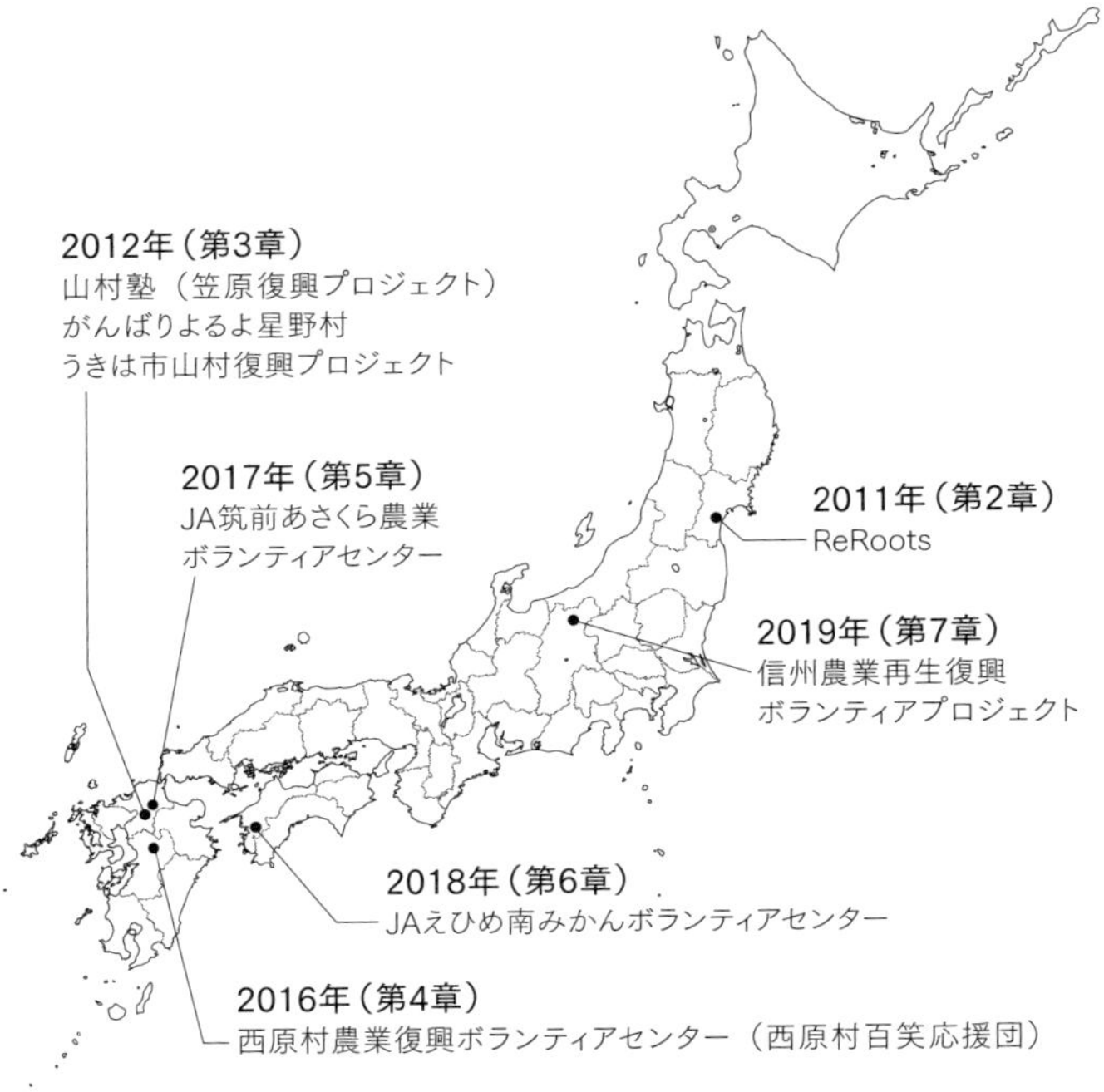

図1－3　本書で紹介する農業ボランティア活動の分布

旧作業を支援するといったケースは、当時より少なからず見られたことだろう。実際、東日本大震災では宮城県のみやぎ生活協同組合（以下、生協）が取引関係にある被災農家のもとに赴き、他県の生協職員や組合員の参加も得ながらビニールハウスの泥出し作業などに従事することになった（西村 2014）。同様の取り組みは、福岡県を事業領域とするエフコープ生協も、平成29年7月九州北部豪雨に際して実施している。

もう一つは援農ボランティアの系譜である。こちらは都市農業における援農ボランティアと、農村地域におけるワーキングホリデーに大別することができる。都市計画法のもと、従来は不要とされてきた市街化区域の都市農地が、改正生産緑地法（1991年）により保全すべき農地として位置づけられるという構造転換を承けて、東京都西部など大都市近郊では1990年代中葉よりボランタリーな農作業支援が見られるようになった。舩戸修一（2013）は援農ボランティアと受け入れ農家双方の意識を分析し、後藤光蔵ほか（2022）は農業ボランティアが農業経営や都市農業の担い手へと変化しつつある様子を描き出している。

一方、農村地域におけるワーキングホリデーについては、宮崎県西米良村（1997年）、長野県飯田市（1998年）の先駆的な取り組みが知られている。前者では労働対価として賃金が支払われるのに対し、後者では農家民泊と食事が提供されるといった手法の違いは見られるものの（田島 2005、池田ほか 2013）、いずれも人口減少、高齢化を背景とした農繁期の労働力不足を、都市住民の参加により補完するのをねらいとしたものである。第6章のフィールド、愛媛県宇和島市でもミカンの収穫を援助する「宇和島シーズンワーク」が展開されてきたが、その取り組みは「ワーキングホリデー飯田」を範型としている。

援農ボランティアや農村ワーキングホリデーは、都市農地の保全や農業労働力の補完を目的として「上から」政策的に展開された点に特色がある。こうした政策は脱近代的な生活の豊かさを求める人々と共振共鳴し、都市部では講座の開講やNPOの結成により援農ボランティアの裾野が広がり、農村部では農業体験を経て移住者や新規就農者が増加するなど好循環をもたらした側面もある。だが、援農ボランティアや農村ワーキングホリデーは一定の領域で展開される地域性のある取り組みなのか、それらの経験者が自然災害に見舞われた被災地に足を運び、スキルを活かして復旧・復興活動に従事したという事例は、あまり聞くことがない。

むしろ既存のＮＰＯが、災害救援をミッションとすると否とにかかわらず、被災地に赴き被災した人々のニーズを聴くなかで、農業ボランティア活動に携わることになったケースが、その黎明期には多かったように思われる。[*4] たとえば平成16年台風第23号では、阪神・淡路大震災以来、神戸市長田区で復興まちづくりに従事してきた災害救援ＮＰＯ「まち・コミュニケーション」が、出石《いずし》川の決壊により浸水被害に見舞われた兵庫県出石町（現・豊岡市）鳥居地区の支援に入っている。そこで、住民リーダーの「農園で住民同士の交流を図りたい」という声を聴き、被災により暗礁に乗り上げていた市民農園の開設をサポートしたのである。この「鳥居やすらぎ農園」がオープンに漕ぎ着けると、「まち・コミュニケーション」自身も農地を借り受け、障がい者を支援する地元団体やその利用者との交流を重ねながら、その後15年間にわたって野菜の栽培を続けてきた。[*5]

同年に発生した新潟県中越地震では、アフガニスタン、パキスタンなど海外の紛争地域での支援経験を有する国際ＮＧＯ「ＪＥＮ」が新潟県十日町市の池谷・入山集落に赴き、被災した農地をボランタリーなかたちで復旧したことも記しておこう（稲垣ほか ２０１４）。このとき活用されたのが「新潟県中越大震災復興基金[*6]」にある手作り田直し等支援事業に他ならない。新潟県中越地震では公的な災害復旧事業の対象とならない小規模な被害をめぐる互助、共助型の対応が、復興基金によりカバーされたのである（木村編 2019）。やがて営農が再開できる段階になると、「JEN」は以前より関係を構築していた外資系企業とその社員の協力を得て、実際の農作業や米の販売などの支援も手掛けている。

このように多様な災害ボランティア活動が展開された2000年代中葉は、しかし同時に、被災した市町村の社協による災害ボラセンの運営が制度化された時期でもある。[*7] 災害ボラセンの制度化は、自治体との協定を踏まえ、災害発生時に市町村社協が災害ボラセンを開設することが地域防災計画に書き込まれた点に象徴される。くわえて社会福祉法人中央共同募金会は、市町村社協による災害ボラセンの運営を側面支援すべく「災害ボランティア活動支援プロジェクト」を立ち上げ、被災地の災害ボラセンに人材や資機材などを送り出すようになった。

こうして災害ボラセンが「標準化」（関 2013）されたことで、たしかに安定的な組織運営や効果的なボランティアの活用が可能となった。だが、災害ボラセンの効率的な運営を追求するあまり過度のマニュアル化が行われれば、ボランティアが災害現場で臨機応変に対応したり、被災者への共感を通してオルタナティブを提案したりする可能性は閉ざされてしまう。この点を渥美公秀（2008）は「災害ボランティアの秩序化」[*8] として批判している。

もちろん熊本県西原村（第4章）や福岡県東峰村（第5章）のように、小規模な自治体では平時からの「顔の見える関係」が功を奏し、災害ボランティア活動と農業ボランティア活動が平和裡に共存する様子も見られたが、どちらかと言えばそれは例外的なケースかもしれない。制度化とともに災害ボラセンの活動領域がリジッドに線引きされた結果、生業支援のようなニーズは行き場を失い、別様の支援の受け皿が求められたのである。こうして第2章の「ＲｅＲｏｏｔｓ」（宮城県仙台市）や第3章の「がんばりよるよ星野村」（福岡県八女市）のように、農地の復旧、農業・農村の復興をミッションに掲げる団体が登場することになった。

以上のように、①既存のＮＰＯの取り組み内容の拡張、②生業支援をミッションとする新たな団体の結成により、村落型災害に見舞われた地域では「もう一つの災害ボランティア」である農業ボランティアが支援活動を展開しはじめる。そして、すこし遅れて③被災地元のＪＡによるボランティアセンターの設立が行われたのである。この間、幾度となく災害（水害）に見舞われてきた九州圏をはじめとした「ローカルな被災地」における、①や②のような実践の蓄積こそが、農業ボランティア活動をめぐる機運を醸成し、程なくして農業経営や栽培作物の専門性を有するＪＡによる農業ボラセンの開設につながった、と見ることもできよう。農業ボランティア活動を安定的に展開するうえで、ＪＡという関係機関がコミットする意義はきわめて大きい。なお、現段階における農業ボランティア活動の「制度化」とその課題については、第2〜7章で描き出される被災各地の具体的な取り組みを踏まえ、あらためて第8・9章で検討することにしたい。

農業ボランティアの行う復旧作業

ひとたび災害が発生すると、災害ボランティアは避難所や仮設住宅において、炊き出しや傾聴、被災した住宅の片付け、さらに仮設住宅における「みんなの家」[*9]の設置、地域の行事やお祭りの運営支援など、多様な活動を展開することになる。では、本書がテーマとする農業ボランティアは、具体的にどのような作業を現場で手掛けてきたのだろうか。ここでは、作業の種類ごとに各地で行われた活動シーンを紹介したい（朝廣・小森 2016）。活動の種類は、大きく次の9つに分けられる。

①水路・枡の土砂の除去
②田畑の石拾い・土砂出し
③ビニールハウス流出後の片付け
④果樹の根元の土砂出し
⑤土羽・石垣の復旧
⑥作付け・稲刈り・作物管理
⑦草刈り・共用施設の管理
⑧販売支援

⑨景観形成活動

①水路・枡の土砂の除去

水田に水を潤す水利施設は、平地であっても山地であっても農業の基幹的な施設として整備され、川から取水し農地まで導水し、長さは数キロに及ぶ水路も珍しくない。一般的には地域の水利組合が管理している共同利用施設である。

水路の被害はさまざまあり、代表的なものは取水する河川そのものの被害で、川床が浸食され取水できなくなることや、逆に土砂で埋まり取水できないことがある。また、水路の途中が土砂で埋まり導水できなくなる、もしくは土地と共に崩落する事例もある。このうち、農業ボランティアで対応できるのは水路の途中が土砂で埋まり導水できなくなる被害である。特に梅雨時期以降、水田に水が必要な時期は緊急性を要することからボランティアの手が必要となる。

写真1－1　水路の復旧作業
（撮影：山村塾）

写真1－2　井手の土砂の撤去作業
（撮影：筆者）

写真1－1は、福岡県八女市黒木《くろぎ》町笠原の田代水利組合の依頼による水田の水路の土砂の除去作業である。平成24年7月九州北部豪雨で被災した水路を、「山村塾」が水害から約1ヵ月が経過した頃、6日間で土砂出しを実施した。全長約2㎞の水田の水路に土砂や石が堆積し、水が流れない状況であった。当面の用水確保を行うための一時的な復旧を目標とし、ボランティアと組合員が一緒になり作業を進めた。参加人数はのべ98名にのぼり、一般ボランティア、県内の自治体職員や企業社員、森林ボランティア団体等が参画した。

写真1－2は、熊本県御船町東上村における井手の土砂の撤去作業である。熊本地震後の2016年6月に御船町は豪雨の被害を受けた。八勢《やせ》川に架かる石橋、八勢目鑑橋《やせめがねばし》付近の井手に土石が堆積し、通水ができなくなっていた。熊本地震の発生に伴い、徳野貞雄（熊本大学名誉教授）により組織された「ふるさと発・復興志民会議」はボランティアを募集し、福岡県の「サンサン山倶楽部」のメンバーにより2016年12月3日に土砂の排出作業が実施された。1日作業で通水し、地元の住民は「これでやっと眠れる」と喜んだ（朝廣 2020）。

②田畑の石拾い・土砂出し

豪雨時の水田は、雨水を一時的に貯留し、河川の氾濫のリスクを低減することが知られている。山間部の棚田で溢れた水は水平に下の水田に受け流し、上から崩れてきた土砂は水田が受け止める。実に優れた防災機能を有しており、地域によっては棚田の下に集落がある地域もある。しかしながら、山の斜面に開かれた水田や畑、水路や河川沿いの水田は、土砂崩れや河川の越水により土砂や石、流木、時には壊れた住宅、ビニールハウス等のごみやガレキが流れ込むことが多い。水の勢いが強く多い場合は、水田は、跡形もなく流失する。農業ボランティア活動でよく対応されるのは、流れ込んだ土砂、小石、流木、ごみの除去である。

写真1－3は、福岡県八女市黒木町笠原の水田の石拾い・土砂出し作業である。平成24年7月九州北部豪雨で被災した水田で、「山村塾」が2012年11月10日の1日で水田の石拾いを実施した。参加人数は39名で、一般ボランティア、県外大学生、県内の銀行職員、合宿ボランティア等が5班に分かれて活動した。

写真1－3　水田の石拾い・土砂出し作業
（撮影：山村塾）

道路沿いの水田や山際の棚田の最上段には石や砂利、流木などを含んだ土砂が流入し、2段目以降の棚田には、粒子の細かい泥や砂などが流入した。稲の収穫後、水田が乾いてから多くの農家から依頼があり、被害の少ない農家は自力で土砂の撤去を行ったが、被害箇所の多い農家は、農業ボランティアの手を必要とした。重機を入れると石が泥のなかにめり込んでしまうため、小規模な被害であれば手作業が望ましい。大量に土砂が流入したケースでは、まず重機で土砂を取り除き、最後の仕上げ作業として石拾いを行う。

③ビニールハウス流出後の片付け

河川沿いの農地には、日当たりも良いことからビニールハウスが多く並んでいる。一方、河川氾濫時には資材の流失、パイプ類の損失など大きな被害を受ける。ハウスの片付け作業は多くの労力を必要とし、農家だけで実施するのは厳しいことが多い。ハウス内に土砂が堆積した場合は、土砂の除去が必要であるが、重機が入れない場所も多く、埋もれた資材は手で掘り起こす必要がある。一般的にハウスの建て直しは補助事業で行われるが、建設業者は河川や道路の復旧に忙しく、手が回らない場合が少なくない。次の作付けに向けて、可能な限り早くハウスを建設するため、ボランティアの支援が必要とされる。

写真1－4は、福岡県八女市黒木町笠原のハウスの片付けである。平成24年7月九州北部豪雨で被災した水田

写真1－4　ビニールハウスの片付け
（撮影：山村塾）

で、「山村塾」が2012年10月12日～11月4日のうち5日間をかけて地面に埋もれたハウス資材、農業資材、流木、石、ガレキ（ごみ類）を取り除く作業を行った。

当初、ハウスのパイプ類は地元農協青年部によるボランティア活動で取り除かれた。しかし、JAのボランティア活動は日数に限りがあるため、「山村塾」とつながりのある近隣農家を通して復旧作業の依頼があった。

④果樹の根元の土砂出し

中山間地域の農業の代表格の一つは、果樹栽培である。ミカン、リンゴ、カキ、ブドウなど、多くの果樹が全国で生産されている。水はけが良く、日当たりの良い山の斜面は好立地である。一方、悪天候による被害が昔から多い。代表的なものは収穫直前の樹園地が台風に襲われ、果物が落下したり、傷物になったりする例である。

近年の豪雨による激甚災害では、崩れてきた土砂によって果樹の根元が埋まる事例が多い。このように果樹の根が土に埋まると、「果樹にとっては息ができずに苦しい状態」となり、根が呼吸できずに樹が枯れてしまう

写真1－5　柿園の土砂出し作業（撮影：JA筑前あさくら）

懸念がある。さらに、ごみやガレキも合わせて散乱している。このような被害の場合、まずは災害漂着物を撤去し、次に樹の根元の周り、約2ｍの範囲の土砂を除去することが応急的な対応となる。重機が利用できれば良いが、入った土砂の量が多く、枝下までの高さが低い場合は手作業が必要となる。

写真1－5は、福岡県朝倉市杷木の柿園の土砂出しである。平成29年7月九州北部豪雨で被災した柿園で、「ＪＡ筑前あさくら農業ボランティアセンター」は11月から流入した土砂・小石の除去を展開した（朝廣 2020）。

⑤土羽・石垣の復旧

中山間地の水田や樹園地の法面は、地域により作られ方が違う。土のなかから石の出てくる地域であれば石垣を積み、出てこない地域では土羽で作る。地域ごとに異なる田畑は優美であり、これを人の手で作ってきた先達の生活が偲ばれる。そのなかでも棚田は全国各地で都市農村交流が行われ景観の保全が進められてきた。豪雨時に棚田が水を溜め受け流すとは言え、水の量が多ければ弱いところから崩れていく。樹園地は水はけのよい斜面に作られており、くわえて根の張り方が深くないものもあり、斜面の崩壊が生じる。このように人の手で作られてきた景観は、災害後、ある程度、人の手で復旧することができる。もちろん、小型バックホーなどの重機の助けも必要である。

写真1－6は、福岡県八女市黒木町笠原の棚田の石垣修復作業である。平成24年7月九州北部豪雨で被災した水田で、「山村塾」が2014年2月5日～3月15日のうち8日間かけて石垣を修復した。

その前年の2013年は作付けできる面積を確保することを目標とし、土砂片付けと石拾いを優先させ、2年目に石垣の修復を実施した。修復面積が大きいため、重機や運搬車を用いた。経費は市の補助事業を利用し、「山村塾」が工事を請け負う形で実施した。重機オペレーターなどは地元で雇用したスタッフが従事し、その他の人力作業はボランティアが実施した。崩壊箇所を重機で床掘《とこぼ》りし、大きな石から順に積み上げる作業のうち、石積みは地元の技術者の協力を得て、ボランティアは石やグリ石、[*10]泥の運搬のサポート作業を行った。

写真1－7は、平成29年7月九州北部豪雨で「JA筑前あさくら農業ボランティアセンター」が被災した柿園の法面を土のうで復旧した光景である。

写真1－7　柿園の法面の土のう復旧作業（撮影：JA筑前あさくら）

写真1－6　棚田の石垣修復作業（撮影：山村塾）

⑥作付け・稲刈り・作物管理

農業の営みは季節に応じた作付け、管理、収穫等の作業が必要である。また、稲作などは販売目的だけでなく、農家の生活に直結する自家消費分と縁故米も含まれている。だが、各地の災害では、被災農家が生活復旧に翻弄されたり、通常の農道や機械が利用できなかったりするため、このような季節の農作業ができない場合がある。このようなとき、農業ボランティアの手による支援が必要とされている。

写真1－8は、熊本県西原村での農業支援である。熊本地震で被災した西原村ではサツマイモの苗の定植などの作業を5月中に終わらせる必要があるため、被災農家から災害ボラセンに支援の要望が出された。しかし、生活支援が目的の災害ボラセンでは実施できないため、急遽、他地域の地域おこし協力隊員だったKさんの協力により、「西原村農業復興ボランティアセンター」が設置され、農作業の支援を中心とした活動を展開した。

写真1－9　水田の稲刈り作業（撮影：筆者）

写真1－8　農業支援としての畑の管理作業（撮影：筆者）

写真１－９は、福岡県朝倉市黒川の水田の稲刈り支援である。平成29年７月九州北部豪雨で「黒川復興プロジェクト」を推進したＫさんと「山村塾」は、河川が氾濫した中山間地の黒川地区で稲刈り支援を実施した。水田には流木やガレキなどが散乱し、農家はコンバインで収穫作業ができなかった。ボランティアの手による稲刈り作業は大変、喜ばれた。

⑦草刈り・共用施設の管理

水路やため池、道路、河川の草刈りは農家が共同で実施しており、営農において基本的な作業である。しかしながら災害時、仮設住宅やみなし仮設で生活する農家にとり、地域共同で行う草刈り作業が困難になる事例がある。

農業ボランティア活動において、草刈りまで支援をすべきかどうかについては議論のあるところである。「農家の自立という観点では行き過ぎた支援」という意見や、安全面から問題視する向きもある。一方、被災農家の手が回らないのは事実であり、さまざまな団体が各地で支援を行ってきた。安全面については、ＮＰＯなどが

写真1－10　草刈り作業（撮影：筆者）

ボランティアに事前に講習を実施し、対応している事例もある。

写真1－10は熊本県西原村での草刈り作業の支援である。熊本地震で被災した西原村は以前から、地域ごとに道路や河川の草刈りを分担していた。しかしながら、被災後、避難生活が継続されるなかで草刈りができなくなり支援の依頼があった。写真は、2016年6月に一般社団法人熊本県造園建設業協会が実施したものである（朝廣 2020）。

⑧販売支援

ひとたび災害が発生すると、マスコミを通じて、あるいはスーパーの店頭で「買って応援」「食べて応援」というフレーズを耳にする機会が増える。やがて「応援消費」（水越 2022）と形容されることになったこの利他的な消費行動は、他ならぬ東日本大震災からの復旧・復興過程で本格的にはじまったものである。本書第2・3章で紹介する「ReRootsサポーター会員制度」や「笠原棚田米サポータープロジェクト」は、いずれも被災農家の営農を支援するCSA（地域支援型農業）[*11]的な取り組みである。

その背景として指摘できるのが、農地の被災に伴う販路の喪失である。農地の被災には津波や土砂の流入による物理的な崩壊のみならず、原発事故で見られた土壌汚染も含まれるが、ある産地で農作物の生産や出荷ができなくなれば、流通の発達した日本では、程なくして他の産地のものが代替することになる。やがて被災農地の復旧が完了し、営農が再開できるようになっても、無条件に以前の販路を回復することは難しいという構造的な問題がある。

こうして農業ボランティア・NPOは、ときに販路の（再）形成を支援することになる。農地が復旧して営農を再開できても、肝心の農作物に値段が付かなければ、真の意味で被災農家が復旧・復興したことにはならないからである。だが、サードセクターによる販路開拓は既存の流通・小売業者とは規模が異なり、どうしても「毛細血管」的なものとならざるをえず、それを中長期的に継続することには難しさも伴う。

この点で、東日本大震災の被災地において興味深い取り組みを展開してきたのがみやぎ生協である。みやぎ生協は発災直後より、被災した生産者・加工業者を支援するため「震災復興のシンボル」となる商品の開発を進めてきたが、やがて消費者マインドの低下に直面する。そこで、生協以外への販路形成を視野に子会社㈱東北協同事業開発を設立し、それまで生協が取引関係を持たなかった企業へと販路を拡大させていった経緯がある（齊藤 2020）。

⑨景観形成活動

災害後の被災地の景観は、見る人への心理的な影響が計り知れない。そこに居住していた世帯にくわえ、訪れた人にとっても心が痛む。そのような被災景観の復旧・復興は数年を必要とすることから、さらに深刻である。このような被災農村において、これまで多くの景観形成活動が行われてきている。代表的なものは「ひまわりプロジェクト」「菜の花プロジェクト」であろう。多くの活動は、仮設住宅が設置される頃から行われる。さらに、中長期的な復興活動のなかで、集落の復興委員会が再び生活できる集落の再生を願い、地域づくり活動を展開することもある。

写真1－11は、花壇づくりの取り組みである。東日本大震災で被災した岩手県釜石市片岸《かたぎし》集落の人々が、それまで30年実施してきた国道の花壇づくりを再開したときの様子である。被災後、身を寄せていた上栗林避難所は2011年6月に閉鎖され、約200世帯の住民は釜石市内の30ヵ所の仮設住宅に分散することになった。集落の役員が各仮設住宅に声をかけることで行われたのがこの取り組みである。避難生活でバラバラになったコミュニティの人々が、花の植栽活動を通じて生活を確認し、交流する場となっている（朝廣 2014）。

写真1－12は、平成29年7月九州北部豪雨で被災した福岡県朝倉市志波の平榎《ひらえのき》集落が、災害後に花木を植林した櫟山《くぬぎやま》見晴台である。この地域は、たった一日で約1

写真1－11　国道の花壇づくり
（撮影：筆者）

写真1－12　被災地での花木植栽活動（撮影：筆者）

000㎜の雨に見舞われ、川沿いの多くの家が流失し、災害前37軒あった世帯数が18軒（50％）に減少した。「平榎復興委員会」は、2018年4月に結成された。住民が参加する常会では高齢の世代から「この地区を再度盛り上げるために復興まちづくりを行いたい」「集落に花木を植栽し復興を進めよう」という提案が行われた。2021年3月、管理できない柿園を農地から外し、見晴台として位置づけ、住民の集う場とする櫟山見晴台づくりを行った（朝廣ほか2022）。

註

＊1　自助と公助の意味が明確であるのに対し、互助と共助が指し示す内容は、文脈によって異なる場合がある。たとえば、地域包括ケアの場面では、共助は介護保険に象徴される社会保険サービスを指し、互助は地域住民組織やボランティアグループによる支え合いを指している。一方、地域福祉や地域防災の文脈では、共助という概念によって、地域社会における相互扶助やボランティア・NPOによる支援が語られてきた。農業被災からの復旧・復興とその支援をテーマとする本書では、被災地域内で担われる活動と外部支援者による支援を明確に区別する必要があると考え、川村匡由（2017）の概念化を参照した。川村は、住民が地域組織に参加することで展開される防災福祉などの実践を互助、災害ボランティアによる被災者支援や救援物資の送付を共助として位置付けている。

＊2　大規模災害における多様なニーズへの対応、各種団体との連携活動を展開するため、社会福祉法人全国社会福祉協議会は、2013年に「大規模災害対策基本方針」をまとめている。また、その考え方を受け、全国社会福祉協議会の地域福祉推進委員会は2013年に「社協における災害ボランティアセンター活動支援の基本的考え方――全国的な社協職員派遣の進め方」を取りまとめている。

＊3　2013年に策定（2021年に改訂）された「社協における災害ボランティアセンター活動支援の基本的考え方」によると、「災害ボランティアの活動は、生活拠点となる住空間の確保から始まっており、産業・生業の支援などはボランティア活動による支援の範囲を超えるものと考えられてきた。……しかし、緊急度やニーズと支援の状況等によっては、NPOもプロボノ等の関係団体と連携することで対応を図ったり、ボランティアの安全を確保したりしながら、できる範囲で対応してきた例もあるため、状況に応じて対応を検討する」とある。今後は、連携活動のなかで柔軟な対応が行われることが期待される。

＊4　第3章で紹介する「山村塾」の取り組みも、この類型に該当している。

＊5　「まち・コミュニケーション」に対するヒアリング（2019/02/14）による。

＊6　「新潟県中越大震災復興基金」は国・県による貸付金を原資とする指名債権譲渡方式であることにくわえ、支援者や専門家の視点を踏まえながら（公益）財団法人が運用することで、行政事業では対応できない被災地・被災者の新たなニーズを掘り起こすことが可能になった（青田ほか 2010）。この点は、東日本大震災の復興基金が低金利下であるゆえ取り崩し型となるのみならず、自治体の予算に組み込まれていった点とは対照的であろう。

＊7　災害ボラセンの制度化は、第一義的には制度的主体ともいうべき地方自治体の委託に基づき、その外郭団体である市町村社協が災害ボラセンを運営するという点にある。だが同時

に、タルコット・パーソンズが制度化を、相互行為をする行為者の間に、安定的・相互的な期待が存在している状態と捉えたように（Parsons 1951＝1974）、被災地に駆け付ける災害ボランティアが、災害ボラセンを窓口として活動を行うことを自明視するようになった点も、広義の制度化に含めて良いであろう。

＊8　渥美公秀は、日本社会における災害ボランティアの定着が、災害ボラセンの一般化、マニュアルの整備、災害救援ＮＰＯのネットワーク化など、既存の体制に取り込まれるかたちで進められたと指摘している。このような「運動の制度化」の結果として、災害ボランティアが被災者の傍らに寄り添いながら、臨機応変に、それまで実現しえなかったオルタナティブな社会のあり方を提示する能力が失われていったと考える。その象徴として言及されるのが、災害ボラセンを経由して被災現場で復旧作業に従事したものの、「被災者の顔を見なかった」という災害ボランティアの出現である。

＊9　「みんなの家」とは、「①家を失った人々が集まって語り合い、心の安らぎを得ることのできる共同の小屋、②住む人と建てる人が一体となってつくる小屋、③利用する人々が復興を語り合う拠点となる場所である」と言われている。https://www.g-mark.org/gallery/winners/9d8dfabb-803d-11ed-862b-0242ac130002?years=2012（２０２５年1月5日アクセス）

＊10　グリ石とは、石垣の表の石の裏側に詰める小石のことである。

＊11　門田一徳（２０１９）は、消費者が新鮮で高品質な農産物を、生産者から直接手に入れられると同時に、このような取引を通して、消費者が生産者の持続的な農業経営を支える仕組みとしてＣＳＡを説明する。そのルーツとして、１９７０年代の日本で消費者運動の一環として展開された産消提携が挙げられるという。なお、日本における最初のＣＳＡは「メノビレッジ長沼」（北海道長沼町、１９９６年）とされる。

付記

本章は「農業ボランティア活動の系譜『制度化』」ならびに「農業ボランティアの行う復旧作業⑧販売支援」を齊藤が、それ以外の部分を朝廣が執筆し、両者が討議を重ねたうえで構成したものである。

第2章 農業をはじめた農地復旧ボランティア

——支援者の当事者性と復興への関わり

［東日本大震災（2011年）・宮城県仙台市］

仙台平野と災害

2011（平成23）年3月11日、三陸沖を震源とするマグニチュード9・0の巨大地震が発生し、東北地方から関東地方の太平洋沿岸一帯に巨大津波が押し寄せた光景は、今なお我々の脳裏に焼き付いて離れない。この未曾有の大震災では人的被害（死者・行方不明者1万8425名）、物的被害（全壊・流失・半壊40万5117戸）[*1]はもちろんのこと、東北地方の主要産業の一つである農業に甚大な被害が生じ、岩手県・宮城県・福島県の被災3県において2万2763haの農地が流出、冠水している。最も被害の大きかった宮城県では全耕地面積の1割にあたる1

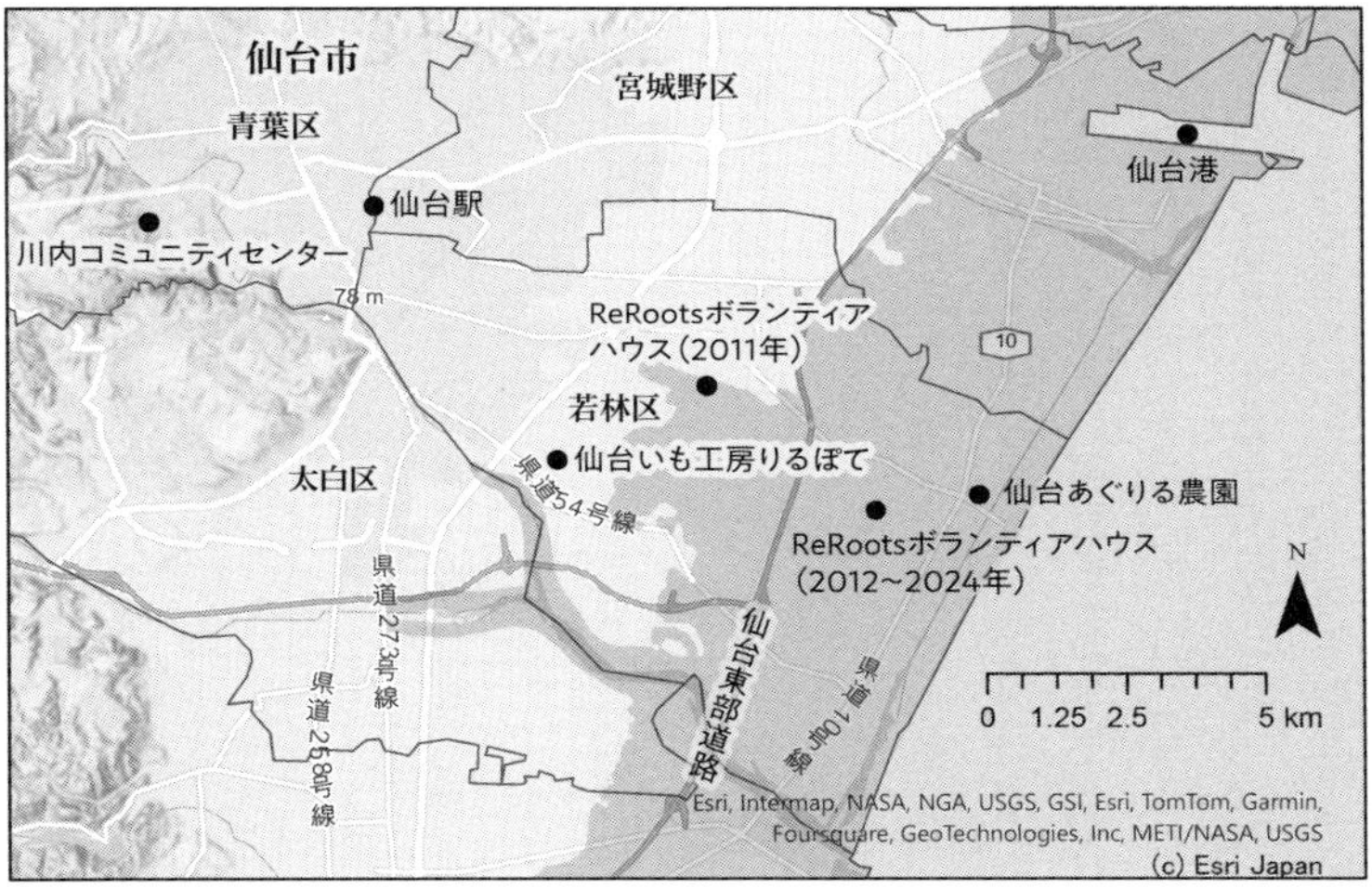

図2−1　仙台市津波浸水区域（図中の▒▒）と本章に登場する施設

万4341haが津波被災し、農業関係被害額は5454億円にのぼる。[*2]

本章の舞台となる仙台市では、最大震度6強～5強を観測した本震の約1時間後に高さ7mの大津波が到達し、宮城野区・若林区の沿岸部を中心とする8110世帯、4523haが被災することになった（図2−1）。「東北地方の穀倉地帯」の一つであるこの仙台東部地域には、2300ha（水田2100ha、畑200ha）の農地が広がるが、その8割にあたる1800ha（水田1600ha、畑200ha）が津波の影響を受けた計算である（仙台市 2013）。仙台市内の被災農家は941戸を数え、死者・行方不明者930名には100名を超える農業関係者が含まれるという（小賀坂 2012）。市内の農地、農業用機械・施設、土地改良施設などの被害額は721億円と推計される。[*3]

三陸地方のリアス式海岸と並んで、津波常襲地域の一つに数えられる仙台平野。『仙台市史』(特別編9 地域誌)には慶長三陸地震(1611年)、明治三陸地震(1896年)、昭和三陸地震(1933年)、チリ地震津波(1960年)などの災害名が挙げられており、近年この地域では数十年に1度のスパンで津波が襲来してきた様子が窺える(仙台市史編さん委員会編 2014)。また、アイオン台風(1948年)、昭和61年台風第10号をはじめとする水害も、「海抜ゼロメーターの田んぼや畑を含む広大な水田地帯」(小賀坂・伊藤 2014)である仙台平野特有の災害として指摘できるだろう。

仙台東部地域の構成

仙台東部地域は市制・町村制(1889年)により誕生した行政村ごとに性格を異にしている。北から順に、高砂地区(宮城野区)と七郷《しちごう》地区(若林区)は1990年代前半に圃場整備を完了し、1区画30aの圃場で水稲を中心として麦・大豆などを栽培してきた歴史を有する。高度経済成長期以降の兼業化の進展とともに、両地区では専業農家への農地集積、共同組織への作業委託が増加する傾向も見られた。一方、六郷《ろくごう》地区(若林区)には1960年代前半の圃場整備により誕生した1区画10aという手狭な田畑が多く、大規模な稲作単一経営ではなく蔬菜を中心とした都市近郊農業という性格が強い。

地域特性が異なるのは農業に限った話ではない。高砂地区では仙台港（1971年）とその後背地に拡がる工業団地（1964年）の造成、七郷地区では仙台東部道路（1994年）と地下鉄東西線（2015年）の整備を背景として、大規模な土地区画整理事業により農地が宅地や商業地、工業用地へと変えられていった。政令指定都市に移行した1989年からの20年間で、仙台市内では実に339haの農地が転用されたという。[*4] 対照的に六郷地区では商工業が大きく集積することはなく、震災直前まで農業が基幹産業であり続けた。とはいえ、開発が規制された市街化調整区域にあっても農地転用ニーズは大きく、農業振興地域では担い手の高齢化につれて遊休農地や耕作放棄地が増加する様子も垣間見られる。

震災復興計画とその隙間

このような地域事情を抱えるなか、他ならぬ東日本大震災が発生する。その1ヵ月後には仙台市、仙台農業協同組合、仙台東土地改良区の三者が「仙台東部地区農業災害復興連絡会」を結成する一方、高砂・七郷・六郷など4地区で被災農家経営再開支援事業の受け皿として復興組合が設立され、被災農家はガレキの撤去、農地や水路の補修、除塩作業などに従事するようになった。こうして被害の少なかった内陸部より段階的に農地復旧が進められた結果、201

4年には全ての被災農地で営農が再開される。前後して「国営仙台東土地改良事業」（2013~16年）もスタートし、仙台東部地域ではトータル1980haの農地が1ha区画へと大型化されている。

周知のように、当時の民主党政権は魅力ある農業・農村の再興、「新たな食料供給基地」としての東北再生を掲げた「東日本大震災からの復興の基本方針」（2011年7月）[*5]を策定し、高付加価値化、低コスト化、農業経営の多角化などの戦略を提示していた。この基本枠組みを踏まえて、「宮城県震災復興計画」[*6]は先進的な農林業の構築を復興のポイントに据え、民間資金の活用、企業の農業参入によりアグリビジネスを推進する姿勢を鮮明化する。「仙台市震災復興計画」[*7]も『「力強く農業を再生する』農と食のフロンティアプロジェクト」を打ち出し、従来の農業経営のあり方を見直し、民間資本の協力を得ながら農業を成長産業へ転換する方向性を示すことになった。

こうして仙台平野では大手外食チェーンの資本協力によるトマトの水耕栽培、ICTを活用した葉物野菜の養液栽培などが展開されるに至った。そこには震災復興計画に謳われた、災後の先進的な農業の姿を看取することができる。[*8]だが、「上から」の震災復興計画だけで、津波被災地における農業・農村の復旧・復興を語り尽くせるわけでは決してない。復興計画そのものが多分に「制度の隙間」を内包するなか、災害ボランティアなどによる「下から」の取り組みが被災農家を支援し、「上から」の計画に対するオルタナティブを提示したことも少なくなかったのである。

そのような取り組みの一つとして、震災後、仙台市若林区で結成された「ＲｅＲｏｏｔｓ《リルーツ》」というグループを挙げることができる。本章では団体の組織化から農地復旧、販路形成、そして農業法人の設立まで、彼ら彼女らの10年にわたる活動の軌跡を辿ってゆきたい。

災害ボランティア活動への違和感

「ＲｅＲｏｏｔｓ」の代表となるＨさん（当時30歳代男性）は、学生時代より中国残留孤児の生活支援を手掛けてきた経歴の持ち主である。東北地方で中国残留孤児の人権回復と生活保障を求めた国家賠償請求訴訟を展開するため、２０００年代中葉に「日中友好雄鷹会《ゆうようかい》」の一員として仙台を訪れて以来、「昼はアルバイト、夜は社会運動」という生活を続けてきた。

２０１１年3月11日、飲食店での勤務時間中に地震に遭遇したＨさんは、商品として出せなくなった食材を片手にアルバイト仲間の安否確認に回った後、川内《かわうち》コミュニティセンター（仙台市青葉区）で災害ボランティア活動にくわわる。このコミュニティセンターは文教地区に近く、すでに多くの学生が駆け付けて避難所運営をサポートしていたが、指定避難所ではなかったため、発災から1週間後に近隣の小学校に集約されてしまう。

Ｈさんと学生ボランティアは「災害弱者」を潜在化させてはならないとの思いから、ライフラインが途絶えた状況のなか、自宅に戻った高齢者を個別訪問し、救援物資を配布する活動を続ける。その傍ら、仙台市宮城野区、東松島市、石巻市など津波被災地の災害ボランティアセンター（以下、災害ボラセン）に足を運び、住家の泥出しを手伝うようになる。そこから見えてきたのは、社会福祉協議会（以下、社協）が運営する災害ボラセンや災害救援NPOが開設したボランティア拠点が、多くの課題を抱えている状況であった。

災害ボランティアセンターは被災者目線ではなくお役所目線。何か提案しても決裁に時間がかかっていたし、「上」に判断を仰ぐシステムだったから、ニーズに即応できていなかった。……宮城野区の災害ボランティアセンターには200〜300人のボランティアが駆け付けていたが、なかなかマッチングできず、時間がもったいなかった。（災害）現場に行けば仕事があるのに、と思った。また、当事者からの「申請主義」[*9]にも問題があった。ケガを防ぐために刃物を使ってはいけない、草刈りをするにも鎌を使ってはいけないなど、形式的な決まりやルールが多すぎた。（2012/02/22ヒアリング[*10]）

民間のボランティアグループは……小回りが利いたり、かゆいところに手が届くのは良いんですが……熱意がある分……被災者本人がやれることでも代わりに全部やってしまおうとする。……（しかし）運営している側は……やっぱり撤退していくわけですよね。生活目線に立って、生活を取り戻すまで相手の立場で活動できないかということが、けっこう大きな問題としてあったんです。（2017/07/13ヒアリング）

公設の災害ボラセンと民間のボランティア拠点、両者に欠けていたのが〈当事者性〉ではないかとHさんは振り返る。この〈当事者性〉をめぐる問題意識は、震災以前にHさんが携わってきた社会運動の総括を反映したものでもある。Hさんがライフワークとしてきた中国残留孤児問題では、当時の政治家と弁護団が取り引きするかたちで生活保障が制度化されたものの、「本人たちが問題を認識して動いていかないことには解決しない。……次から次へと似たような問題がやってくるなか、誰かが代行して助けてあげますというボランティアではダメだ」（2019/07/04ヒアリング）と感じさせられることが多かったという。

一方、その後Hさんが参加した「わかめの会――三陸・宮城の海を放射能から守る仙台の会」では、都市住民から発された反原発のメッセージが原発建設予定地の農村・漁村に届かず、「当事者性の欠けた弱い運動は浮草的な取り組みにならざるをえない」（2012/02/22ヒアリング）との思いを強くしたという。社会運動への参加を通して、運動者／支援者は〈当事者性〉を代行できる存在ではないこと、同時に、運動者／支援者にも〈当事者性〉が求められることを経験したHさんだからこそ、公設にせよ民営にせよ、災害ボランティア活動に見られた〈当事者性〉の希薄さを、いっそう強く感受したのではないかと思われる。*11

避難所から被災農村へ——支援の隙間の発見

被災した家屋から泥を出し、壊れた家財道具を片付け、室内を清掃すれば、たしかに「目の前のボランティア（活動）」（2012/02/22ヒアリング）は完了する。だが、このときボランティアに感謝の言葉を伝える被災者は、被災によりマイナスとなった生活状況を、瞬間的にプラスに転じることができたわけでは決してない。被災者が「生活を立て直す」（2013/10/19ヒアリング）までには、これ以降も長い道のりが続くからである。[*12]

では、そのようなプロセスにボランティアが伴走しようと思えば、一体いかなる活動を展開すればよいのだろうか。このように自問したHさんと学生ボランティアは、仙台市内の被災状況を分析し、次のような〈支援の隙間〉を発見する。

宮城野区には北のほうに仙台港があります。港があるということは工業地帯なんです。……素人が大きな機械に挟まれたら危ないし、薬品を浴びたら危ないので入れないんです。宮城野区の真ん中辺は住宅地が多いんです。……泥出しやガレキ出し、側溝の泥出し……（ニーズは）たくさんあったんですけど、宅地が多いということはサラリーマンが多いんです。避難した状態から仮設（住宅）に行ったり、アパートに引っ越していけば職場復帰し……少しずつ生活再建が進んでいきます。

宮城野区の南から若林区まではずっと農地です。農家の方々の家も当然被災していますから、泥出し、ガレキ出しがたくさんあります。しかし、生活を再建しようと思ったとき、職場というのは農地ですから、農地が手つかずというなかで農業に着目するわけです。メンバーと一緒に、本当に相手の立場に立って生活再建できるところまでボランティアをする、そのスタイルは農業だという風に発見するんです。（同ヒアリング）

仙台市の農政部局は、耕作面積の8割が被災した仙台東部地域の壊滅的状況を目の前にして、稲作農業に照準し、水田のガレキの撤去と除塩対策、用排水路や排水機場の復旧に注力する。一方、生活支援を旨とする災害ボラセンは、農地のガレキ撤去、倉庫・作業場の泥かきは農家の経済活動に直結するため、然るべきニーズとして取り扱うことができずにいた。[*13] こうして被災した畑は、実質的に「手つかず」のまま残されたのである。

このままでは若林区の沿岸部の畑作農業が取り残されてしまう――そのような危機感から、Hさんは避難所以来、ボランティア活動を共にしてきた学生と、「復旧から復興へ、そして地域おこしへ」を合言葉とした震災復興・地域支援サークル「ＲｅＲｏｏｔｓ」を２０１１年４月に立ち上げる（２０１２年10月に一般社団法人化）。その名称にはrevival（再生・復興）、root（根・根付く・根源）、Sendai（仙台）といった意味合いが込められていた。

「農家の生産者としての感覚」を聴く——復旧期（２０１１年４月～14年３月）

団体を結成しても、被災農家と関係を築くことができなければ、農家の「職場」である農地の復旧を支援するのは難しい。そこでHさんは、かつて参加していた反原発運動「わかめの会」の活動を通して面識のあった、生活協同組合あいコープみやぎに問い合わせ、若林区の生産者グループのもとに赴く。このとき「ＲｅＲｏｏｔｓ」メンバーは浸水した倉庫から米袋を搬出し、重機が入れないビニールハウスの泥を出し、津波被災した小さな畑のガレキを拾うことになったが、それは被災農家のニーズが確実に存在すると思った瞬間であったという。

「（ガレキが）埋まっているから掘ってくれ」と言うんですね。「掘るんですか」って。……野菜を作る農家のセンスからすれば、上の、表面のガレキが取ってあるだけじゃダメで、作付けしてちゃんと生育できるレベルの畑にしなきゃダメだという。それは「農家の生産者としての感覚」ですね、いわゆる「ガレキを取る事業者の感覚」じゃないですよね。……トラクターのロータリーが入るのが約30㎝なので、それ（その深さ）をスコップ１枚で（掘り返していく）。あのときは本当にカチカチでした、重機で踏み固めてますから。それを掘るのは大変でしたね。（2019/07/04ヒアリング）

大きなガレキは、全部ブルドーザーとかショベルカーで撤去してあるんです。（しかし）スクリュー、タンクみたいなものが出てきたりすれば、歯を傷めたり、下手すれば爆発してしまうかもしれないから、怖くてトラクターを入れられないんです。土のなかには金属の棒だったり石だったり、ガラス片だったりプラスチックだったり、ともかくたくさん入っているんです。手で苗を植えようと思って指をケガしてしまうとか……ニンジンが伸びていけば途中で二手に分かれてしまったりとかあるので、こういうものを全部、畑のなかから取らなければいけないんです。（2013/10/19ヒアリング）

メンバーは「農家の生産者としての感覚」を聴くことにより、畑に重機を入れて表面のガレキを取り去るだけでは、ふたたび野菜を栽培できる水準には達しないことを知る。だが、社協が運営する災害ボラセンは生業を支援対象から外しただけでなく、すでにボラセンの集約・統合を検討しはじめており、戦力として期待することは難しかった。こうして「ＲｅＲｏｏｔｓ」は被災した農地をスコップで掘り返して全てのガレキを取り除き、被災農家の営農再開を後押しすることを、復旧期の活動目標に据えたのである。

若林区荒井に「若林ボランティアハウス」を開設した7月こそ、メンバー数名で活動する日々が続いたというが、翌月に災害ボラセンが閉鎖されるとボランティアの数は日に日に増加

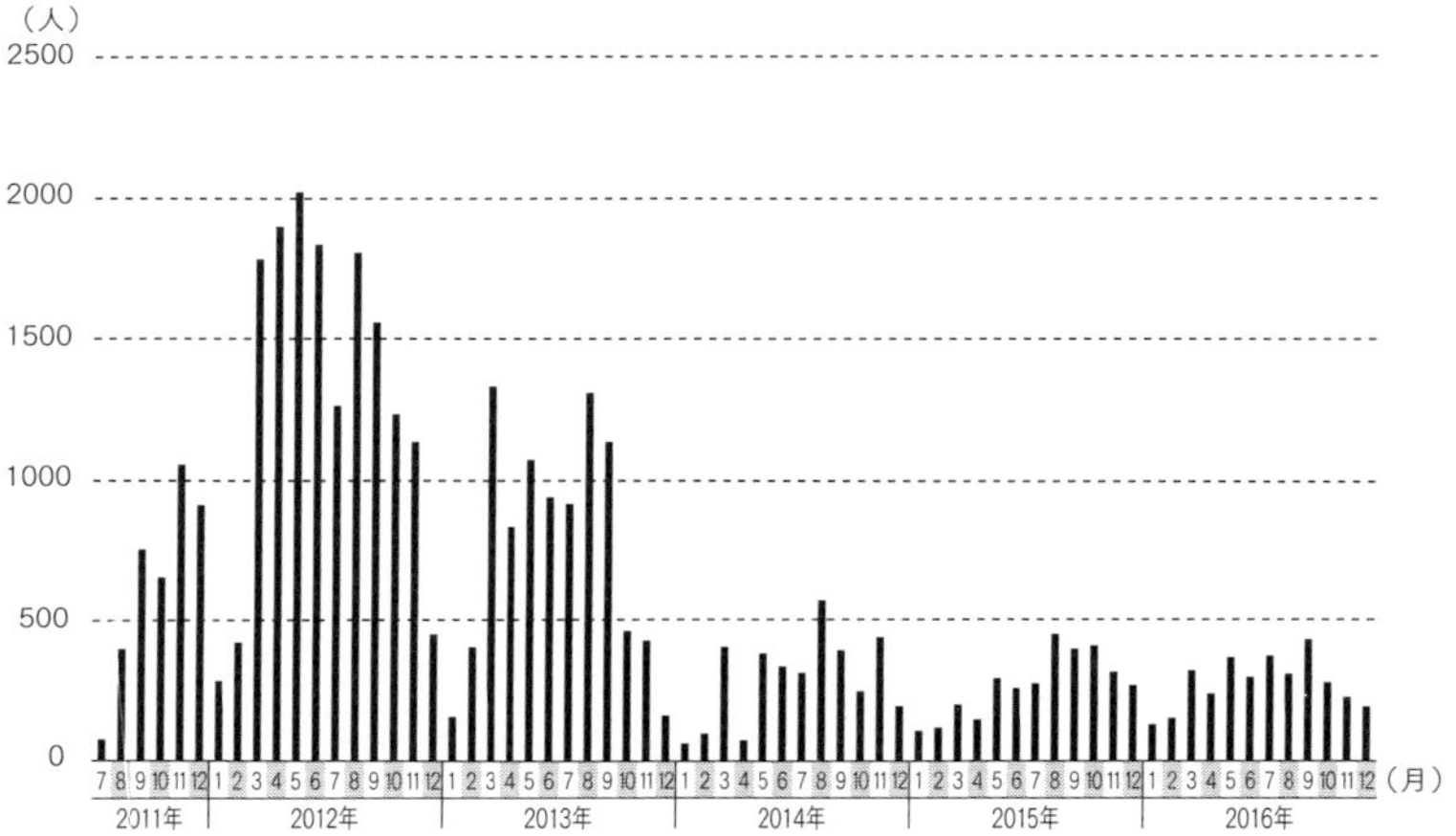

図２−２　ボランティア参加者数の推移

注）「ReRoots」ホームページ（https://reroots311.org/）をもとに筆者作成。

し[14]、ボランティアバスを走らせる旅行会社や民間企業の社会貢献部門からも問い合わせが来るようになった。[15]災害ボラセンの閉鎖により行き場を失った大口のボランティアと、多数のボランティアを必要とする「ＲｅＲｏｏｔｓ」の活動内容がマッチしたのである。

こうして週末ともなれば、大型バスで駆け付けた百人規模のボランティアがいくつもの畑に横一列に並んで、日が暮れるまで土のなかから一つひとつガレキを拾い上げていく――若林区の沿岸部では、そのような光景が２０１４年３月末まで続くことになった[16]（図２−２）。この間、「ＲｅＲｏｏｔｓ」は若林区内の津波被災した畑の７〜８割からガレキを取り除いた計算になるという。

ニーズ調査を通して農家に魅せられる

社協の災害ボラセンは被災者からの電話を受けて、依頼内容を「ニーズ受付票」に整理し、ボランティアを割り振るのが常である。そして、送り出したボランティアが作業を完了すれば、その案件は終了となる。それに対して「ＲｅＲｏｏｔｓ」はメンバー自ら農家のもとに出向き、「依頼を受けた作業だけをするんじゃなくて、（農家の）人となりを把握して、その人の生活をどう回復させればよいのか」（2017/07/13ヒアリング）を考えるなど、中長期的な時間軸においてニーズを捉えることを重視したという。

（ボランティア）依頼の案件を受けるとき、どうやって逃げたのかとか、この畑で何を作っていたのかとか、これからどういう風に畑を再開させるのかとか、仮設暮らしはどうするのかとか、家族の話だったり、それまで担っていた仕事の話だったり、震災当時の話をけっこうするわけですよ。そうすると「何とかして、この人の力になりたい」みたいな気持ちが芽生えてきますし、（ボランティアにも）「この畑はニンジンを植えていた畑なので、しっかり（ガレキを）取ってください」とか（伝えられる）。（同ヒアリング）

被災した農地で、どのような農家がどのような作物を栽培し、今後どのように営農を再開させようと思っているのか――このような具体的なエピソードが個々の農家の姿を浮き彫りにし、農地復旧に取り組むメンバーやボランティアを鼓舞する側面も少なからずあるだろう。しかしそれ以上に、Hさんとメンバーは被災農家を訪れて話を聴くうちに、農家のプロフェッショナリズムに魅せられ、その生き方に引き寄せられていったという。

僕らが「ガレキ撤去をやりますよ」と入っていくなかで、最初に支援を求めてくる農家というのは、プロ中のプロの方たちばっかりなんです。「まず農業を再開するんだろ」とか、「こんな被災があっても俺は負けない」とか、そういう人が動き出すんですよ。その人たちに出会えたのはやっぱり大きいですね。……当然、技術も高いですし、それだけ農業に対する誇りやプライド、これでも再開できるという理論的見通しをある程度持っている人たちなんです。

まだ6月ぐらいですよ。5mぐらいの区画だけ自分できれいにして、夏に向けてトウモロコシを植えている人がいたんですね。この周りはもう、うずたかい1mぐらいのガレキがあるのに。……「芽が出るか出ないかはやってみなきゃわからない。……発芽すればあとは大丈夫。芽が出れば俺は育てられる」と言うんです。……それを見たときに、他の農家が「負けた。俺は諦めていた」って。（2019/07/04ヒアリング）

「農家の土俵」で野菜を栽培する

被災農家との出会いを通して「この人の力になりたい」という思いを強くしたメンバーの取り組みは、程なくしてボランティアコーディネートの枠を超え出てゆく。当時、津波被災地では海岸線の防風林や家を取り囲む居久根《いぐね》が根こそぎ流され、一面に「茶色い世界」（2013/10/19ヒアリング）が広がり、強風が吹けば土埃が舞い飛び、農作業に支障を来すような有様であった。

そこで、メンバーは「菜の花プロジェクト」「ひまわりプロジェクト」と銘打ち、休耕中の田畑に菜の花やひまわりを植えて土壌を安定させるとともに、被災した人々の原風景を回復させようと考えたのである。同じ時期には、往来が途絶えた被災地に人の流れを生み出そうとする「荒浜狐塚《きつねづか》市民農園」「三本塚《さんぼんづか》市民農園」、被災農家と子育て期の家族が農作業しつつ交流する「おいもプロジェクト」などの取り組みもスタートしている。

このようなプロジェクトと並んで、２０１１年の秋口、メンバーは「ＲｅＲｏｏｔｓファーム」と名付けた耕作放棄地で野菜を作りはじめることになった。その根底には、災前よりＨさんが抱いてきた運動者／支援者自身の〈当事者性〉をめぐる問題意識が潜んでいる。

復旧段階では弱い状況に置かれた被災者に対して、ボランティアの手助けが必要だろう。しかし、復興段階に入ると地元の人たちが中心となり、ボランティアは補助的役割に過ぎなくなる。ボランティアをする側とされる側の距離感、外から入っているという関係性を突き破りたかった。真似事かもしれないけれど、僕たちも農業をやって、この地域を復興させたいと思うようになった。自分たちも大変さを学びながら野菜を作らなければ、「土地に根ざした復興」にはならない。農家の悩みに寄り添い、それを共有できなければ、復興を目指すなどとは言えない。(2012/02/22ヒアリング)

メンバーが畑を借りに行くと、「なんでボランティアが畑なんかやるのか」「学生に野菜が作れるのかい」と、農家は半信半疑な様子を覗かせながらも依頼に応じたという。いっときの〈被災者―支援者〉関係ではなく、この間、数ヵ月におよぶメンバーの「労働(へ)の信頼」(2017/07/13ヒアリング)こそが、被災農家による畑の貸与を可能にしたと見ることができる。

なるほど無農薬を志向する彼ら彼女らの野菜づくりは、育てていた小松菜が全て鳥に食べられてしまうなど失敗の連続であったという。しかしHさんは、農家と同じ空間のなかで「下手くそなりに」(2013/10/19ヒアリング)同じ農作業をするプロセスそのものが大きかったと振り返る。この経験がどのような意味を有していたのか、すこし考えてみよう。

原田隆司は、阪神・淡路大震災で見られた被災者と災害ボランティアの関係について、「『違い』が結びついて新しく生じる個別の具体的な関係」(原田 2000:91)であり、「つねに過程としてあるもの」「変化を続けるもの」（同92）だと論じるが、「ReRoots」にも同様の側面が認められる。当初はメンバーの復旧作業に対して、被災農家が「ありがとう」「ご苦労さま」と声を掛けるだけだった関係が、この野菜づくりを機に変容しはじめている。

もちろん「農家の土俵」（同ヒアリング）に上がれば、ただちに関係が密接になるかと言えば、必ずしもそう単純な話ではないだろう。だが、ガレキ撤去の場面では問題解決者として登場した「ReRoots」メンバーは、野菜づくりの場面では土づくりや栽培管理に失敗し、挫折を経験する「弱い存在」として立ち現れる。一方、農家の側は被災者ではなく、長年の経験をもつ先達としての姿を垣間見せるのである。[*17] こうして両者の関係は〈被災者―支援者〉という構図を超えて、〈先輩農家―見習い農家〉とも表現できそうな意味合いを帯びてゆく。

営農再開に向けて苦闘する被災農家と、初めての野菜づくりに奮闘する「ReRoots」メンバー。両者は直面する状況こそ異なるものの、ともにヴァルネラビリティ（脆弱性）を抱えながら「いま、ここ」で活動する存在として、発災直後とは別様の関係を醸成していった。

営農再開した農家の販売を支援する

ボランティアが農地からガレキを取り除き、農家が部分的ながらも営農を再開するまでには、およそ1年の時間を要している。流通ベンダーのなかには、こうした地元野菜の空白期間に取引先を変更したところもあり、店先には他県産のものが目立つようになっていた。「県外のものばかりで売りたい野菜がない」と、真情を吐露する八百屋もいたという。

スーパーとか農協とか（に卸している農家）は販路を回復していくんですけど、個人的に取り引きしているところは、まず難しいですよね。そこで、どうにか販路の回復の手伝いができないかと思ったんです。僕らの力で農家が生活できるレベルの量は捌けませんので、週1回しかやりませんけど、若林区の野菜の宣伝であったり、「もう農地が回復しているんだぞ」とアピールしたかったんですよ。

震災後の1年ぐらいは生産が安定しないんです。農家も野菜を3回ぐらい作ってみれば、「だいたいもうわかった」ってなるんです。……（当時は）回復できている畑でしか作れないので、規模が小さいんです。生活を賄えるだけの生産回復には、3年ぐらいかかると思うんです。……それまでは生産量が回復していないので、僕らみたいなところでも十分活用できたんですね。（2017/07/13ヒアリング）

こうして2012年11月、仙台駅に程近い仙台朝市（仙台市青葉区）の一角に「若林区復興支援ショップりるまぁと」（以下、「りるまぁと」）がオープンする。それは仙台朝市サイドの「地元の野菜を売りたい」という思いと、「ReRoots」サイドの「若林区の野菜の魅力を伝えたい」「津波被災からの復興をめざす農家の努力を伝えたい」という思いが相乗した企画であった。メンバーは毎週木曜日、農地復旧ボランティア活動を通して知り合った7～8軒の有機・減農薬農家のもとにコンテナを運び込み、金曜日の夕方に集荷と値付けをし、土曜日には自ら売り手として店頭に立つようになる。

もちろん被災農家が本格的に営農を再開して従来の販路に復帰すれば、「小規模な販路」(2019/07/04ヒアリング) の役割は縮小することになる。「ＲｅＲｏｏｔｓ」は２０１４年３月末に「りるまぁと」を終了すると、今度は生きがい農業に従事する高齢農家の野菜を移動販売する、「若林区とれたて野菜お届けショップくるまぁと」(以下、「くるまぁと」) を走らせるようになった。同じ時期には、欧米のＣＳＡ (Community Supported Agriculture〈地域支援型農業〉) を手本として、年に2回ほどセット野菜を販売する「ＲｅＲｏｏｔｓサポーター会員制度」(以下、「りるサポ*18」) もはじまっている。

「坂道を転げ落ちる復興」に抗う――復興期（２０１４年４月～19年）

被災農地のガレキ撤去と仙台朝市「りるまぁと」の終了は、復旧期から復興期への移行を象徴する出来事であった。結成当初、被災地支援部・復興部・販売部を次々と立ち上げた「ＲｅＲｏｏｔｓ」は、２０１４年に前後して農業・販売・ツーリズム・コミュニティという４つの

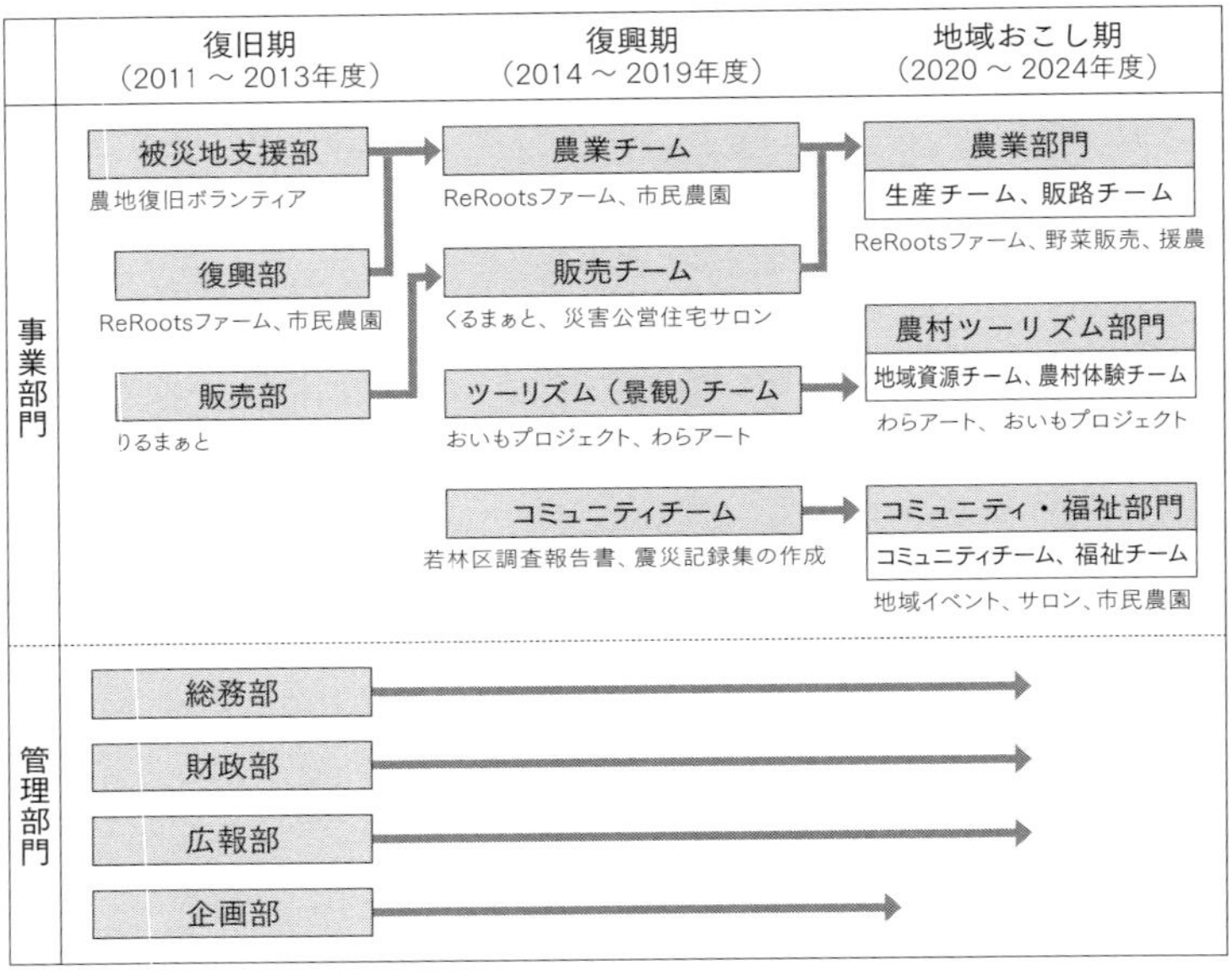

図2－3　「ReRoots」における活動内容の変遷

注）ヒアリング、石森ほか（2022）をもとに筆者作成。

チームに分かれて活動するようになったが（図2－3）、現地再建や災害公営住宅の整備など、住まいの再建が進むにつれてクローズアップされるのがコミュニティの復興である。仙台市内の津波被災地では災害危険区域が設定され、小学校が統廃合された結果、否応なく人口減少・少子高齢化が進展し、農村コミュニティの持続可能性が課題化したからである。

この間、コミュニティチームは被災農家からのヒアリングを踏まえ、農業・コミュニティ・景観の再生、防災の確立をテーマとする『若林区調査中間報告書』、豊かな自然環境を活かした若林区東部パーク化構想を柱とする『若林区の今後に向けて』という2つのパンフレットを作成し、農村集落の復興のあり方を被災住民に問いかけ、関係機関との協議を進めてきた。その後も『２０１４若林区調査報告書』『復興5か年計画政策提言』を刊行するなか、フィールドワークを通してメンバーが学んだのは、産業としての農業とコミュニティとしての農村が車の両輪となって、相互に補完し合ってきた地域の歴史に他ならない。

たしかに農業の再生について、「仙台市震災復興計画」は「農と食のフロンティアプロジェクト」を掲げ、担い手への農地集約や農業経営の法人化、高収益作物の導入や6次産業化などが実現に移された。津波被災地では農地を大区画化し、法人を結成するかたちで営農が再開されるに至ったが、しかし復興しつつある農村コミュニティの将来像は、必ずしも明るいものにはなっていないという。Hさんは、それを「坂道を転げ落ちるその上に立っているみたいな復興」（2017/07/13ヒアリング）と形容し、次のように語る。

農業に関して言えば……個人営農の方が離農せざるをえなくなった。……行政の進める競争力の高い、大規模生産・大規模販売型の農業にこの地域が作り替えられているので、果たしてそれを本当に復興と呼べるのか、というのが疑問なんです。

コミュニティの方は……現地再建した地域で……町内会としては運動会を維持できない、お祭りも維持できないとなってきている。生活の本拠は元に戻ったけれど、人口は大きく減少したし、超・超・超高齢化が進んだために、コミュニティが復興したのかというと、まだ何とも言えないところですね。……（住宅）再建はした、けれどコミュニティは戻らなかった。（同ヒアリング）

本格的な営農再開により「ＲｅＲｏｏｔｓ」に寄せられる被災農家のニーズは減少したが、*19代わって再興した町内会からの依頼が届くようになったという。こうしてコミュニティチームは「六郷東部地区まちづくり部会」など地元主導型のワークショップに参加し、夏祭り、運動会などの地域行事の後方支援に着手する。くわえて、映画上映会や地域美化活動などのイベントを独自に企画することにより、営農再開を断念し、別の地域で住まいを再建した人々などが、それまでの農村コミュニティに参加できるよう試みている。

一方、災害公営住宅でコミュニティ形成に携わることになったのが販売チームである。地産地消の推進と買い物難民の解消を掲げてスタートした「くるまぁと」は、もともと被災地に住んでいた人に地元の野菜を届けるなど、若林区の農業の「営業マン的な役割」（2019/07/14ヒアリング）を果たすことが期待された取り組みである。「くるまぁと」の訪問先の一つである若林区内の災害公営住宅団地では、高齢の生きがい農家の手になる野菜を販売するにとどまらず、「食のサロン」も開催するなど、団地内外の人々の関係づくりを進めていった。

復旧期の終了によりボランティアの来訪が減少するなか、農業チームとツーリズムチームは都市住民と被災農家の新たな交流機会を創出するようになった。農業チームは「三本塚市民農園」の一角に「交流ベリー園」を開設して果樹づくりを手がけ、ツーリズムチームは従来の「おいもプロジェクト」にくわえて、地下鉄東西線の開通を契機としてはじまった「わらアート」を継続的に開催し、農村風景のアート化を図ろうとしている。

持続可能な「ひなびた農村」を作る——地域おこし期（２０２０～24年）

復旧期から復興期へと舵を切り、種々のプロジェクトを展開してきた「ＲｅＲｏｏｔｓ」は、その先にどのような展望を描いているのだろうか。Ｈさんは次のように語る。

地域おこしということであれば、農業が若手を引き入れて、ちゃんと10年以上継続できる農業。コミュニティは「ひなびた農村」で良いから、集落が持続できる状態を作り出す。……細々と、細々と続く地域おこしですね。……そのためには農業を土台として、若手が農業を担って、食文化を作って、お祭りをやって、地域の行事としてコミュニティが再生されていく。農業を基本とした農村共同体が作れたらよいな、と思っています。

（2017/07/13ヒアリング）

震災復興計画による「上から」の大規模化・法人化政策を背景として、2018年には圃場整備が完了し、若林区内の農業法人も14を数えるまでに増加するなど、仙台東部地域の農業復興は順調に滑り出したように見える。しかし、農業者の平均年齢は60歳代後半と高く、後継者にも乏しいという難点を抱えている。「東日本大震災10年」からさらに10年後の若林区の農業を考えたとき、現状のままで持続可能だと言い切ることは、それゆえ不可能に近い。

そこで「ReRoots」は従来のチームを農業、農村ツーリズム、コミュニティ・福祉という3つの部門に再編し、それまでの活動内容を継続しながら地域おこし段階の新たな課題に取り組むことを決意する。それを象徴する出来事が「仙台いも工房りるぽて」（以下、「りるぽて」）の開業と、農業法人株式会社「仙台あぐりる農園」の設立に他ならない。

「ReRoots」が若林区沖野に「りるぽて」という店を構えるに至ったきっかけは、2018年の「おいもプロジェクト」終了後、自身が栽培、収穫したサツマイモをパン、菓子に加工してくれる事業者を探そうと、区内を営業に回ったことであった。その当時あった「仙台いも工房」のオーナーから、「店を閉めようと思っているので、引き継いでもらえないか」という申し出を承けて、メンバーが1年間かけてスイートポテトの製造技術を習得するなどして、2020年6月にオープンしたのが、この「りるぽて」である。

「ReRoots」は「りるぽて」に、「下から」の6次産業化の実践という意味合いのみならず、自身の取り組みと若林区の震災復興に関心を持ってもらう「アンテナショップ的役割」

（2021/07/20ヒアリング）を持たせている。店先にはスイートポテト「りるぽてと」をはじめ、地元農家や「ＲｅＲｏｏｔｓ」が栽培した野菜が並べられている。

農業法人を設立することの意味

「ＲｅＲｏｏｔｓ」は結成以来、ＯＢ・ＯＧから4名の新規就農者を輩出してきたが、２０２０年に設立した「仙台あぐりる農園」は、学生時代にメンバーであった20歳代女性が代表を務める農業法人である。「ＲｅＲｏｏｔｓ」の出資により設立され、クラウドファンディングにより農業用機械を工面した「仙台あぐりる農園」は、約50ａの農地でサニーレタス、トウモロコシ、ブロッコリーなどを栽培し、地元スーパーの産直コーナーなどに出荷している。

しかし、「仙台あぐりる農園」は農作物を生育、出荷して利益を出すことだけを目指した法人ではないという。一体、どういうことだろうか。

今、１法人だいたい70～１００ha（の水田を）やっていますので、１法人が続かないってなると非常に大きな面積が剥がれます。……（農家の）平均年齢67歳というなかで、あと10年経ったら77歳。80（歳）まで現役で農家を、と言いながらも、その限られた時間のなかで、（若手後継者がいない）半数の農業（法人）の担い手を育成しないと、（若林区の）農業も存続しないっていうのは、もう現実的に見えている問題なので。

それを既存の法人がやれるかと言うと、それはやれないというところで、われわれが「農村塾」を作って取り組もうと。「農村塾」の特徴というのは農業を教えるだけではない。農業技術だけだったら農業大学校で学べるんですけど、それ（だけ）では農家は定着しないんですよ。……ここで農業の担い手の育成、（農村への）移住ができなかったら、復興なんて夢のまた夢ですよね。（2021/07/20ヒアリング）

このような問題意識から「ＲｅＲｏｏｔｓ」が企画した「農村塾」は、「農業の担い手であり地域の担い手」（同ヒアリング）ともなる若手人材の育成をテーマとするものである。そのプログラムは栽培技術の継承だけでなく、畦畔《けいはん》の草刈り、水路の泥上げ、集会所の清掃など、村落特有の労役にも及んでいる。農業とコミュニティを車の両輪として地域形成された若林区沿岸部を舞台として、被災農家とコミュニケートしながら農地復旧、野菜栽培などを実践してきた「ＲｅＲｏｏｔｓ」ならではの内容構成だといえよう。

「ＲｅＲｏｏｔｓ」と並んで「農村塾」の推進主体となる「仙台あぐりる農園」が、個人経営ではなく法人経営を選択したのも、東日本大震災後に「上から」共同化されることになった「法人の悩みに対応できるノウハウを身につける」（同ヒアリング）という問題意識が強かったからである。そこには発災から半年後、「ＲｅＲｏｏｔｓ」メンバーが野菜を作りはじめた際の、運動者／支援者自身の〈当事者性〉の獲得というミッション――農家の悩みに寄り添い、それを共有できなければ、復興を目指すなどとは言えない――が、やはり貫徹されているように思われる。

「農村塾」を通して農村コミュニティのあり方に通暁した人材を育成し、後継者不足に直面する既存の農業法人に送り出すルートを構築できれば、人口減少・少子高齢化にあえぐ津波被災地にあっても持続可能な「ひなびた農村」を創出できるのではないか――こうして「東日本大震災10年」から10年先を見据える「ＲｅＲｏｏｔｓ」の、新たな挑戦がはじまった。

媒介／主体としてのボランティア――〈被災者―支援者〉関係再考

Ｈさんはこれまでの「ＲｅＲｏｏｔｓ」の取り組みを総括し、ボランティアの役割を被災者の「代行」（2015/03/31ヒアリング）ではなく「媒介」（2013/10/19ヒアリング）に据える。ボランティアは被災者の代わりに復旧・復興を推進する主体ではなく、新たな取り組みを創発することで、被災者の主体性を引き出す存在だという。このような〈媒介としてのボランティア〉は、ツーリズムチームが「おいもプロジェクト」を通して、都市住民と被災農家の交流を活発化させた姿に象徴されていよう。かつてＨさんが関わっていた中国残留孤児の生活支援が提起した、運動者／支援者による〈当事者性〉の代行不可能性という問題意識が、この〈媒介としてのボランティア〉に投影されていることは、論を俟たないだろう。

しかし同時に、被災農家の「生活を立て直す」べく沿岸部に通ったメンバーは、ボランティアコーディネートを入り口として農（業）そのものに関心を持ち、被災地の一角で野菜を栽培し、農業法人を設立するまでになった。Hさんが参加していた反原発運動が「浮き草」化したのとは対照的に、「土地に根ざした復興」を志向する「ReRoots」の取り組みが、〈主体としてのボランティア〉と表現できる側面を含んでいたのは明らかであろう。このような〈主体としてのボランティア〉は、東日本大震災により自身も大なり小なり被災した、運動者／支援者による〈当事者性〉の問い直しがあって、初めて成立したものと見ることができる。

ただしこの間、メンバーと被災農家の関係性が常に安定的であったわけではない。仙台圏の大学生によって構成される「ReRoots」は、入学・卒業に合わせてメンバーが入れ替わらざるをえない点で、本来的に流動性の高い組織である。そこに復旧・復興の進捗に合わせた被災地の状況変化もくわわるため、結成以来「ReRoots」が掲げてきた「相手の立場、目線に立って支援をする」という理念も、次第に完遂することが難しくなるのである。こうして「ReRoots」は復旧期から復興期への転換局面において、「4年目の危機」（2017/07/13ヒアリング）と表現される大きな揺らぎに直面する。


震災から3年間、僕らはずっと復旧ボランティアをしていましたので、ガレキを取りながら農家と接点があったり、比較的、農家が目に見える状況だったんです。ところが4年目以降……先輩たちが新しく入ってきた1年生に対して、農家の問題とか若林区の被災を教えても、受け止める側は……知識として身に付けていくので、活動がだんだん現実から遊離していくわけです。……復旧期にやっていたことと復興期ではじめることは、内容が若干変わるので、それまでの論理が通用しなくなっていくんですね。……そうすると組織って空転していくんです。（2015/03/31ヒアリング）

復旧期には営農再開にむけて試行錯誤する被災農家の傍らで、メンバーがガレキの撤去や野菜の栽培に取り組むのが常であった。「農家が目に見える状況」とされる物理的な距離の近さが、両者の心理的な距離の近さにつながることは言うまでもない。しかも当時は、被災農地を掘り返せば、筆箱や歯ブラシなど、生活の痕跡が次々と発見される状況であった。被災農家が「生活を立て直す」までの支援をメンバーが活動目標として共有し、それに向けて献身するのはきわめて自然な成り行きであろう。こうして彼ら彼女らは「ガチボラ」「徹底的な労働」（2017/07/13ヒアリング）を実践し、その姿勢が被災農家からの「評価」と「非常に濃い」関係に帰結したのである。

チーム論を彫琢し「4年目の危機」を乗り越える

災害復旧事業の進捗とともに、辺り一面が茶色く染められていた世界は次第に緑を取り戻していく。農地の復旧や住まいの再建など、時々刻々の変化に伴走していなければ、そこが被災地であった過去が判然としないのは無理からぬことである。くわえて、避難生活や震災直後の災害ボランティア活動を経験したメンバーは、一人またひとり卒業を迎えて「ＲｅＲｏｏｔｓ」を離れてゆく。震災が「知識」の対象へと変化しはじめるのは、発災からの時間経過、復旧期から復興期への転換が否応なく惹起することでもある。

まさにこの復興期に「ＲｅＲｏｏｔｓ」はチーム制へと組織を再編し、プロジェクト型の事業に着手したことを想起しよう。農地復旧というシングルイシューからコミュニティ形成、農村ツーリズム、商品の開発・販売へ、取り組みが多様化するにつれて参画する学生の問題意識は個別化し、被災農家への関わり方も面的なものから点的なものに変化してゆく。所属するチームや部門の活動内容によっては、被災現場から足が遠のくことさえあるだろう。

（以前は）住民自身が持っている地域の問題意識、「どうにかしたい」っていう願望をキャッチしたうえで、企画の話をするわけですけど、今は「この企画をやるんです。お手伝いしていただけませんか」みたいな話で依頼しちゃうんですよ。……関係の作り方自体が違うんです。（学生は）相手のことが見えなくて、（農家は）手伝いに来させられたみたいな感じになっちゃうわけですよ。……学生たちはある意味、自分たちの企画を成功させようと思って真面目にやっているんです。……（でも）「相手の立場」に立ってないから、わからないんですよね。視野が違う、見ている世界が違うんです。（2017/07/13ヒアリング）

復興期に「ＲｅＲｏｏｔｓ」に参画したメンバーが「見ている世界」は、災害復旧事業と災害ボランティア活動により一定程度の復旧がなされた後の被災地である。そこでは、通時的な存在である被災農家や先輩の、発災以来のさまざまな試行錯誤は、どうしても「見えない相手の見えない問題意識」となりがちである。こうして新たなメンバーが企画するプロジェクトは被災地のリアリティから切り離され、被災者との対話を失って独話的（monological）なかたちで自走しはじめる。[*20] やがて先輩と後輩、「ＲｅＲｏｏｔｓ」メンバーと被災農家のズレが蓄積し、臨界点に達したときに現出したのが「4年目の危機」というわけである。

「ＲｅＲｏｏｔｓ」は２０１４年前半、対外的な活動を全て停止して内部問題に照準する。メンバーはあらためて沿岸部に赴き、被災状況と復旧過程に関するフィールドワークを重ね、自身が拠って立つ足場を確認したという。どうすれば復興期のボランティアは〈当事者性〉を担保できるのか――そのことをメンバー一人ひとりが問い直すことで、発災からの時間経過と被災者の現実感覚のなかに、ふたたび種々のプロジェクトを埋め戻そうとしたといえよう。

団体運営それ自体についても、フォーマルにはチーム／部門の縦割りを超えた連携を促進する一方、インフォーマルには趣味やスポーツなど「サークル内サークル」（2021/07/20ヒアリング）を活発化し、復旧期の「ガチボラ」「徹底的な労働」とは異なるかたちで関係の再構築を図ってゆく。こうした苦闘の時期に教訓化されたのが「チーム論」だとHさんは語る。

メンバー同士、人間的成長が問われるんです。……自分たちのことばかりグチャグチャしているような内向きな活動ではなく、あくまでもプロジェクトの達成に向かってチームが機能していくように、チームを作るんだと。それをリーダーが中心となって、理論的役割をしながら、問題が起これば「触媒」「媒介」しながら進んでいって、プロジェクトの実現に向かっていくという。（2019/07/04ヒアリング）

（悩んでいる後輩の）成長を促していく「触媒」の役割がリーダーなんだよと。後輩も「触媒」されるばかりじゃなくて、後輩自身だってメンバーの一人ですから、主体的に取り組む必要があるので、リーダーばっかり責任が偏ると……リーダーが潰れちゃうので。そうならないようにチームが目標に向かって、どうやって融合していくのか、ということですね。（2021/07/20ヒアリング）

引用文中に見られる「媒介（触媒）」とは、当初、運動者／支援者による〈当事者性〉の代行不可能性を踏まえ、被災者そして復旧・復興への関わり方を再考するなかで登場した概念であった。「4年目の危機」に見舞われた「ＲｅＲｏｏｔｓ」は、まさにこの問題意識を自らの組織過程に対して投げかけることで、先輩・後輩関係を再形成しようと考えたのである。

リーダー（先輩）は後輩の代わりに活動を推進する主体ではなく、種々のプロジェクトを通して後輩の主体性を引き出すような存在である――こうして意識的にメンバー同士の主体化の連鎖を図ることで、「ＲｅＲｏｏｔｓ」はクリティカルな状況を乗り越え、それ以降の組織運営を持続可能なものにしていったのであろう。以上のように自前のチーム論を彫琢した点にこそ、「ＲｅＲｏｏｔｓ」が「東日本大震災10年」を過ぎてなお、新たな領域を開拓する原動力があるように思われる。

註

＊1　警察庁「平成23年（２０１１年）東北地方太平洋沖地震の警察活動と被害状況」https://www.npa.go.jp/news/other/earthquake2011/pdf/higaijokyo.pdf（２０２５年1月15日アクセス）

＊2　宮城県「平成23年（２０１１年）の東北地方太平洋沖地震の状況」https://www.pref.miyagi.jp/documents/18857/233329.pdf（２０２５年1月15日アクセス）

＊3　仙台市「仙台市農業の復旧・復興の取り組みについて」https://www.city.sendai.jp/nosekikaku-chose/shise/security/kokai/fuzoku/kyogikai/kezaikyoku/documents/09_h24shiryou2_1.pdf（２０２１年10月10日アクセス）

＊4　2009/05/06河北新報「１００万都市の足元 仙台 農地転用、20年３３９ヘクタール」を参照。

＊5　復興庁「東日本大震災からの復興の基本方針」https://www.reconstruction.go.jp/topics/doc/20110729houshin.pdf（２０２１年10月10日アクセス）

＊6　宮城県「宮城県震災復興計画――宮城・東北・日本の絆 再生からさらなる発展へ」https://www.pref.miyagi.jp/uploaded/attachment/36636.pdf（２０２１年10月10日アクセス）

＊7　仙台市「仙台市震災復興計画」http://www.city.sendai.jp/shinsaifukko/shise/daishinsai/fukko/kanren/documents/shinsaifukkokeikaku.pdf（２０２１年10月10日アクセス）

＊8　津波被災地・原発被災地に立地した野菜工場に対して、「惨事便乗型資本主義（ショック・ドクトリン）」との批判が寄せられてきた（岡田 ２０１２）。だが、このような野菜工場が地域に雇用（農福連携による障がい者の就労を含む）を生み出すケースも存在する。くわえて、栽培環境の制御や播種・定植・収穫技術の習得（西田ほか ２０１５）、事業経営の安定化には、惨事便乗型との批判だけでは語ることのできない苦闘の組織過程がある。

＊9　「申請主義」の問題とは、災害ボラセンから送り出されたボランティアが泥出しをしている家屋の隣で、別の被災者が泥出しをしている場合、かりに依頼内容が早く終わったとしても、現場の判断で自由に隣家の泥出しを手伝ってはいけない、といった趣旨である。

＊10　2012/02/22の日付がある引用は録音データの文字起こしではなく、フィールドノートからの書き起こしである。

＊11　山下祐介（２０２４）は東日本大震災、福島第一原発事故からの復旧・復興が、「被災・避難・

被害当事者ではない者の復興当事者化を促す」かたちで展開された点を批判し、被災により声を出せなくなった当事者の代弁と、弱者性の回復が必要だと論じる。この指摘は、本章のテーマ設定にも差し向けられることになるだろう。本章では、被災者とボランティアの中長期的なコミュニケーション、そして被災農地において、ときに共同して行われた農作業を通して〈被災者―支援者〉関係が変容してゆくプロセスに、山下が言うところの「被災・避難・被害当事者ではない者の復興当事者化」の可能性を見いだそうとするものである。

＊12　当時の災害現場で醸成された次のような問題意識もあった。「あるマンションのガレキ撤去に行ったとき……若いお母さんが『よろしくお願いします』と来て、母子手帳を探して欲しいと言うんですよ。……（室内は）津波で流されてグシャグシャですから……結局見つからなかったんです。こどもが生まれたばっかりで、（母子手帳には）色々書いてあるのですね。……この人のこれからのことを考えると、別にボランティアをしたからって、ガレキ撤去で家をきれいにしたからと言って、終わるわけじゃないという。（こうして）その人の生活とか家族みたいなところに対しての思いが、けっこう強まったんです」（2019/07/04ヒアリング）。

＊13　仙台市社協の担当者は当時の状況を次のように振り返る。「生活の場の確保を考えたとき、家に隣接する生活圏域の田畑については、せっかく家を片付けたのに、横にガレキが置いてあって臭いを発しているような状況では大変だろうから、各区の災害ボラセンの所長判断により、ボランティアがやっても良いのではないかと、ある程度幅を持たせていた」（2017/12/19仙台市社協地域福祉課ヒアリング）。なお、この引用は録音データの文字起こしではなく、フィールドノートの書き起こしである。

＊14　災害ボランティアにとって、この「若林ボランティアハウス」はそれまであった災害ボラセンに取って代わる存在となった。災害ボラセンで現場監督を務めてきたリーダー層が参加し

た点も、これ以降の「ReRoots」の取り組みを円滑化することに寄与したといえる。

＊15　ボランティア活動保険は、社協が運営する災害ボラセンが集約・統合されたことも影響し、首尾よく「ReRoots」にも適用されることになった。一方、災害ボランティアが利用する車両に対する高速道路料金の減免は、その取り組みが社協／災害ボラセンから委嘱された活動ではないことを理由として、なかなか許可が下りなかったという。

＊16　農地復旧ボランティアが3年近く継続した背景として、広大な被災面積もさることながら、「仙台市震災復興計画」の策定（2011年11月）、建築基準法に基づく災害危険区域の設定（同年12月）を待って、被災農家が生活と生業の方向性を決めたことも影響していよう。とりわけ兼業農家、自給的農家ではガレキ撤去に対するニーズが遅発した側面も認められる。

＊17　小松菜がうまく生育せず、茎が伸びて蕾《つぼみ》ができ、今にも花を咲かせようとしていたとき、「もうダメだ、小松菜を食べられない」と落ち込んでいたメンバーに対し、ある農家が「その蕾を早く採れ。小松菜は蕾が絶品なんだ」と教えてくれたという。被災農家と対話を重ねながらの野菜づくりは、彼ら彼女らがスーパーマーケットの消費者である限り知り得なかった、農（業）の奥深さを実感するプロセスでもあったといえよう。

＊18　「りるサポ」はセット野菜の販売を通して、生産者の思いと若林区の復興の様子を伝えることが目的である。東北・関東地方を中心に50名ほど会員登録があり、農地復旧ボランティアの経験者も少なくない。そこには「ガレキ撤去に来てくださった方々と関係が途切れちゃうのもちょっと悲しい。……そういう方々に若林区の野菜を、こんなにおいしい野菜ができたんだよ、と伝えたい」（2019/07/13ヒアリング）というメンバーの思いが込められている。

＊19　復旧期には被災農家の農業用機械が揃っておらず、仮設暮らしによりパート労働者も不足していたことから、「ReRoots」では農作業の依頼を引き受けることがあったという。だ

が、復興期に入ると、メンバーは農家に対して「無償の労働支援は行いません。農家が自立していくためにも、ボランティアではなくパートの方を雇用するか、地域経済として成り立つように運営していってください」（2021/07/20ヒアリング）と伝えるようになった。というのも、かりに彼ら彼女らがボランティアとして農作業を行えば、現地再建に伴い復帰したいと考えるパート労働者から仕事（有償労働）を奪ってしまうからである。このような「ＲｅＲｏｏｔｓ」の意向に対し、農家の側も自立志向が強かったことから、「助けてもらったんだから（これからは）自分たちでやんなきゃダメだ」と、すぐに理解を示したとされる。こうした農業経営と地域経済の自立をめぐる問題提起は、運動者／支援者による〈当事者性〉の代行不可能性によるものと見ることもできよう。

＊20　独話的（monological）という用語は馴染みがないかもしれないが、多文化主義（multiculturalism）の旗手チャールズ・テイラーによる、アイデンティティの対話的（dialogical）構成、変容可能性をめぐる議論に由来している（Taylor 1992=1996）。

付記

本章の大部分は２０２１年末までに執筆されたものである。その後、最終的な加筆修正を施していた２０２４年秋、「ＲｅＲｏｏｔｓ」の解散（同年10月）と後継団体「農業振興サークル結農」の設立を知るに至った。本来であれば、地域おこし期の取り組みが不首尾に終わった要因の分析が必要となるだろうが、この点については別稿に委ねたい。

なお、２０１７年と２０２１年に実施したヒアリング調査は、筆者が東北学院大学経済学部で担当したフィールドワーク科目の一環である。調査に同行した4名の学生（伊藤涼・佐藤絵理奈、石森大智・武田花音）との議論が、本章の内容にも寄与したことを書き添えておきたい。

第3章
NPOは被災農村をいかに支援したのか
――里地・里山保全と災害復興

［平成24年7月九州北部豪雨（2012年）福岡県八女市・うきは市］

棚田・茶畑の広がる中山間地を襲う豪雨の状況

九州北部において農業ボランティア活動が展開した地として、福岡県八女市、うきは市を挙げることができる。この地域は、1990年代より里地・里山保全活動が展開され、災害前より、都市農村交流が続けられてきた。2012年、平成24年7月九州北部豪雨の被害に見舞われた。この災害は、日本で線状降水帯による豪雨被害が認識されはじめた初期の災害である。

筆者は、1990年代より、この八女市黒木《くろぎ》町で里地・里山保全のボランティアに関する教育・研究を展開していたため、災害後も、その経過を記録・観察することができた。本章では、包括的に農業ボランティア活動が展開された背景、素地、その理由について、発災後からの住民の避難・復旧の動向、行政機関の動き、農業ボランティア活動の展開、行政機関のアンケートにみる農家の被災と復旧意識について紹介する。

福岡県八女市とうきは市の概要

福岡県八女市は、福岡県南部に位置し、２００６年から２０１０年にかけて１市５町村（八女市、黒木町、立花町、上陽町、星野村、矢部村）が合併した面積４万８２５３ha、人口６万８９５７人（２０１２〈平成24〉年４月末）の自治体である（図３－１、図３－２）。

八女市の代表的な河川である矢部川は、市内の旧町村を源流域とし、東から西に筑後平野を潤しながら有明海に達する。地形的には大きく平坦地と山麓地、山間地に分けられ、平地には水田地帯が広がり、中山間地には樹園地や棚田、茶園、そして、スギ・ヒノキ林を中心とした森林が広がっている。本

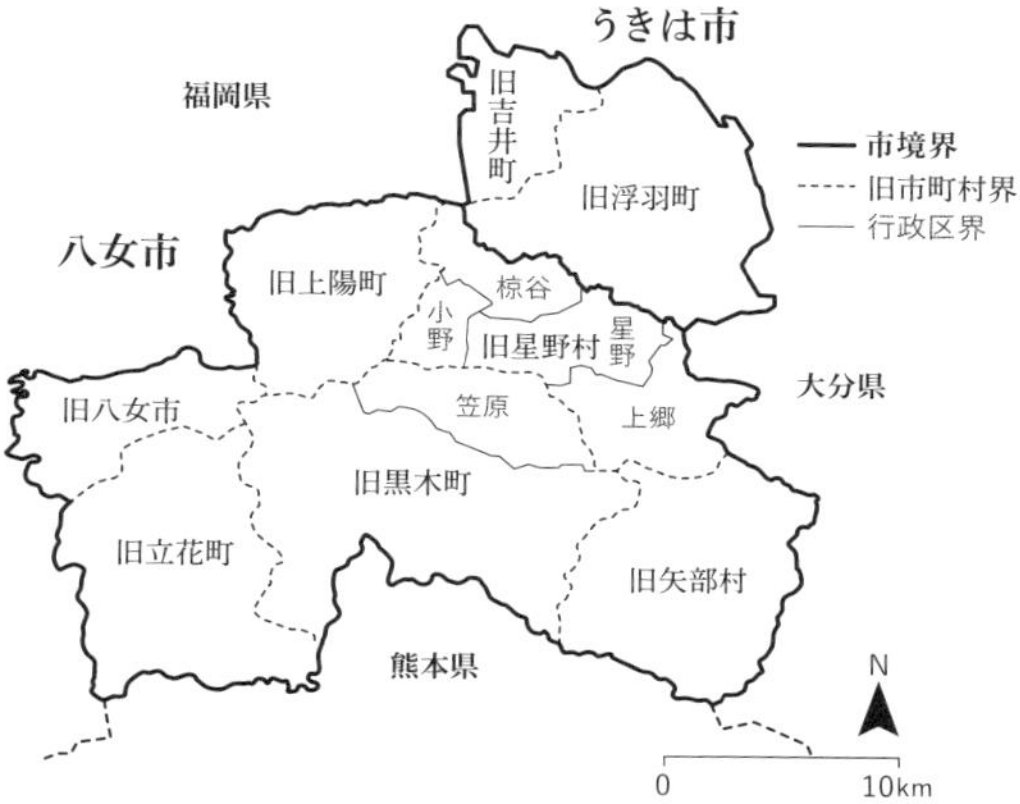

図３−１　八女市・うきは市旧町村位置図

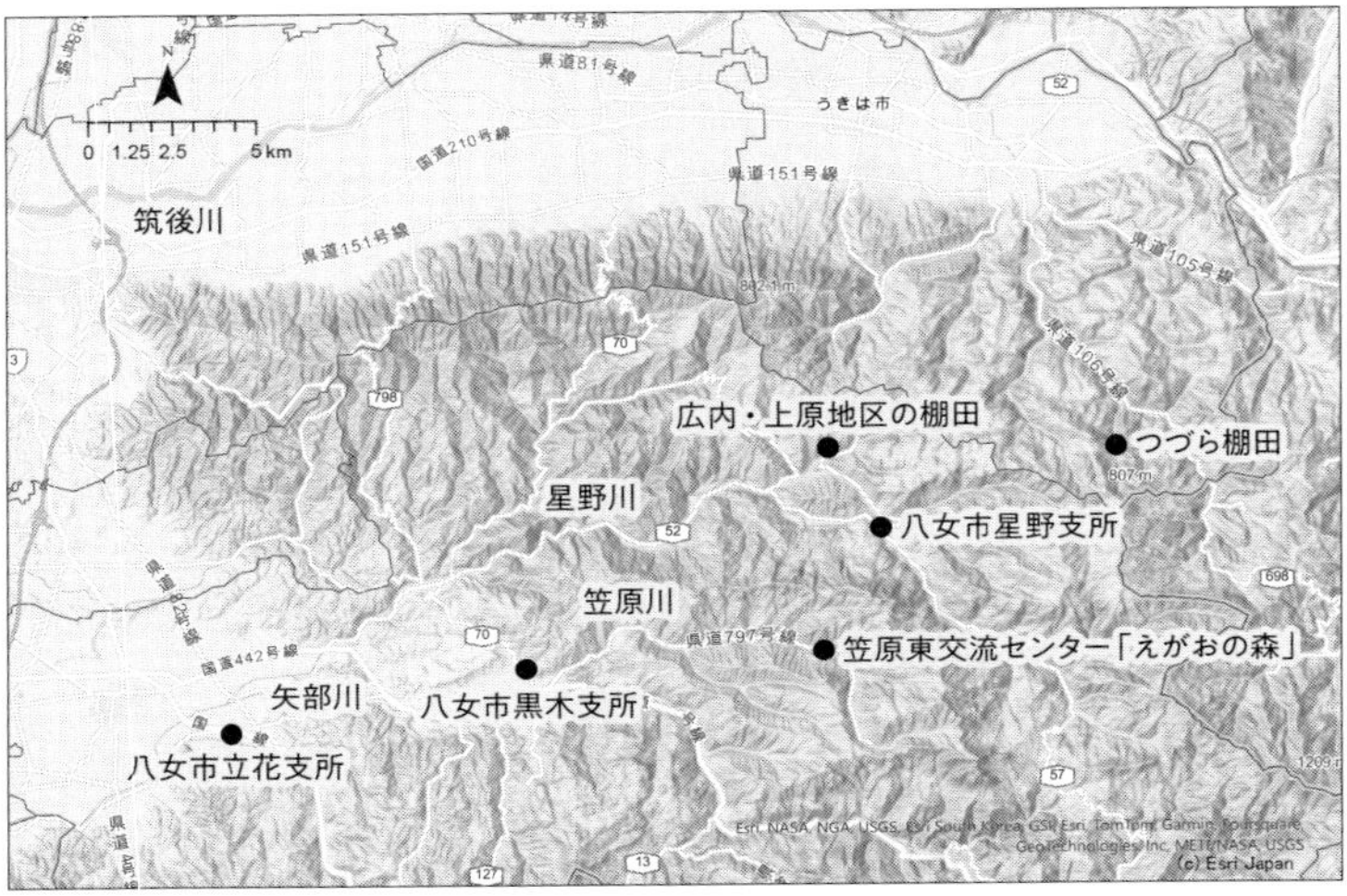

図3－2　八女市・うきは市地形および本章関連施設配置図

章で、特に紹介する黒木町笠原地区は、八女茶発祥の地として知られ、お茶が伝わってから600年の歴史を有する。また、八女市星野村は2010年に八女市に編入されるまで八女郡に所在する村であった。ここは大分県との県境に位置する山間地域で、標高は約200～1000mに及ぶ。村域の84％を山林が占め、特徴的なのは斜面に点在する棚田、茶園である。この棚田は奈良時代にはじまり、かつての金鉱山の営みと共に伝えられている。村内で最も美しいとされている棚田は、「広内・上原地区の棚田」で、1994年「美しい日本のむら景観コンテスト」農林大臣賞を受賞し、1999年に「日本の棚田百選」に選ばれている。「星野茶」は高級茶である「玉露」で知られており、村の山間の風土と気候に育まれ、江戸時代より継承されてきた栽培・製法技術により日本屈指の玉露産地とされている。

うきは市は、八女市の北側に隣接する面積117・46㎢、人口3万2080人（2012年）の市である。北側には筑後川が東から西に流れ、北に平野部、南に山間部を有する地域である。2005年3月20日に浮羽町と吉井町が合併し市制が施行され、うきは市が発足している。多くの中山間地を有する旧浮羽町は、1995年から谷筋に広がる棚田の風景を活かした「彼岸花めぐり」を、1998年には「棚田オーナー制度」を開始している。1999年には「つづら棚田」が日本の棚田百選に選出され、2000年には隣接する星野村と共同で「全国棚田サミット」を開催するなど、棚田の保全活動が強力に展開されてきた。

豪雨災害の経緯

2012年5月30日頃、九州北部は梅雨入りした。この年は、奄美地方、九州南部、四国地方で平年に比べ多くの雨が観測され、台風第4号や梅雨前線の影響により、全国的に大雨となった。同年7月12日、気象庁は「これまで経験したことのないような大雨」という表現を用いた注意を呼びかけていた。翌13日にかけては、阿蘇市、熊本市、菊池市、南阿蘇村、竹田市で土砂崩れ、河川が氾濫、600棟を超す家屋の損壊と浸水が報じられた。

その雨量は「未明から昼前にかけて福岡県を中心に猛烈な雨となった。特に福岡県八女市黒木では9時47分までの1時間に91・5㎜、10時20分までの3時間に174・5㎜、日降水量は415・0㎜（109・6%）を観測し、いずれも観測開始以来1位の記録となった」と記載されている。[*1] 2012年7月11～14日の総降水量について、八女市黒木は649・0㎜、八女市星野池の山は705・0㎜、うきは市の葛籠《つづら》雨量観測所で約650㎜を記録しており（うきは市 2014）、当時では経験のない大雨であった。

八女市では、死者2名、重傷者5名、軽傷者5名の人的被害が発生し、また、全壊161棟、大規模半壊40棟、半壊168棟、床上浸水722棟、一部損壊65棟、床下浸水604棟の住宅被害が報告されている（八女市 2016）。特に山間部では土砂災害により道路が寸断され、一部で住民が孤立し、自衛隊による食料の輸送や住民の搬送が行われた。

避難や自助・互助の状況

ここで、当時の被災直後の概況について、八女市黒木町にある笠原地区の6地域の行政区長へのヒアリングからまとめた内容を紹介する。

2012年7月14日、6つの行政区ではいずれも公民館、小学校、交流施設などに避難した。笠原地区の主要道路である県道797号線は黒木町中心部に通じる唯一の主要道路で、複数箇所で道路が崩壊したことにより、一時的に孤立状態になった。地域の人々はう回路を確保するために、村にある個人所有の重機を用いて総出で道開け作業を行った。特に厳しい地区では棚田や樹園地などの斜面を上がる農道のみとなり、う回路１本のみになった地区もあった。被災後35日目の２０１２年８月17日に一部、利用可能な仮復旧工事道路が開通となった。各集落へ普通乗用車でのアクセスが可能となったものの、県道７９７号線は寸断したままで集落周辺の道路の多くは不通のままであった（2013/03/28〜29ヒアリング）

笠原は災害後、『７・14笠原写真記録集』（以下、写真集）を刊行しており寄付者や関係者に配布されている（夢かさはら自治運営協議会 ２０１３）。この写真集には、地域の方々の声が多数紹介されており、豪雨と被害時のコメントについて抜粋してみる。


「見える範囲を母さんと呆然と見ていた」

「杉山から杉の木が土砂と一緒に立ったまま滑り落ちてきた。道路をふさぐ」

「川のそばの茶畑の石垣がみるみる内に崩れていった」

「畑がダメになって、棚田が滝のようになった」

「家から出られんやった。道が川みたいになって」

「雨音で聞こえなかったが、『避難』という声だけは聞こえた」

「2階の屋根から猫と脱出」

「公民館も危ないので道路も水が流れているので少し高めの広くなっている道路で雨の中じっと雨が止むのを待っていました」

「土砂が崩れている時、お年寄りを助けに行った。材木が落ちても」

「家内と隣の人が、下のおばしゃんの薬を取りに戻った後、すぐ家が流された。肝が潰れた」

「子供をだっこして、公民館に。そして、すぐ下のおばしゃんを呼びに行った」

「でも、あの時は皆が『誰かを助けな！』と動いていた」

「公民館に避難出来ず。橋渡れない。高台の個人宅に避難」


これらのコメントにあるように、山間部で豪雨を経験した被災者の声は生々しい。豪雨がもたらす水にくわえ、流れていく土砂、石、流木が勢いをもって、次々に田畑、道路、家屋、橋を襲う様子が浮かぶ。そのような時でも、集落の人々は自分だけでなく近所の高齢者に声をかけ皆で避難した。残念なことにお2人の尊い命が失われたが、多くの命が声掛け避難により救われた。コメントのなかには、次のような言葉もあった。

「昭和28年の災害を知っているが、とてもじゃない。比べものにならない」

ふだんの雨で流れるのは水だけだが、雨量が強くなるにつれ、土砂、石が動き、それに樹木が混じってくる。地球温暖化の影響などで雨量が増加傾向にあることにくわえ、山には伐採の遅れている40～60年生のスギ・ヒノキが林立していることから、より被害が大きくなる。一方で、「棚田が滝のようになった」という言葉にあるように、古くから築かれてきた棚田は雨水を受け止め、水平に流し、崩れてきた土砂を受け止めた。優れた防災機能を果たしたのは間違いない。

農業復興の推進体制

この豪雨を受けた八女市では、災害後に農業ボランティア活動が展開する。その背景を考えるために、八女市の復旧過程を農業復興の点から概説する（八女市 ２０１６）。八女市は、この２０１２年7月14日の豪雨災害に対応するために災害対策本部を設置し、避難の呼びかけ、人命救助、医療支援を行った。その他、孤立した集落解消のため、寸断した道路の応急復旧や、う回路の確保に努めている。８月20日には復旧事業を推進するため土木災害復旧室を設置した。８月29日には全ての避難所を閉鎖し、９月１日から八女市災害復旧本部を設置し、本格的な復旧工事を開始した。翌年の2013年3月には「八女市九州北部豪雨対策の検証と復旧復興計画」を策定し、各種取り組みが進められた。

この一連の流れのなかで、農業復興推進体制の一つとして、被災から3ヵ月を経過した2012年10月15日、農業の早期復旧を目的に農業復興推進会議が設置されている。本会議は、八女市農業振興課が庶務を担当し、復興計画策定、各種災害復旧支援事業、各種支援事業、そして、被災農家の個別相談の実施が主な目的である。これらにくわえて関係機関の情報交換、被災農家の現況把握の取り組みが行われた。

農業に関するボランティア活動の実態

農業復興推進会議は、被災から8ヵ月後の2013年3月14日に「農業ボランティアに関する意見交換会」(以下、「意見交換会」)を市民団体である「山村塾」「星野村災害ボランティアセンター」(以下、「星野村災害ボラセン」)、八女市、八女市農業委員会、JAふくおか八女黒木地区センター、そして福岡県筑後農林事務所の各団体が集まり開催している(筆者はオブザーバー参加)。八女市のH課長は「意見交換会」の冒頭の挨拶で「誰も経験したことのない想定外の大水害であった」こと、そして、「3月になってやっと、この意見交換会の機会を設けることができた」と述べている。この8ヵ月間は、市にとって、被災農家の対応、災害査定、国への復

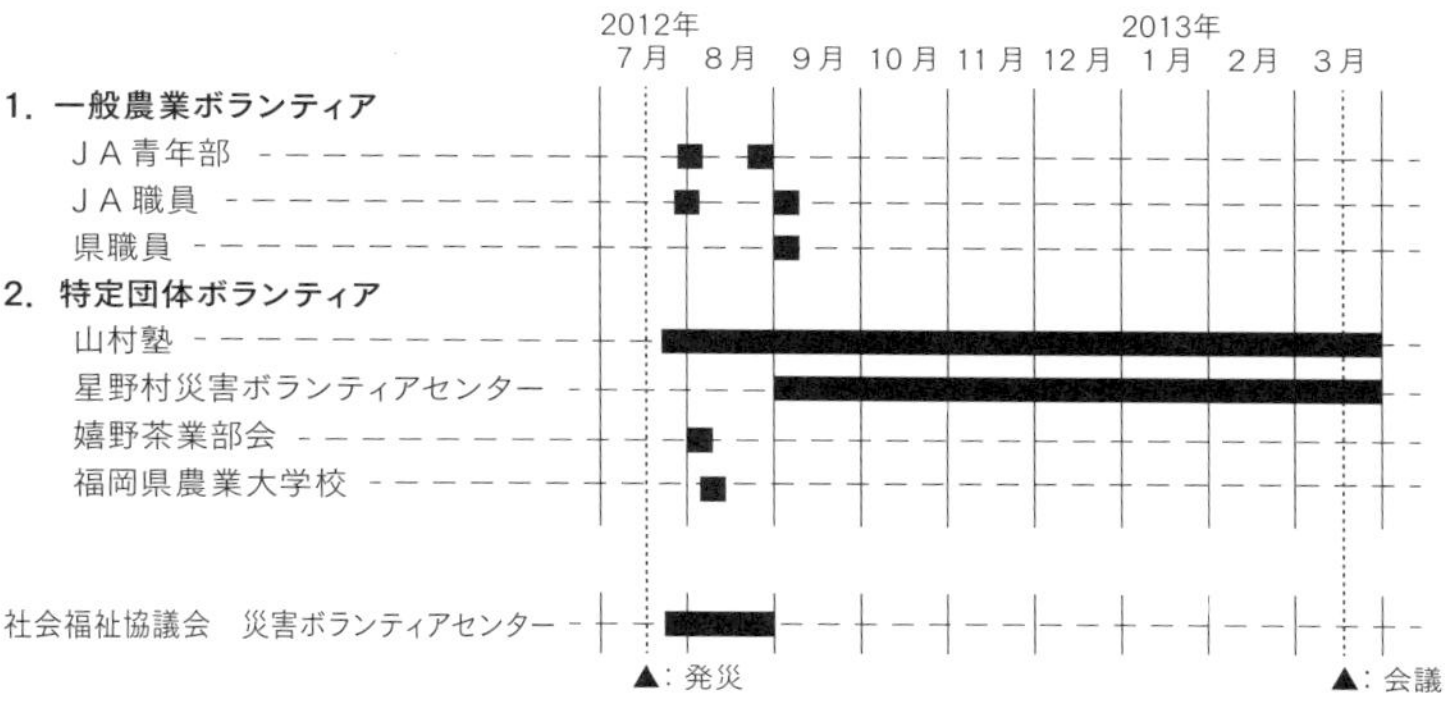

図3－3　平成24年7月九州北部豪雨後に福岡県八女市で展開した農業ボランティア

注）社会福祉協議会は通常の生活支援を実施。会議とは、2013年3月14日に八女市で農業復興推進会議が開催した「農業ボランティアに関する意見交換会」。

旧事業の申請など、不眠不休の作業が続き、やっと、本格的な復旧がスタートというのが、この3月であった。

この「意見交換会」での全体的な認識は、復旧が長期化し、水田への道路復旧を優先としながらも各機関が連携して農地の復旧にあたり、メンタルケアも含め進めていく必要があるというものであった。ここで取り上げられた初期の農業ボランティア活動を実施した団体について紹介する。

農業ボランティア活動は、まず、「一般農業ボランティア」と「特定団体ボランティア」に分けられている。一般農業ボランティアには「JA青年部」「JA職員」、そして「県職員」が含められており、ここでは、JAふくおか八女が窓口となり受け入れ、または企画募集を行い、各地区の要望に応じ派遣先を調整している活動を指す。7月14日の発災後、約1ヵ月半の間にJA青年部・職員が集中的に支援活動を展開している。また、県職員も合わせて、組織的に、また、個人ボランティアとしても多数かけつけている。このようなＪＡを主体とした初期の農業ボランティア活動による被災農家支援は、広く全国的に行われている。

一方、特定団体ボランティアは、市民団体である「山村塾」「星野村災害ボラセン」、市外から支援した「嬉野茶業部会」[*2]、そして福岡県農業大学校である。さて、これらの団体が活動した期間を簡単に図３－３に示す。

嬉野茶業部会は、被災から１ヵ月以内に、隣の佐賀県より駆けつけていた。通常は競争相手であるが、茶園の特性を熟知している生産部会による支援は、ＪＡと同じく専門的な取り組みである。また、農業大学校など各種教育機関の若者による支援は、これも全国的に大きな支援母体と言えるであろう。この図では、参考のために社会福祉協議会（以下、社協）の災害ボランティアセンター（以下、災害ボラセン）の支援期間を示している。この災害時は、約１ヵ月半の期間に多数の家屋の泥出しや家財の整理などの災害ボランティア活動が各地で展開され、８月末に災害ボラセンは閉所された。一般的なボランティア活動は、ＪＡの取り組みを含め、この１～３ヵ月の期間で行われる。この八女市の特徴は、その他に「山村塾」という地元のＮＰＯや、「星野村災害ボラセン」という被災住民と行政機関が連携して取り組んだ草の根の農業ボランティア活動が、９月以降も長期にわたり活動を展開したことである。

山村塾による農業ボランティア活動の取り組み

ここからは、平成24年7月九州北部豪雨で最初に農業ボランティア活動を展開した、福岡県八女市黒木町笠原地区で活動する「山村塾」の取り組みについて紹介する。この団体は、災害をきっかけに1994年に設立された有機農家を主体とした市民団体である。「中山間地域の農業を続けるには、都市住民の関わりが必要である」という考えのもと、環境保全と農業の両立を掲げて活動を続けている。また、国際的なネットワークのなかで、ボランティア活動を展開し運営ノウハウを蓄積してきた経緯を持つ。このような団体が、どのように平時の都市農村交流活動を営み、災害時に農業ボランティア活動を展開するに至ったのか。今後の都市農村交流を通じた災害への備えを考えることは有用であろう。

山村塾の設立経緯と活動

「山村塾」は、「都市と農山村が一緒になり農作業や山仕事を楽しみながら山村の豊かな自然環境を守る」ことを理念とし、1994年に福岡県黒木町笠原の2軒の農林家が中心となり設立された。設立のきっかけは2つの天変地異である。一つは1991年に九州を襲い未曾有の被害をもたらした台風第17・19号で、もう一つは、1993年の冷夏がもたらした米騒動である。この2つの出来事は、中山間地で農林業を営むTさん、Mさんの家族、また、取り引きをする消費者の間で、「山を守るには針葉樹人工林だけでよいのか」「棚田や茶畑を守ってきたが、農家だけでは難しい」「まちの消費者と一緒にこの農村の暮らしを守っていけないか」、そのような議論がなされたそうである。

「山村塾」の活動では、主に2つのコースが営まれている。一つは稲作コース、お米・野菜・お茶を有機で生産する専業農家であるTさんが担当する。もう一つは山林コース、お茶・シイタケ・山仕事を営むMさんが担当している。稲作コースは田植えにはじまり、米作りの体験を中心としている。農法は合鴨水稲同時作を用い、環境保全型農業を基本としたさまざまな援農体験が行える。山林コースは春の山菜摘みにはじまり、植林、下草刈り、枝打ち、間伐、竹林管理、炭焼きなど、森づくり活動が体験できる。台風被災地の山林を中心に植林した広葉樹の育林や、スギ・ヒノキ人工林の一般的な管理にくわえ、群状間伐を実施し多様な森づくりを進めている。

この団体の大きな特徴は、基本的にふだんの農林業を体験プログラムの場としていることである。そのため、参加者は、あまりお客さん扱いされている感じではない。季節の作業で一緒に汗を流し、ふだん農家が食べている食事を一緒に食べる。このような活動を通じて、農家と参加者の家族同士の交流がなされている。中山間地の自然をただ眺めるのではなく、心から触れ合う。農家と共にその活動の楽しさ、厳しさ、技術を学ぶ。このような他では得られない非日常の体験が、徐々に経験となるのである。２０１２年の数字であるが、会員数は１０６口の家族・個人・団体であり、イベントは年間、約１３０日、約２５００人が参加している。

「山村塾」が都市農村交流を20年以上にわたり継続できている要因はいくつかある。最大の要因の一つは、Tさん、Mさん家族の人柄と料理のおいしさである。汗を流し、農家や参加者と会話をしながら感じる食事のおいしさはなおさらである。二つ目は宿泊施設である。１９９7年にTさんは、農林業体験交流施設四季菜館というT家の母屋、農産物の加工所である木造建築を建設した。当初、参加者は日帰りで黒木町へ訪れ農林作業を行い帰途についていたが、「街から来て、日帰りは忍びない」ということで、最大40名程度が広間に布団を敷き雑魚寝して宿泊できる建物を作った。さらに２００7年には、四季菜館の隣に流れる笠原川の上流にある黒木町笠原東小学校が閉校となり、笠原東交流センター「えがおの森」（以下、「えがおの森」）として改装された。「山村塾」は、ここに事務局を移し指定管理者と共に活動を実施している。最後に、運営人材の確保があげられる。２０００年より農林水産省は中山間地域等直接支払制度を開始し、それをきっかけに「山村塾」は農家収入から人件費を捻出しスタッフの雇用を開始した。現在の理事長であるKさん（当時20歳代男性）が事務局にくわわり催しを充実することができた。

専従スタッフとしてのKさんの存在は、その後の「山村塾」の活動と災害時の農業ボランティア活動の展開の要となった。なぜ、Kさんは山村に就職したのか。彼が、講演で最初に紹介するのが、学生時代に、この「山村塾」の活動で棚田の石積みを教えてもらったIさん（当時76歳男性）である。その卓越した石積み技術への感動が理由の一つである。「棚田が人により作られたことは知識として知っていた。実際、作業に参加してIさんと汗をかき石積みをしたことで、この地域の自然環境の美しい風景が長年の農業で汗を流してきた人々により作られてきたことがわかった。徐々に農山村と『山村塾』の魅力にひかれ現在に至る」と話している。

平時のボランティア・ツーリズムと人材育成

「山村塾」は、週末を中心とした会員向けの日帰り活動にくわえ、これらの施設を活かした合宿型のボランティア・ツーリズムを展開している。この活動のきっかけは、先述の四季菜館が竣工した新たなイベントとして、「山村塾」と当時の九州芸術工科大学（現・九州大学芸術工学研究院）の重松敏則教授が英国のＢＴＣＶ（当時はBritish Trust for Conservation Volunteers、現在、ＴＣＶ〈The Conservation Volunteers〉）のConservation Holidays（保全合宿）を、「国際里山・田園保全ワーキングホリデー」という名称で１９９７年から開催したことにはじまる。参加者の構成は、ＢＴＣＶの国際リーダーと英国のボランティア数名にくわえ、国内で募集した参加者、「山村塾」関係者、そして、大学の教員・学生である（重松 １９９９）。

保全活動の内容は、「山村塾」の通常活動が農林業体験を主としているのに対し、実践的な保全作業である。例えば、通常の森林管理にくわえ散策路整備、壊れた棚田の石積み、小屋づくり等である。昔は地域で行われていたが、人手不足でできなくなった仕事、または、新たな環境保全の視点で行う作業が選定されてきた。合宿期間は約10日程度で、作業のみでなく、日々の賄いや生活を共にしながら実施する。夜の時間には、ＢＴＣＶの国際リーダーや大学関係者、地元の農家、参加者からの話題提供の時間を設け、環境教育としての内容も盛り込まれた。

ＢＴＣＶとの活動は２００７年に終了し、「山村塾」は２００８年から、国際ワークキャンプ事業を開始した。この活動を開始したことにより、海外ボランティアの滞在期間は80日間／回に延び、年2回程度プログラムを展開できるようになった。ボランティアが80日間継続して滞在すると、徐々に参加者の知識と技術、チームワーク、そして、作業の質とボリュームが向上していく。この活動により「えがおの森」は、「山村塾」事務局のみならず、国際ボランティアが長期に滞在する施設として定着した。毎日、日本人や海外の若者が農林地で作業をしている風景が見られるようになり、地域の人々との交流も、催しではなく、日々の生活の一部になったようである。これらのふだんの活動が、災害後の農業ボランティア活動の展開に大いに役立つことになった。

被災した数日間の状況

合宿拠点にしていた「えがおの森」は地域の避難所として利用され、「山村塾」は被災直後から避難所の運営サポートを実施した。また、周辺の道路は土砂崩れなどにより寸断され集落が孤立したため、自治会の互助活動と連携し道開けなどの復旧作業、自治会、行政との連絡調整業務の支援が行われ、これらの地域活動により八女市黒木総合支所との迂回ルートが確保された。

被災から4日目の7月18日、八女市社協が中心となり、市内の立花支所に災害ボランティアセンターが設置された。Kさんは「多くのボランティアがセンターに集まっていると耳に入ってくる。しかし、この笠原には誰一人来ない。それもそのはず、軽トラが1台やっと通れる迂回路しかなく、現地の確認もできないし、ボランティアを送り込むこともできない。携帯がつながった時に、笠原に来てもらえるだろうかと伺ったところ『いや〜、とても無理です』との回答だった」と述べている。

「山村塾」には、これまでの地域での活動経験があり、付き合いのある会員や仲間から「手伝いに行くぞ」というメッセージも届いていた。携帯の繋がったその日に「明日からボランティア活動をします。来てください」とSNSで投稿したそうである。その翌日の7月22日には、遠くは宮崎から、八女市の消防団の仲間からも「笠原が大変だから行こう」と参加があった。この最初のボランティアが来てくれた時の様子をKさんは次のように述べている。「地域の雰囲気、地域の人たちの顔が、パ～ッと、明るくなった。別に自分のところに来てくれるわけではないけれども、地域のなかにボランティアが来てくれて、笠原のために頑張ってくれる。僕自身も嬉しかったし、地域の人たちにとっても良かったことを覚えている」。被災から2～3週間、地域を巡ったKさんは「一人でいると、じわっと涙のにじむことがあった。この地域が好きで住んできたけれども、その風景が失われてしまったことを実感できた。高齢化が進み、条件の悪い農地で、これからどれだけの人がこの地域で暮らしてくれるのかを考えると、やるせない気持ちになった」。

農業ボランティア活動の展開

「山村塾」は避難所の運営支援のほか、八女市社協災害ボラセンと連携し災害ボランティアを受け入れ、家屋の土砂出し、片付けを実施した。また、独自にボランティアの受付も実施し、地域の農家との声掛けのなかで依頼された、家屋以外の農地・水路の土砂等の除去も並行して実施している。八女市社協災害ボラセンが正式に閉鎖した２０１２年9月15日以降は、「笠原復興プロジェクト」と称し、家屋の土砂出しを２０１２年10月頃まで、道路、暗渠、水路の土砂出し、田・茶畑等の石拾い、整地、除草などの作業を2014年夏ごろまで実施している。その他、季節的な活動として、秋に稲刈り、お祭りの支援、冬から春先にかけては石垣・土羽の復旧が行われた。

Kさんは、農業ボランティア活動の意義を次のように振り返る。「農政とも、地域とも異なるNPO、ボランティアの取り組みがあるからこそ、多様な人々とのつながりがあり、災害時のさまざまな運営に貢献することができた」「『山村塾』が都市農村交流を続けることで、『何かあれば、いつでもかけつけるぞ』と言ってくれる外部のボランティアがいてくれるのはありがたい」「農地の被災は、機械を入れ補助金を用い復旧しなければならない箇所が多い。先祖代々、人の手により作られた棚田にしても、茶畑にしても、人の手によってしか復旧できないところがたくさんある。そこに、ボランティアの方々に助けてもらっている」。

行政区長との連携

このような活動はNPOのみのコーディネートでできることではなく、さまざまなファシリテート人材により実現されていく。Kさんは、地域の区長との連携が効果的であったと述べている。「区長さんらはご自身の家や農地が被災されるなか、奔走された。まず、区長さんのお宅にボランティアが数名活動に入ったことが良かったと考えている。区長さんが『あんたたちもどげんね。頼まんね』と声かけていただいたのが徐々に広がっていった」とのことである。

災害前から「山村塾」となじみのあった八女市黒木町笠原の南笠原の元行政区長のHさんは「私の家だけでも十数ヵ所被害を受けました。山の農地は谷地で、上の方から土砂が入り込み、この石取りはボランティアの方にしていただかないと、どうにもならなかった。道路が被災しているため重機が入ることができなかったからです」「ボランティアとは接点がない農家がほとんどです。たまたま、私が『山村塾』のKさんを知っていたものですから、地域の方にボランティアを紹介して回り、作業を行っていただいた。地域の方々からは『ボランティアに入っていただいて、大変、助かっております』との声もあり、徐々に広がっていったのは大変ありがたかった」と述べている。作業日は公民館を開けて、トイレやご飯の休憩に使ってもらったそうである。

棚田を守りお米を作り続けるために

さて、Kさんは、被災後の地域の将来について、「過疎化、高齢化、耕作放棄について10年から20年いっきに進行した感じがある。今まで先延ばしにしてきた課題を来年から実施しないと、集落が存続できないのではないかという危機感がある」と指摘する。一方、「これをユニークに捉えると、地域づくり、農業、暮らしを本気で地域の人が考えるきっかけになっている。これで持ちこたえ、地域に住み続け、後継者となり農家を継いでくれる人たちが頑張ってくれれば、そこからの地域は強いものになる」。災害は大きな苦難と共に、将来のことを考える機会も与えてくれたということである。

「山村塾」は、その後、2014年3月にNPO法人化をしている。法人化前は中山間地の保全を目的とし、任意団体であるため活動サービスは基本的に会員向けであった。被災後、地域の復旧・復興事業を強く進めるには法人化し、活動の種類に災害救援活動を明記し、地域のために運営できる体制への変更が行われた。なお、2020年3月には認定NPO法人化を果たしている。

2014年4月、新しい取り組みとして農産物カタログ「いただきます!! 笠原!!」を作成した。「山村塾」を構成していた2軒の農家以外の農産物を紹介し、売り上げの一部を「笠原復興基金」として「笠原復興プロジェクト」に役立てる取り組みである。さらに特筆すべきは「笠原棚田米サポータープロジェクト」の呼びかけが行われた。呼び掛け文はこうである。

「美しい棚田の風景とそれを守り引き継ぐ仕組みづくりを目指して、『5年買うぞ!』の口約束してくれるサポーターを募集します!」

仕組みとしては、契約農家が地区の棚田で栽培したお米60kgを12回に分けて毎月発送する。

消費者から口約束をしてもらうことで、農家は安心して農地復旧や機材整備に力を注ぐことができる。また、減農薬や無農薬といった安心安全な特別栽培米づくりへの移行を目指すなど、棚田米の品質向上を目指すとされている。価格は敢えて触れないでおく。

このように「山村塾」は、地域の農地の復旧から、農業の再生へと歩みを進め、従来の会員にとどまらず、ボランティアや多くの人に呼びかけを行った。ボランティアにとっては、汗を流す支援から購買という新たな支援の機会ができ、新たな契約農家は「この取り組みはありがたい」と口にする。農地と暮らしを守るためには農産物を育て販売することが必要である。生業支援の勝負所は、この先にあると言える。

がんばりよるよ星野村による農業ボランティア活動の取り組み

「がんばりよるよ星野村」は、平成24年7月九州北部豪雨の際に「星野村災害ボラセン」として設立、後にNPO法人化し、今日まで、星野村のまちづくり、また、近隣の災害へのボランティア支援を実施してきた団体である。活動を支えてきたのは災害の直前に横浜からUターンした住民のYさん（当時60歳代男性）である。

定年退職後、2012年7月6日に実家に戻り趣味であるカメラで美しい星野村の写真を撮ろうと楽しみに準備をしていた矢先、8日後の7月14日に豪雨災害に見舞われた。一旦、横浜に戻ったところ、星野村の被害は全く報道されておらず「このままほっておいたら、星野村はなくなるんじゃないか」と強い印象を受けたと話している。8月8日に星野村に戻り、SNSで星野村の被災の状況を発信した。

ボランティアと災害現場を回りながら、農業ボランティア活動の立ち上げへと動いていく。災害前に里山保全活動のノウハウを有していた「山村塾」とは異なり、いわば「ゼロ」からの出発であった。ここで、Yさんへのインタビュー情報（2020/11/12ヒアリング）に基づき、農業ボランティア活動の概要などを紹介する。

星野村で農業ボランティア活動が必要となった背景

星野村は災害で6ヵ所の幹線道路が崩落し孤立状態に陥った。八女市内では災害ボラセンが開設されたものの、星野村では道路の被害により災害ボラセンからボランティアが派遣できない状況だった。そのようなか、民間のボランティアが迂回路をたどり、村を訪れ「センターがあればボランティアに来ますよ」という話があり、村の社協「そよかぜ」はサテライトセンターを開設した。家屋関係の復旧作業が進む一方、この間、村に通ってきていたボランティアは、全く手つかずになっていた田んぼや畑を見てきており「田畑はこのままでいいのか。ボランティアセンターをクローズして良いのか」という声が上がっていた。

農家にとり農業ができないことは大きな課題であるけれども、高齢の農家に多くの健康被害が出てきていた。Yさんは実家の状況について「うちの畑も土石流が来て、2～3ｍほど全て埋まってしまった。そこに一人暮らしをしていた母親が、楽しみで畑をやって、お花の先生をしていたので、いろんな花を植えていた。けれども、見る形もないような状態になってしまった。1週間ぐらいすると耳が遠くなってきたり、腰が悪くなったりと健康を損なうことが急激に出てきた」と述べている。隣近所の方たちも避難するときに手が震えて動かなくなった等の話もあった。

さらに、農地の復旧については、幹線道路が崩落していたため外部の事業者が来ることができず、村内の事業者に依頼するしかなかった。しかしながら、行政機関から依頼される道路の復旧事業などで手いっぱいであり、個人の被害に回すだけの余裕が全くない状況だった。

がんばりよるよ星野村の活動スタート

星野村の農業ボランティア活動は、2012年8月26日の八女市社協による災害ボランティア活動の終了を受け、Yさんの呼びかけにより活動を開始した。

8月下旬からは「星の花公園」の除草と同年9月14日から行われる花公園「ダリア祭」の開

催準備の支援を開始した。ここは民間の方が運営している公園で、星野村のために自分で山を切り開き、花を植えて星野に多くの人に来てもらおうと開設された場所である。民間の公園であるため復旧作業は自助で実施する必要がある。Ｙさんは公園オーナーの「災害で孤立した星野には誰も来ない、祭りをすれば、誰か来てくれるだろう」という着想に共感し、支援をはじめるきっかけとなった。お祭りは無事に開催され、付近の店舗の準備も整い一斉にオープンしたそうである。

当初の8～10月は個人で村内を巡り、ニーズのある地権者を探し、写真を撮り、村外に情報を発信してボランティアを募集し、現地で活動の説明を行い実施していた。活動は、家屋の泥出し、茶園の土砂除去、用水路の補強、稲刈り支援などである。

一人で動き回っても活動展開に限りがあるため、ＪＡ、観光協会、社協、商工会議所、そして八女市星野支所などに「ボランティアセンターの窓口になってくれ」「団体の力を利用させていただきたい」と依頼をかけた。しかしながら、「気持ちはわかるけど、人がいない」など、同意はするけど動けないとほとんど断られる状態だった。被災農家のなかには、声をかけると「ＪＡが、なんとかしてくれるから」と回答する農家もいる。契約農家であれば何らかの支援はあるが、そうでなければ、ＪＡの支援は届かない。農家はＪＡに過度の期待をかけていた。八女市星野支所に「何とかしなきゃ、ダメだよ」と何度も通い、10月中頃に支所長の理解をもらい「一緒にやりましょう」ということになり、進め方の協議をはじめることができた。

10月頃になると稲刈りシーズンである。部分的に水田が被災した農家から、「どうしても、残っている稲を刈り取りたい」という依頼が、被災を受けていない水田の稲刈りが概ね終了した頃から急に増えてきた。星野村は棚田地帯であり、作業道が崩落し軽トラが通れない場所もあれば、水田に土砂や石、木くずなどのごみが散乱し稲刈機を使用できない農地もあった。このような水田は、手刈りをしなければならない。高齢の農家と家族だけでは手が足りないという実情である。

被災農家は、実際、被害届を出して罹災証明をもらい、行政が農地の災害復旧事業に向けて査定に入り「査定が終了する翌年の3月まで現場を改変しないこと」と言われる。すぐに工事がはじまるかなと思っていると、査定のあとは工事業者の入札が行われ……と手続きに時間を要する。これでは翌年の作付けに間に合わないということで、「査定はいいから、農業ボランティアの皆さんやってください」と、復旧支援のニーズがYさんのもとに多く寄せられたそうである。

村内へのニーズ調査は、２０１２年10月に八女市星野支所総務課が市長名で農業災害ボランティアに関する第1回ニーズ調査を、区長会を通じて星野村全域に対し実施した。これまでの活動と調査結果を受け、２０１２年11月3日に「星野村災害ボラセン」を星野支所内に設置し、支所とYさん、関係団体との協力により活動を開始した。「山村塾」が開始当初、ほぼ毎日、活動を実施したのに対し、星野村災害ボラセンは土、日、祝日を主な活動日とした。活動内容は、家屋・農地の土砂出し、石拾い・整地作業などの農地の復旧にくわえ、復旧工事が進まず耕作できない農地の管理活動、また、地域の手が回らなくなった耕作可能な棚田や茶畑での営農支援、代替作物の植え付け・管理活動も含まれている。「星野村災害ボラセン」のボランティア募集は、インターネットやSNSを用い、ポスターなども掲示した。1ヵ月もすると、学校やこども会など、応募が増加してきたそうである。作業に必要な道具類は社協から借り受けて実施した。

期間中の総活動日数は141日で「山村塾」とそう変わらない。ピークは2013年の3月、4月の14日間で、その前後は、2012年11月から2013年12月まで月に6日間以上の活動を継続している。これは、祝日のみの実施としたこと。行政のニーズ調査を4回実施しており広く対応していること。法人化の活動種類の第一に災害救援活動を記載しており、災害ボランティア活動を通じた星野村の復興、活性化を挙げていることなどによるものと推察される。

中長期に及ぶ支援活動

さて、「星野村災害ボラセン」は、2014年2月より「NPO法人がんばりよるよ星野村」として法人化する。村内での農業ボランティア活動は、中長期にわたり続くことになる。農業ボランティア活動の継続性について、Yさんは続けながら「これは、1~2年では終わらないな」と考えるようになったそうである。一つの事例は、被災の年に農業ボランティア活動で土砂の入った田んぼの砂利とりを行い、翌年に農家は作付けをした。稲刈りが終わった後に河川工事がはじまり、河川横の田んぼは重機を入れる作業道などに供用され、耕作ができなくなってしまった。数年たち河川工事が終了し、さあ、稲作をはじめようとしたところ、再度、農地には砂利が混じっており、農業ボランティア活動で砂利とり活動を展開したそうである。河川工事で農地の形は整えられるが、元の土を戻してくれるわけではない。

農地は生計の場である。価値あるものが作れない状況になった時、農家はさまざまな課題に直面する。積極的な農家は行政機関の災害査定を待たずに農業ボランティアに入ってもらい、被災農地の一部に土砂を集め、残りの農地で営農を早期に開始した農家もいる。一方、ボランティアの力を得て営農活動をせっかく再開したのに、河川工事などで耕作ができなくなり、気持ちが萎えてしまい、翌年やめる方も多くいた。

また、高齢の契約農家のなかには、耕作できないために契約先の業者にお米の供給ができなくなった事例があった。契約先の業者は星野村からお米が入ってこないということで、他地域の農家と新たな契約をする。星野の農家の農地が復旧し、「再度、契約をして欲しい」と依頼しても、「困ったときに助けてもらった農家と、すぐに契約を切るわけにはいかない」と言われ、星野村からの供給はそのままストップされる。このように出荷先がなくなりやめざるをえなくなった農家も少なくなかったそうである。このように農家の復旧には長い時間がかかる。

これに対応するためには長期的な支援体制をとっていかなければならないとYさんは指摘する。

平成29年7月九州北部豪雨における朝倉市への支援

その後も災害は続き、「がんばりよるよ星野村」は平成29年7月九州北部豪雨（第5章）で福岡県朝倉市の専業農家を対象に家屋の泥出しから営農開始まで支援を継続した。この農家はエフコープ生活協同組合と契約しており、さまざまな野菜を出荷するため、家屋、作業小屋、田んぼ、玉ねぎ倉庫、ビニールハウス、オクラ畑等を所有しているが、豪雨により全て浸水した。復旧作業は、まず、家屋の復旧をして、次に玉ねぎ倉庫、ハウスに入り、オクラの畑の泥出しを行っていった。農家はお年寄り2人と息子2人の4人家族で、契約をしているため、出荷をしないわけにはいかない。玉ねぎは被害の有無で選別し、オクラも根っこの泥をとりのぞいて採取してと、必死に出荷作業をしていた。季節ごとにさまざまな野菜を出荷しているために、農業施設の復旧に全く手が回らない状態だった。Yさんたちがボランティアに入り、自分たちで営農できる段階までということで、約2年半をかけて支援を実施した。

また、朝倉市は翌年も豪雨に見舞われ、同じ地域が浸水被害を受けている。1年目は、早急に営農を開始しようと早く育つ島ラッキョウを植えた。さあ、2年目に出荷しようかという段階で浸水を受けて全滅してしまった。その農家は、「次に何をしたらよいのだろう。先が見えない」となり、従来から育ててきた玉ねぎ、オクラの再開を頑張ろうということになった。Yさんは、そういう意味で、従来からの事業を早く復旧することが大切であると指摘する。

令和2年7月豪雨における大牟田市への支援

令和2年7月豪雨では、大牟田市と連携し「大牟田市農業災害復旧ボランティアサポート協議会」（以下、「協議会」、第9章）に協力し、現地の活動を展開した。当時、大牟田市農林水産課より「市街地はボランティアが入り復旧支援が進んでいる。しかし、農地・農業用施設の被災は放置されたままになっており、復旧の手段が見つからない」と相談があった。谷にある取水用の用水路、田んぼの被災、そして、土質が真砂土である丘陵部のミカン畑では土砂崩れが生じていた。相談に来た理由を伺うと、実は、「がんばりよるよ星野村」に来る前にJAに相談したが、JAは受けられないということだった。Yさんは「私たちがボランティアとして手伝うことで動きが取れるのであれば、お手伝いします。小規模被害からできるところまでやりましょう」と回答し合意した。また、一般募集を行うボランティアは農業の知識が不足する。リーダーは、ある程度、知識と経験を有する人が必要であることも依頼の理由であった。例えば、水路沿いの田んぼに土砂が流れてきているとき、流れてきた土と田んぼにある土を見極めて作業をする必要がある。田んぼや水路の構造、作物の状況、作業の段取り、手順に関する知識も必要である。

最初に8月13日に農業ボランティア団体と地域の被災農家との顔合わせを行い、8月22～23日に農業災害復旧ボランティアモデル事業として農業ボランティア活動を実施した。被災した農家の方々全員に見学してもらい「農業ボランティア活動はこういう風にやっていくんだよ。ここまで作業をするんだよ」ということを見てもらった。モデルケースを複数つくり、各農事組合に紹介して理解を広げた。「大変、多くのギャラリーのなかで作業を実施し、こういうことは、今まで珍しかった」とのことであった。こういう流れのなかで、市は議会で予算を確保し、2020年10月から「協議会」がスタートした。「協議会」の体制と運営について、行政機関である大牟田市農林水産課は国事業との重複確認、経費精算、高速減免措置を行い、農業普及指導センターは被災農家への栽培技術指導を行った。JAみなみ筑後は活動依頼と情報提供を担い、大牟田建設業協同組合が重機材の貸し出しを行っている。各被災地区（上内、櫟野、教楽木、今山、四箇）の農事組合の代表者が入りニーズを拾い上げていった。活動は、「大牟田市農業災害復旧ボランティアサポート拠点」が中心となり、「がんばりよるよ星野村」が現場の復旧作業を担い、「一般社団法人ＡＡＡアジア＆アフリカ」の1名が拠点に駐在しコーディネートを実施する共同体制とされた。

なお、この年は新型コロナウイルス感染症が流行り、ボランティア間の感染対策が課題とされた。この時は、市の特例として感染症対策を完全に実施することを条件に、8月は福岡県内のみのボランティア募集とし、10月から九州一円に範囲を広げた。「協議会」の活動は、2021年3月に終了しており、農業ボランティア活動の対応件数は95件、ボランティア参加者数はのべ1595人であった。

この大牟田の事例の特徴は、行政機関が農業ボランティア活動推進のイニシアチブをとり、経費を確保し、「協議会」を設置したことにあり、これは英断だったと考えられる。その推進においては、偶然にも「がんばりよるよ星野村」などが近隣に存在し、協力が得られたことは幸いであり、必須条件だった。ただ、将来、同規模の災害が生じた場合、同様に経験のあるNPOの支援が得られるとは限らない。平時からの備えが必要である。

活動を支えた＋αの要因

さて、災害直前に横浜からUターンしてきたYさん。いわば「ゼロ」からはじめた活動が、なぜ、このように長く続けられ、他地域への支援を行うまでの力強い活動ができているのだろうか。これはもちろん、ここまで紹介してきたようにYさんと仲間の力によるところが大きい。Yさんは次のように述べている。「私たちは星野村のまちづくり活動も実施しており、2012年から参加され、関わりを継続されている方々とのネットワークを大切につないでいきたい。来ていただいているのは、退職者、学校の先生、行政職員、学生さんや大学、高専、高等学校、また、こども会もあります。これは、土日に活動日を設けているから参加が得られているのです」。このようなリピーターが法人の活動を支えるだけでなく、それぞれの経験を持ち寄り、新たな創造的な取り組みがなされている。この活動の創造力が、Yさんおよび「がんばりよるよ星野村」の継続的な力である。

「うきは市山村地域保存会」による農業ボランティア活動の取り組み
――その設立と活動展開

平成24年7月九州北部豪雨で被災したうきは市は、2012年11月に行政主導でまちづくりを行ってきた関係団体と連携し「うきは市山村地域保存会」（以下、「保存会」）を設立した。山間部の被災地を中心とした集落の復興を目指し「うきは市山村復興プロジェクト」を開始している。

当時、会の立ち上げに関わったうきは市の職員であるKさんは、次のように振り返っている。「災害対策チームに派遣され、そこで受付事務を行い、大規模災害、小規模災害など金額と共に整理を行っていた。そのなかで、『じゃ、小規模災害に満たない被災は、どうなっていくのかな』『ここで拾えない被災は、誰が、いつ拾うんだろう』という話を中山間の担当者と話した」「10月の末頃、八女市黒木町笠原の『山村塾』を訪ね、どのように農業ボランティア活動を実施されているのかを伺いました。市役所としては中山間地に『いま、手を入れないと、離農していくだけでなく、もう住めなくなるんじゃないか』のような話が出てきていた。これまでであれば実施しないけれども、『今回は、やっちゃいましょ』」「市役所だけではノウハウもないし、『山村塾』のように蓄積もないので『うきは市で、どうやってやっていこう』と思った。その時に、ＪＡさん、森林組合、社協さんと協議会を組んで、せめて週末だけでも受け入れるボランティア的なものをやって行こう」という話になったそうである。

ニーズ調査は市から各行政区に対して実施し、市職員、「保存会」関係者が被災農家に呼びかけた。事業の仕分けは、小規模災害で補助事業を行うほどでもない被災地を選定し、早期復旧を目的としている。事業期間は２０１２年11月～２０１４年３月にかけて、行政職員および森林組合、ＪＡ職員がコアになりボランティアと共に農地復旧などを実施した。なお、受付と保険はうきは市社協が担当している（2014/07/16ヒアリング）。

Ｋさんは活動の仕分けについて次のように話している。「大規模災害の工事で復旧ができたが、思うようにできなかった箇所が少しある。査定で落とされた、という場所もあった。じゃあ、今回のこの地域を一軒一軒あたっていきましょう。このような活動をしてきた」「うきは市の棚田は石積みの棚田が多いため、石垣保存会にサポートいただきながら、石積みの復旧に少しずつシフトしていく活動をしてきました」。

功を奏した行政のコーディネート

「保存会」の特徴は、行政機関の主導で設置され活動が展開されたことである。一般的に、被災地の行政機関は災害査定や復旧活動で手一杯で、とても、農業ボランティア活動のコーディネートまで手が回らない。うきは市が活動できた背景には、いくつかポイントがあると考えられた。

一つ目は、災害前より、棚田の保全活動が精力的に地域と行政機関が連携して実施されてきたことである。「なぜ、行政機関が農業ボランティア活動をコーディネートされたのですか」と担当者に問うと「本当であれば、八女市黒木町笠原の『山村塾』のような団体が市内にあると良いのですが、うきは市には、そのような活動が運営できるNPOがないからです」という回答であった。NPOがないとはいえ、そう簡単に運営できるものではない。その答えは、会のメンバー構成にある。この「保存会」は、市職員9名のほか、JA職員、久留米普及指導センター職員、浮羽森林組合職員、つづら棚田保存協議会、つづら棚田を守る会、つづら棚田再生実行委員会、森林セラピー案内人会、うきは市林業研究クラブ、うきは市社協など、実に多くの関係団体からメンバーが参画していた。この強力な組織形成は、これまでの棚田保存などの地域活動のなかで、行政機関と関係機関の日頃の関係づくりができていたからに他ならない。

二つ目は、活動内容を仕分けで絞ったことだと考えられる。作業は棚田・水路などの土砂撤去と棚田の石垣・土羽の復旧作業とし、活動も短期集中で総活動日数は12日であった。これは、被災の度合いが八女市と比較し少ないことも影響していると想定されるが、行政職員と農家により、公助により実施する災害復旧事業と、ボランティアで実施する作業の仕分けが、きっちりできていたためと考えられる。なお、行政区を通じたニーズ調査で挙げられた被災地は公共性の高い水路と、棚田百選に選定された「つづら棚田」が多かった。遠慮した農家はいたかもしれない。この点は、「山村塾」や「がんばりよるよ星野村」とは若干、異なる点である。

最後にくわえるとすると、「山村塾」の活動が模範となったことである。ヒアリングでは『「山村塾」の『笠原復興プロジェクト』をそのまま真似て、『うきは市山村復興プロジェクト』としました」とのことである。きっかけはどうであれ、うきは市の取り組みから学ぶ点は多い。

福岡県八女市のアンケート調査による被災農家の現状

ここで、中山間地である八女市が実施したアンケート調査から、被災した農家の被災規模の違い、農業ボランティア活動へのニーズについて見てみたい。

八女市は２０１２年10月15日に農業復興推進会議を設置し、被災農家の実態を調べるために

「八女市被災農家実態調査」を実施している。調査は、被災から5ヵ月後の2012年12月から開始され、市内の農家5575戸に対し各支所が分担して実施された。開始から3ヵ月後の2013年2月の時点で回収数1615戸（回収率19％）であった。旧町村別にみると、最も回収率が高いのが中山間地に所在する星野村で49％（243戸）、次いで黒木町が27％（441戸）であった。平地の多い旧八女市は7％（99戸）であった。調査項目は註に示す。[*3] 以下では、農地の被災規模の分布と農業ボランティア活動へのニーズについて紹介したい。

比較的多い小規模被害

ここで、農地の被災した規模について考えてみたい。被災世帯の農地の被災割合について、所有する全ての農地に被害が生じた農家は97戸（16％）であった。一方、所有農地の10％未満の被害にとどまった戸数は221戸（36％）と最も多い傾向だった。多くの農家の被災割合は、農地の一部にとどまっていた。各世帯の被災面積については、0〜9aが全体の41％を占めており、9〜30aが44％、30a以上が13％であった。

この地域において農業ボランティア活動が展開した理由の一つとして、9a以下の被災農地が40％を占めるという状況が、新しい活動を展開させる基礎的な条件となったのではないかと考えられた。

農業ボランティア活動へのニーズ

表3－1　農業ボランティア活動へのニーズ

問　今後の復旧に農業ボランティアの派遣を希望されますか

1．希望しない	419戸	（39.3％）
2．希望する	72戸	（6.8％）
3．無回答	574戸	（53.9％）

地域の被災農家数に対する「希望者」の割合

旧八女	5戸	(5.1%, N=99)
立花	7戸	(4.2%, N=167)
黒木	32戸	(7.3%, N=441)
上陽	4戸	(4.4%, N=90)
星野	24戸	(9.8%, N=243)
矢部	0戸	(0.0%)

注）筆者作成。

この八女市における被災農家実態調査では、「今後の復旧に際し、農業ボランティアの派遣を希望されますか」という質問が行われた。当時、一般的には、農業ボランティア活動の取り組みは全国的にほとんどなく、農家にとっても新しい言葉である。この八女市の黒木町では、被災した2012年7月下旬より「山村塾」が、星野村では2012年9月から「星野村災害ボラセン」が、家屋の土砂出しにとどまらず、水路、田、茶園、公園などで作業を順次展開した。そのため、このアンケートが実施された12月には、ある程度、被災農家に周知されていたと考えられる。

先の質問への回答（表3－1）は、「希望しない」419戸（39％）、「希望する」72戸（7％）、「無回答」574戸（54％）であった。地域の被災農家数に対する「希望者」の数と割合を見てみると、農業ボランティア活動が展開されている黒木町が32戸（7％）、星野村が24戸（10％）と他の地域より多い傾向が見られている。これは、地域のなかで農業ボランティア活動の展開をつぶさに見たり、近所から話を聞いたりして希望を出していると推察される。

では、実際に、この2つのＮＰＯ団体が実施した被災農家の世帯数とアンケートでの希望者数との差を見てみたい。水利組合や行政区などの団体からの依頼を除き、世帯のみとすると、「山村塾」は黒木町内のみの活動で68（2012年度実績）、「星野村災害ボラセン」は星野村内のみの活動で54（2012年9月～2013年6月実績）である。先ほどのアンケートにおける農業ボランティア活動希望者それぞれの2・1倍、2・4倍であった。これは結果論であるが、行政が実施したアンケートでは半分のニーズしか集めることができなかった。別の言い方をすれば、ＮＰＯの農業ボランティア活動のニーズ調査・復旧活動は、広くニーズを拾い復旧支援を展開することができたと言える。もちろん、ニーズはあったもののボランティアによる復旧を断り、自家復旧や災害復旧事業での実施を選択した現場もある。そういう意味でＮＰＯでは、きめ細かなニーズ調査と活動の検討が行われていた。

これはアンケートの宿命であり、実際、被災農家の全員がアンケートに答えたわけではない。この2012年の年の暮れが押し迫りアンケートが実施された頃、八女市の建設経済部農業振興課のＨ課長は次のような発言をインタビューのなかでしていた。「アンケート調査をしても、全体がつかめない。回答されない農家が少なくなく、実際にどの程度の被害があるのかがわからない。災害復旧制度を用いて復旧を進めるが、制度の網からこぼれ落ちる農地や農家がある」と。農地復旧、農業振興の責任者としての危機的な感覚が伝わってきた。情報は行政機関に集まるが、全てを把握し、対応できるわけではない。

アンケート調査では、この他にも被災農家の実情をたずねている。この豪雨では平地よりも中山間地に被害が集中し、被災農家の課題は実に多様であったこと。被災から5ヵ月を経ても復旧作業に取り組めていない農家が20％弱に及び、高齢農家で後継者不足の世帯では、その傾向が高かったこと。橋や道路の被災で通作できない農地を有する農家は約2割に及び、復旧作業の遅延の原因の一つであったことなどである。本災害においては、これらの要因もからみ、農業ボランティア活動の展開の素地になったと考えられた。

註

＊1　福岡管区気象台、２０１２年、『災害時気象速報――平成24年7月九州北部豪雨』３頁。

＊2　２０１３年3月14日に八女市役所黒木総合支所で行われた農業ボランティアに関する意見交換会の資料によると、嬉野茶業部会が派遣された経緯が次のように示されている。「九州茶主要産地市町村協議会にて、各産地で八女茶の災害に対し義援できることを協議された。嬉

野については近隣であることと同じ生産者で技術を有するので人的支援をしたい旨の申出があった」。人員は嬉野（部会・市・JA）と特産部会で構成された。

＊3

【調査項目】

- 回答者：住所、電話、氏名、年齢、経営面積（被災前）、JA部会の加入状況
- 被災状況について：家屋、農地、農業用施設、農業倉庫、農業生産施設、農業機械、車両、その他
- 現在、道路の被災により通作や管理ができない農地の面積および作物名
- 現在、水路や堰の被災により作付けができない農地の面積および作物名
- 現在、具体的にどのような復旧作業に取り組んでいるか
- 今後の復旧に向けた課題
- 今後の復旧に際し、農業ボランティアの派遣を希望するか
- 今後の復旧方針は、どのようにお考えか
- 関係諸機関（行政・JAなど）への要望やご意見

九州北部豪雨（2012年）福岡県八女市・うきは市

第4章

活かされた地域おこし協力隊の実践知

――カライモの苗植え・収穫支援と組織化のプロセス

［熊本地震（2016年）・熊本県西原村］

被害状況の概要

2016年4月に発生した熊本地震は、阿蘇外輪山の西側斜面から宇土《うと》半島の先端に至る布《ふ》田川《たがわ》断層帯、上益城《ましき》郡益城町付近から八代海南部に至る日奈久《ひなぐ》断層帯の連動による直下型地震とされる。14日の前震では益城町、翌々日の本震では益城町と阿蘇郡西原村が震度7の地震に見舞われたが、震度7が九州地方で観測されたのは熊本地震が初めてである。同一地点で連続して震度7が発生したのも、観測史上初めてのことであった。

この熊本地震では、熊本市中心部に位置する熊本城の損壊、南阿蘇村に架かる阿蘇大橋の崩落に象徴されるように、広い範囲で被害が見られたことから、「マチ型災害とムラ型災害の複合型災害」（徳野 2017）とも形容される。熊本県内の人的被害は死者273名（災害関連死を含む）、負傷者2736名、建物被害は全壊8642棟、半壊3万4393棟を数えた。[*1] 熊本県内で供与された仮設住宅は1万9835戸に上ったが、[*2] 2020年3月末には災害公営住宅1715戸の建設を完了し、[*3] すでに被災地は復興から再生へとステージが移行している。

本章がフィールドとする西原村では死者9名（災害関連死4名を含む）、負傷者56名の人的被害が生じ、建物被害は全壊512棟、大規模半壊201棟、半壊664棟となった。[*4] とりわけ村内を北東から南西に走る布田川断層帯の近くでは、34棟中30棟が全壊となった大切畑《おおぎりばた》地区のように甚大な被害が発生している。周辺自治体に農業用水を供給する大切畑ダムの漏水、南阿蘇村につながる俵山トンネルの崩落も、この活断層の影響と見られる。

村民の立場から西原村災害ボランティアセンター（以下、災害ボラセン）の運営にあたった藤本延啓は、この数字について「実際に被災し、その時の光景を知る者からすると、災害直接死5名という少なさは信じがたい」（藤本 2018：25）と振り返る。その背景に西原村消防団の組織率の高さ、[*5] そして10年来、村を挙げて行われてきた「発災対応型防災訓練」の蓄積があったことは想像に難くない。その後の仮設住宅期（プレハブ仮設307戸、みなし仮設194戸〈いずれも最大時〉）を経て、[*6] 2018年には木造平屋の災害公営住宅57戸が建設されることになったが（山田 2019）、村の人口は7072名（2015年）から6736名（2020年）へ、熊本地震の前後で減少傾向にある。

西原村災害ボランティアセンターの特徴

熊本地震の被災地全体を見渡してみると、西原村に設立された災害ボラセンは2つの点で特異な運営方式を採用していたことがわかる。その一つは、熊本県社会福祉協議会（以下、社協）が「災害ボランティアは熊本県、九州地方の在住者のみ」という方針を打ち出すなか、あえて人数・地域の制限なくボランティアを受け入れた点である。それは、災害ボラセンを運営する西原村社協内部に次のような懸念があったことによる。

熊本県内には16ヵ所ぐらい（災害）ボランティアセンターができて……西原村は報道が少なくて、来てくれるのか心配したこともありましたし、あまり制限をかけて本当にボランティアさんが少なかったらどうしよう、ということも考えました。みんなで話し合い考えながら、「制限をしないで来てくれた人を受け入れよう」というかたちを取らせていただいた状況だったんです。（2017/10/24西原村社協ヒアリング）

もう一つは、村内の災害ボラセンをサテライト方式により運営した点である。事前に策定されたマニュアルには、災害ボラセンを公的施設に設置することが謳われていたが、すでに候補地はガレキの仮置き場、警察・自衛隊の車両基地として使用されていた。一方、本震が引き起こした住宅被害により「困っている人がいっぱいいるから、(ボランティアが)歩いていけば何かやることがあるという状況だった。それを全部紙(ニーズ受付票)に起こして『あなたの家に行って良いですか』と聞いていたら、人数が少なくて間に合わない」(2017/12/13被災地NGO協働センターヒアリング)とされるほど、当時の西原村は切迫した事態に置かれていた。そこで、被災者ニーズとボランティアのマッチングを効率化するため、村内3ヵ所(山西・高遊《たかゆう》・河原)に災害ボラセンのサテライトを開設し、各地から駆けつけたボランティアを各サテライトへ、バスで送迎する方式を採ることになった。

以上のような西原村災害ボラセンの運営について、大門大朗らは「即興・自律モデル」[*7]と位置づけ、多様なボランティアによる問題解決が可能になったと説明するが、そこには小規模な自治体ならではの苦しい事情も垣間見られる。西原村社協の専任職員はわずか5名であり、彼ら彼女らがマニュアル通りに災害ボラセンに張り付いてしまったのでは、緊急小口資金貸付など、社協本来の災害対応業務が停滞しかねないのである。

そこで、西原村社協は災害ボラセンの統括役に地元在住の大学教員を据えるなど、地域内外の人材を積極的に活用して開かれた運営を目指そうとした。阪神・淡路大震災以来、全国各地で災害救援にあたってきた「被災地NGO協働センター」や「ピースボート災害支援センター」

による後方支援も、脱マニュアル的な「西原流」（2017/12/13同ヒアリング）の災害ボラセンを創発する条件になったといえよう。

被災したカライモ農家のニーズ

西原村社協は発災から10日後の4月24日に災害ボラセンを開設し、行政区長や民生委員を通じて地域住民に災害ボラセンの仕組みを説明する一方、「生活課題発掘チーム」を組織して全世帯を訪問調査していく。このとき被災者から寄せられたニーズは、意外にも農業、とりわけカライモ（この地域におけるサツマイモの呼称）の植え付けに関するものが多くを占めたという。

社協としては「まずは家の片付けが優先だろう。一日でも早く家に戻れるようにお手伝いをすることが一番じゃないか」と思っていたんですけど、避難所にいらっしゃる方の意見を聞くと、「（カライモの苗の植え付けは）今しかできない。今、支援しないと秋の収穫時期に収入がゼロになってしまう」というお話が多く聞かれたので、「何とかできたら良いな」という考えに変わっていったんです。

でも、社協はそこまでできないので、農協の方とか農業をされている組合員の方々と、どのような支援ができるかという話し合いを行って、「社協のボラセンでは直接できないんだけど、窓口を別に作って、そういった支援ができる流れを作っていこう」という話になって。（2017/10/24西原村社協ヒアリング）

西原村では16日未明の本震が甚大な被害をもたらした。この地震により、村内の農家は生活の場である住宅の損壊だけでなく、農地の崩壊（段差・亀裂）、用水路・管水路の破損、青果を保存する貯蔵庫の倒壊といった農業被災にも見舞われたのである。とりわけカライモ農家にとって、地震が発生した4月中旬から5月にかけては苗植えと最終的な出荷が重なる繁忙期にあたる。カライモを専作する農家であれば、植え付けできるか否かは死活問題につながり、他の野菜類も栽培する農家にとっては、それ以降のスケジュールが大きく狂うことになる。

屋根は（ビニールシートを）被せなでしょ。家にはおられんということで、避難所から通いながら（片付けを）やらにゃいけん。ちょうど4月は植え付けですが、（農作業に）手がつかないわけです。貯蔵庫のなかに入れていたものはひっくり返っておりますから、片付け。洗って出荷もせにゃならん（けれど）、水は来んでしょ。植え付けなんか非常に助かって。あれ（ボランティア）が無いなら、半分しか終わっとらんかったでしょうね。（2019/06/20西原村農家Mさんヒアリング）

「カライモを取ってしまったら何もない村」

被災農家が間近に迫ったカライモの植え付けに対する支援を求め、西原村社協が支援枠組みを検討するに至ったリアリティは、「カライモを取ってしまったら何もないような村」（2017/10/25西原村農家Nさんヒアリング）という地域事情を踏まえたとき、初めて理解可能となるように思われる。しかし歴史を紐解くと、「カライモを取ってしまったら何もない」とされる西原村の姿は、ここ半世紀のうちに成立した様子もまた浮かび上がってくる。自然条件と社会過程の交錯により「西原かんしょ」が特産化するまでのプロセスを追跡しておこう。[*8]

阿蘇外輪山の西麓の台地に広がる西原村は、水の確保に苦労しながら稲作農業を展開してきた歴史を有する。その一端を示すのが難工事の末、1859（安政6）年に築造された大切畑堤であろう。だが、中山間地域ゆえ耕作可能な水田面積が限られており、収穫された米の多くは地主に上納することになる。そこで、多くの農家は現金収入を確保するため、稲作の傍ら、桑、葉タバコ、落花生などの栽培を手がけてきたのである。

しかし、畑作においてもまた、人々は阿蘇山に由来する気象条件に翻弄されてきた。ひとたび春先に「まつぼり風」という冷たい風が吹き荒れれば、葉物野菜には多くの傷が付き売り物にならなくなる。それゆえ西原村にあって「土物《つちもの》」と言えば、芋類や根菜類などを意味するのが常であった。全国的に施設園芸が推進された1980～90年代には、村内でもメロン、トマト、イチゴの栽培が試みられたが、やはり阿蘇特有の不利な気象条件が影響したのであろう、施設園芸が主流化することはなかったという。

長年にわたり厳しい自然環境と対峙してきた西原村の農家にとって、阿蘇くまもと空港の開港に前後して実施された高遊原土地改良事業（1968～77年）は、稲作を中心とした零細な農業経営を脱する転機となった。空港建設反対運動に対する補償計画とも考えられるこの事業は、100ha規模の畑地灌漑、および総貯水容量85万㎥の大切畑ダムの整備を主な内容とするものである。

同じ時期には第一空港線（県道103号）、第二・第三空港線（県道36号）などの道路整備も行われ、次第に西原村は熊本都市圏に組み込まれていく。村の西部には新興住宅地が造成されてサラリーマン層が流入し、1970年代中頃に5000人を割り込んだ人口はまもなく増加局面に転じる。この間、西原村とその周辺では多数の工業団地が造成され、第2種兼業へ移行する農家も見られるようになった。

以上のような土木事業と折からの減反政策により、西原村は畑作中心の農業へ舵を切ってゆくが、まさにその象徴となったのがカライモなのである。たしかに隣接する宮崎県・鹿児島県と同じように、西原村でも古くからカライモ（沖縄100号など）を栽培し、でん粉を製造していた歴史はある。しかし今日、「カライモを取ってしまったら何もない」と形容されるのは、当時の西原村農業協同組合（以下、ＪＡ）に「西原甘藷部会」が発足（１９７１年）し、カライモの栽培目的がでん粉用、加工用から青果用へと転換したことが大きい。

この時代には、村内で半地下式の貯蔵庫が数多く建設され、秋口に収穫したカライモが翌春にかけて出荷されるようになったが、まさにそれは青果用カライモの生産量の増加を物語るエピソードであろう。その後、西原村のカライモ栽培は１９８０年代半ばにピークを迎える。30名ではじまった「西原甘藷部会」は１４０名の大所帯となり、村内のカライモ畑も２００ha規模まで拡大している（阿蘇農業協同組合西原甘藷部会 ２０１２）。

新品種シルクスイートの導入

この間、カライモ農家はいくつかの変化を経験してきたが、その一つが栽培品種の転換である。長らく西原村では青果用にも加工用にもなる高系14号を栽培してきたが、この品種は「良い品物は高く売れたが、なかなか良い品物が採れず、形状が悪かったり品質が悪かったり」（2019/06/20西原村農家Nさんヒアリング）という問題点を抱えていた。その後、紅あずま、紅まさり、鳴門金時などを導入する農家も見られたが、熊本県内の種苗業者から紹介されたシルクスイートが、この村のカライモ栽培を再活性化する契機となる。

シルク（スイート）という品種を入れたら、えらい評判が良くて収益がものすごく上がった。……（シルクスイートは）色良し、味良し、形良しで、収量が安定している。ひところ、高系（14号）のときは反収が20～30万円だった。（シルクスイートになってから）70～80万円取れるようになった。（普通、肥料をあげると）つるぼけと言って、上ばかり伸びて下に根が入らなくなる。この品種は肥料をうんとあげても大丈夫。それまでコンテナ100杯で2tが普通だったのが、去年（2018年）などはコンテナ200杯で4tになった。（2019/06/20西原村農家Mさんヒアリング）

シルクスイートは春こがねと紅まさりの交配により2012年に開発された品種である。2000年代の終わり頃、西原村ではクイックスイートが導入されつつあったが、この品種には単価が高いが秀品率は低いという難点があったという。それに対し、このシルクスイートは「単価が高く、秀品率も70～80％と高い」（2019/06/20西原村産業課ヒアリング）というアドバンテージを有していた。たしかに病気（つる割れ病など）にかかりやすい側面もあり、村全体に普及するまでには数年の時間を要したものの、シルクスイートは今日の「西原かんしょ」を代表する品種となっている。

そして、結論を先取りして言うならば、シルクスイートの導入による収益性の向上こそが、被災農家が離農ではなく、早期の営農再開を希求する大きな背景をなしたのである。

幸いなことに、（熊本）地震の頃にはほとんどシルクスイートへの転換が終わっていまして、単価もかなり取れていました。……避難所から（カライモの）植え付けに行く農家さんがいっぱいいいたんですよ。高齢の農家さんなんか「芋を植えときゃ何とかなるけん」って。単価が上がっていたのも幸いしたという風に思います。じゃなかったら、恐らく半分以上の農家さんがもう離農されていたかもしれないと思いますね。（2019/06/20同ヒアリング）

シルバー人材による農業労働力の補完

もう一つの変化は、多くの農村地域に共通する高齢化に伴う農業労働力の減少と、それを補完するシステムの構築である。西原村のカライモ農家は1・5ha前後の農地を所有する夫婦家族経営が多く、そのこども世代は農業以外の仕事に就いている。植え付けや収穫など短期間に多くの人手が必要となる作業は、かつては縁《えん》家内《かうち》や隣組の協力を得て行われていたが、その後の雇用労働者化や少子高齢化の進展により、他の地域と同様、西原村でも労働力の貸し借りが難しくなっていった。こうしてカライモ農家は、農繁期の一時的な（有償）労働力の確保をニーズとして持つようになる。

30年ぐらい前は菊陽町の日雇いさんを季節的に雇っていた。7時半に迎えに行き、8時から12時半まで苗切りや植え付けをしてもらい、再び送っていく。当日、現金払いをしなければならないのが大変だった。毎日2〜3人ずつ違う人が来るから、作業の仕方を教えなければならなかった。２００４年からシルバー人材センターを活用するようになった。現金払いや送り迎えをしなくて良いのでとても楽になった。ほぼ同じ人が来るので作業的にも習熟している。（2019/02/19西原村農家Fさんヒアリング*9）

シルバー人材センターとは、定年退職後の高齢者が生きがいや社会参加を維持できるよう、知識や技能を活かして一時的、補助的に働くことができる場を提供するため、自治体ごとに設置された公的機関である（小澤 ２０１５）。高年齢者雇用安定法に基づき国と自治体が運営費用を補助することから、その設立には自治体の労働・福祉部門が関与するのが常である。しかし、２００４年に設立された西原村シルバー人材センターの場合、いささか事情が異なり、農政部門が立ち上げを準備することになった。当初からシルバー人材センターは、農業労働力を補完するシステムとして位置づけられていたのである。

近隣の農家さんが減ってくるので「もやい」が成立しなくなる。……以前、ここ（産業課）にいた課長が甘藷農家なんですね。当然「もやい」なんかでやっていたのがだんだん崩れて来ているのを、危機に感じたんじゃないかと思うんです。課長が「農業の手伝いができるようなシルバーの組織を作れんだろうか」ということで立ち上げたのが、（西原村）シルバー人材センターなんですね。だけん、設立当初は「草取りやら収穫やらに人ば雇うもんか」という話があったんですけど、今はもう雇うのが常識という風に変わってきてますもんね。（2019/06/20西原村産業課ヒアリング）

西原村シルバー人材センターは受託事業だけでなく、中山間地域のローカリティを活かし、地元の農産物を活用した弁当作りなど独自事業を積極的に展開してきた。熊本地震以前には10名を超える会員登録があり、うち7〜8名のメンバーが専属的に農作業に従事していたという。いずれも5年以上の経験を有しており、農家から「この作業はこの人じゃないと」「長年頼んでいるから、安心して作業を任せられる」といったリクエストや評判が寄せられるなど、センター作業員は農繁期に不可欠な戦力としてカウントされていたことがわかる。

しかし他方では、定年延長により新たな会員の増加が頭打ちとなり、シルバー人材の高齢化が顕著になっていた側面も指摘できる。こうした状況下で発生した熊本地震により、西原村シルバー人材センターは施設そのものが被災し、しばらくの間、新たな仕事を受注できなくなったのである。

元・地域おこし協力隊員の登場――中津江村から西原村へ

熊本地震の被災によりカライモ農家は生活の場の復旧に追われ、シルバー人材センターは作業員を派遣することが不可能になった。西原村のカライモ農家は、これからという時期に農業労働力そのものを喪失した格好である。こうした状況を踏まえて、4月下旬、災害ボラセンを統括する西原村社協、西原村役場、JA阿蘇西原支所など農業セクター、外部支援者の災害救援NPOが加わるかたちで、農業支援のあり方についての議論が交わされることになった。2時間ほどの会議は「どうすれば農家を支援する仕組みができるか、という方向で話が行った」（2017/06/21「西原村百笑《ひゃくしょう》応援団」ヒアリング）という。

いくつかの偶然が重なるかたちで会議に同席したのが、大分県日田市中津江村で地域おこし協力隊を務めたKさん（当時40歳代男性）である。Kさんは席上、「（農業支援は）災害ボランティアセンターとは別で、資金的にも関わらないかたちで、何かあっても他所から来た人がやっているんやという体で、（社協に）迷惑がかからないようにしましょう」（2017/06/21同ヒアリング）と提案したという。会議終了後、「頼んだよ」の一言とともに携帯電話を手渡されたKさんは、予算も人員もゼロという状況のなか、「西原村農業復興ボランティアセンター」（以下、「西原村農業ボラセン」）の責任者となる。

Kさんは近畿地方の出身である。語学系の専門学校を卒業した後、ワーキングホリデーでカナダを訪れ、和食レストランに1年ほど勤務する。帰国後は営業マン、土木作業員、訪問販売員、トラック運転手などの職を転々とし、2012年7月から中津江村で地域おこし協力隊を務めることになった。すでに紀伊半島で活動していた隊員から話を聞き、「面白いものがあるんやな。そんなのをやってみたい」（2017/06/21同ヒアリング）と、どちらかと言えば軽い気持ちから、地域おこし協力隊に応募したのだという。

地域おこし協力隊員として2年半、集落支援員として1年間を過ごした中津江村での生活を、Kさんは「一番、時間を費やしたのはお爺ちゃん、お婆ちゃんの家に行って、上がり込んでお茶を飲んだりご飯を食べたり……お祭りとか集落の行事の手伝いをする。……当時は市役所や地域住民より中津江村の高齢者の世帯状況、健康状況を一番知っている自信がありました」（2017/06/21同ヒアリング）と振り返る。その傍ら、Kさんは地元住民とともに有償ボランティアグループ「NPOつえ絆くらぶ」を組織化し、草刈りや家の片付けなど日常生活での困り事をサポートする「ちょいテゴ」（ちょっとしたお手伝いの意）、自家で栽培した野菜のうち食べきれない分を地元の食堂に買い取ってもらう「おすそわけ野菜」などの事業を立ち上げてきた。

地域おこし協力隊で培ったリソース

Kさんは中津江村での取り組みを通して「農家に対する理解と言葉の理解」（2017/10/24「西原村百笑応援団」ヒアリング）を深めていたことが、「西原村農業ボラセン」を運営する際のアドバンテージになったのではないか、と自己分析する。

過疎、高齢化する地域では……親族関係とか身内関係とか昔からの付き合いとか、人との付き合いを重視して「顔の見える関係」の人に頼む。……他所から来た人が、いきなり「何か困っているんだったら手伝いましょうか」と言っても、そこに隙間はない。足繁く通っているうちに「顔の見える関係」ができて、ようやくそこで頼むという部分を考えると、被災地に入ったときも同じことが適用できるんですね。

九州の山間地って方言がほぼ一緒なんです。……他の人が聞いたら全くわからないような言葉でも、私たちが共通して使っていた言葉だったので、すぐ理解できるので、話しているほうも気を遣わなくて喋れる。……こっちが方言交じりで、「ああ、そういうことね」「じゃあ、こうしておきますね」と、やりとりできる安心感というか。……細かい表現とか言い回しを、方言で抵抗なく使えて聞けるというのは、相手にとって入りやすいと思いますよね。（2017/10/24同ヒアリング）

熊本地震の発生当時、すでに中津江村の集落支援員を辞していたKさんは、向こう数ヵ月間を充電期間に充てるつもりでいた。出身地の近くで発生した阪神・淡路大震災を含めて、それまで災害ボランティア活動に従事したことがなかったKさんは、まもなく関わる熊本地震についても、当初は「単なる隣県の地震で……たまに行く一ボランティアで終わっていたはず」(2017/10/24同ヒアリング)だと考えていた。

そのような「一ボランティア」を「西原村農業ボラセン」の責任者に変えた要素は、一体何であったのか。Kさんは次のように語る。

地域おこし協力隊の研修で知り合ったIさんから、「西原(村)行きたいんだけど、どうやって行ったら良い?」と聞かれ、「日田までバスで来れますから来てください。あとは乗せていきますよ」という話で、4月24日に一緒に行きました。……会議に出るつもりは無かったんですけど、「お前も来い」と連れられて行って、自己紹介することになって。

会議が終わった後、車で被災地を回りまして現状を見ました。ボロボロの状況、道もボロボロ。一番心を打たれたのはやはり人々です。建物の前で泣き崩れたり、屈み込んで動けなくなっている人。必死でガレキを処理したり、お互いに助け合っている人。

そのとき、兵庫県立大のM先生に「何か手伝うことはありますか」と聞いたら、「人は何人おっても困らん」と。「できることがあるんやったら、明日から来ますね」ということで、翌日からほぼ毎日のように西原(村)へ通う生活がはじまりました。(2019/06/21

「西原村百笑応援団」ヒアリング）

「西原村農業復興ボランティアセンター」の設立

ゴールデンウィーク明けの5月6日、初日を迎えた「西原村農業ボラセン」は青空のもと、カライモ農家とボランティアのマッチングをはじめた。社協の災害ボラセンと活動領域を棲み分けながら、社協が認めた団体としてボランティア活動保険の加入や高速道路料金の減免を可能とした点で、この「西原村農業ボラセン」は災害発生時に初めて公式に設立された、生業の復旧・復興に特化したボランティアセンターだといえよう[*10]（図4－1）。

Kさんは最初の数日間こそ、災害ボラセンの受付に並んでいる人に「農家を手伝ってもらえませんか」と声をかけて回ったというが、災害ボラセンと差別化するため、ボランティアの募集はソーシャルネットワーキングサービス（ＳＮＳ）を通した事前申し込みを基本とした。程なくして「西原村農業ボラセン」のフェイスブックには１０００を超える「いいね」が集まり、九州地方を中心として全国から参加希望が寄せられたという。

「西原村農業ボラセン」には7月末までの実働71日間、のべ２５３４人のボランティアが駆け付け（図4－2）、カライモの植え付けと出荷（イモの洗浄、選別、箱詰めなど）をはじめ、ニンニクの収穫、モモの袋がけ、地震で倒れたシイタケの原木起こしなどの作業を手伝うことに

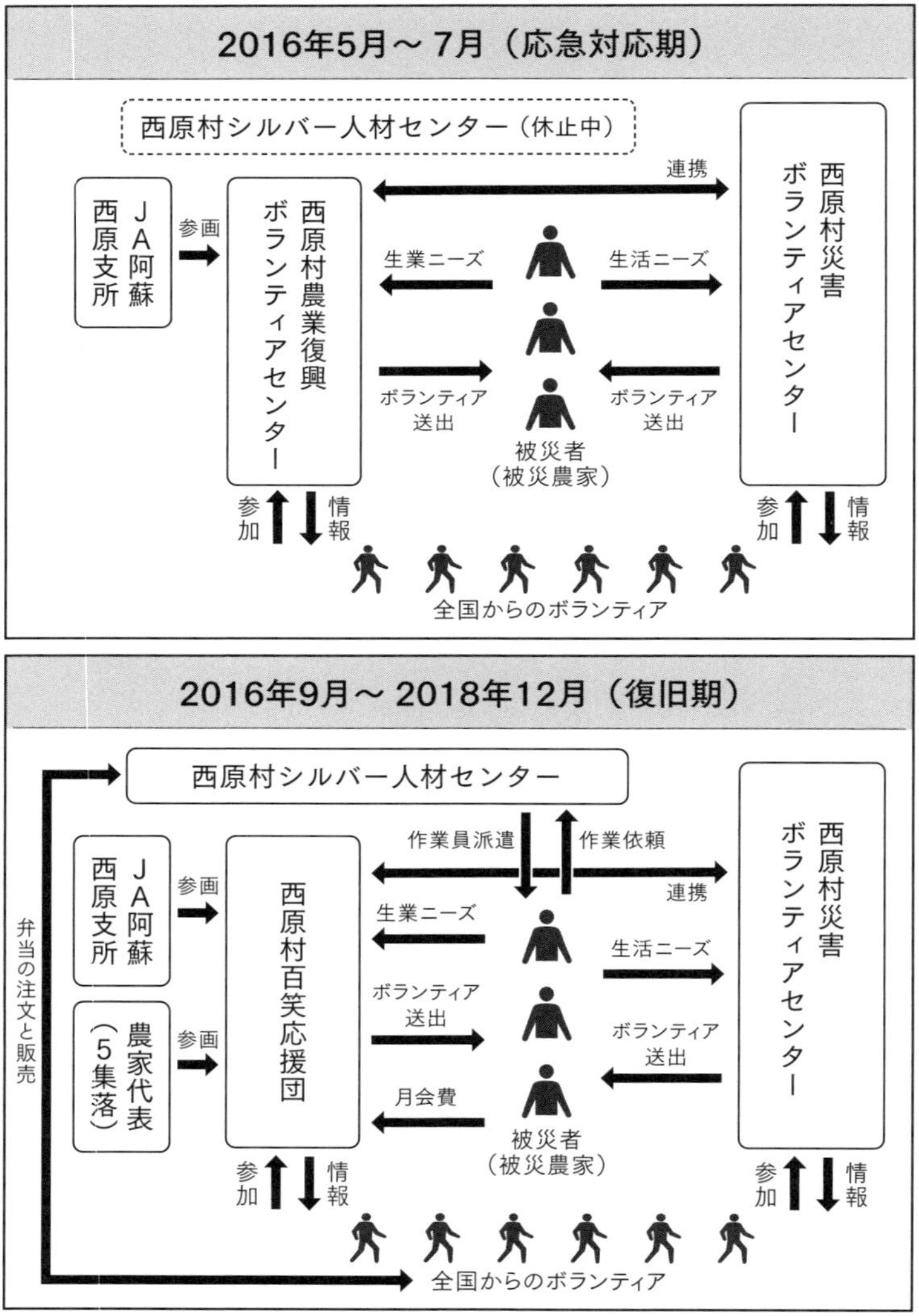

図4－1 「西原村農業復興ボランティアセンター」と「西原村百笑応援団」の組織関係図

注）ヒアリングをもとに筆者作成（「西原村災害ボランティアセンター」は2016年11月末に閉鎖され、「西原村ボランティアセンター」に移行）。

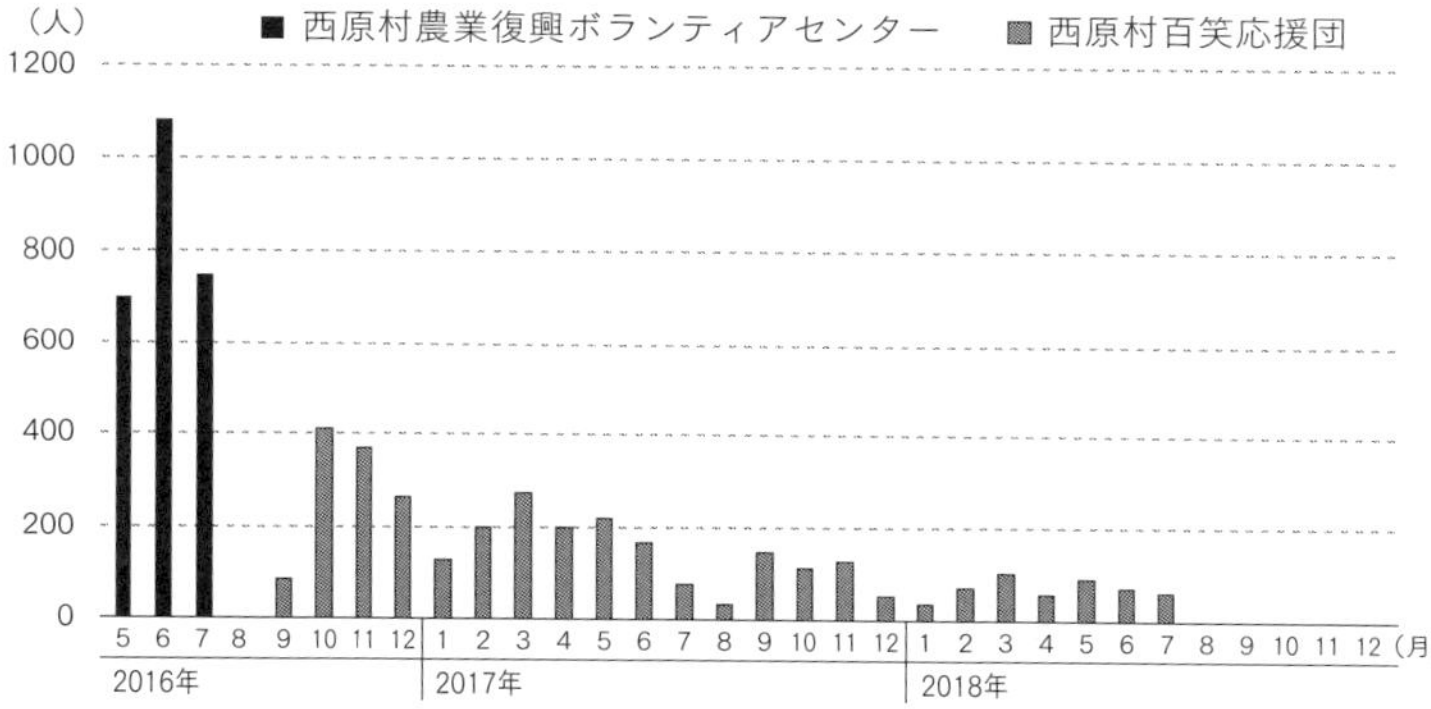

図４－２　ボランティア参加者数の推移

注）「西原村百笑応援団」の提供データをもとに筆者作成（2016年9～11月の参加者数については合算した数字しか残されていなかったため、作業を依頼した農家に対する会費の請求金額によって按分した数字を用いている）。

なった。参加者には女性やこどもが多かったとKさんは振り返る。被災した人々を手助けしたいと思うものの、ガレキ拾いなどは体力的に難しいと考えた人々に対し、農業ボランティア活動が参加機会を開いた格好であろう。「他の自治体ではマッチングに時間を要して十分に作業できなかった」「人数の打ち切りなどの対応に不満を持った」等の理由から、西原村に赴いたボランティアも少なくなかったという。

しかし、西原村を訪れた農業ボランティアには農作業の経験がある人がほとんどいなかったため、カライモ農家やKさんは次のような懸念を抱くことになった。

> カライモの植え方には農家それぞれのこだわりがあり、一軒一軒違っている。最初のうちは、農業をしたことがない人が「こ

ぎゃんできるんか」と思った。ボランティアが植え付けている様子を見ると、苗が1〜2株しか入っていないものもあり、どんなカライモができるかと、正直に言えば心配もあった。（2019/02/19西原村農家Mさんヒアリング[*11]）

農家さんが「こんなんやったら頼まんかったらよかった」ということにならないか。（ボランティアに）頼んだがために逆に手間をかけるようなこと、やり直しだったり、逆に迷惑になるようなことがなかったかなって。……苗の植え付けはしっかり植えないと枯れたり、実の入りが悪いというのがあるので。……「ここまで（苗を）入れないとダメ」というのを、どれだけ全員に伝えてちゃんとやってもらえるか。（2017/10/24「西原村百笑応援団」ヒアリング）

マッチングのあり方の変化

幸いにも農家やKさんの懸念は杞憂に終わった。苗植えにせよ出荷にせよ、そこまでボランティアにとって難しい作業ではなかったという側面もあるだろう。それ以上に大きかったのが、当初は工事現場の「人夫出し」のようであったマッチングが、ニーズ受付票をベースとする災害ボラセンとは異なる、「顔の見える関係」のなかで行われるようになった点である。そこには、Kさん自身の次のような気づきと振る舞い方の変化があった。

立ち上げた当時は、（ボランティアを）受け入れてマッチングして派遣することで精一杯で、現場を見てなかったんですね。そのなかで、参加者からのクレームに近い状態だったり（が発生した）。……現場が全く見えていない状況、（農地の）場所もわからない状況で派遣することとの、事務局としての責任の部分ですよね。

（その後は）朝のマッチングが終わったら現場に出て、農家さんに話を聞いたり、農家さんとボランティアのあいだに入って話をして。……そういうのを繰り返していくと、畑を覚え、作業の手順を覚え、農家さんを覚え。……会うたびに（農家さんとの）距離が近づいて仲良くなって。……顔が見えるかたちで話をすることで、ちょっとした衝突や問題を回避できるのを感じましたね。（2019/06/19「西原村百笑応援団」ヒアリング）

数週間かけて取り組み体制を整えていった結果、ボランティアに対して半信半疑であった農家のあいだにも「やってみたら意外とよかった」という評判が口コミで拡がり、「西原村農業ボラセン」には多くの作業依頼が寄せられるようになった。また、当初は農家自身が教えることにしていた作業手順について、現地に数週間滞在したり、毎週末駆け付けたりする常連ボランティアがインストラクター役を引き受けることで、被災農家の負担が軽減した側面も認められる。通常の農事暦には遅れながらも苗植えが進められた結果、この2016年の「西原かんしょ」の作付け率は例年の90%という数字を残すことになったという。

被災農家を支える「顔の見える関係」

農業ボランティアは被災による作業の遅れを取り戻そうとする農家に対し、単に労働力を提供しただけではなかった。新潟県中越地震（2004年）で配置された地域復興支援員の職能として、被災住民の主体性を引き出す「寄り添い型サポート（足し算のサポート）」（稲垣ほか 2014）が指摘されるが、西原村の農業ボランティアも同様に、「下を向いていた農家の方々が前を向いて農業を再開する」（河井 2016）ための精神的支柱となったのである。

地震によって高齢農家は農業を投げる一歩手前まで追い込まれた。しかし、自分の孫みたいな年齢の学生や若い人たちが、西原村までボランティア活動をしに来てくれた。苗植えや出荷を手伝ってもらって助かっただけでなく、あの当時、ボランティアの存在はとても癒やしになった。落ち込んでばかりいても仕方ない、と思うようになった。（2017/10/25 西原村農家Nさんヒアリング[*12]）

夫婦2人で家にいると、「これからどうするか」しか話が無くなり、会話が暗くなってしまう。ボランティアと世間話をするだけで気分は違うものとなった。マイナスからの出発だったが、ボランティアが来てくれて火が付き、「やるぞ」という気持ちになった。こちらの様子を見てボランティアが喜んでくれることが、また嬉しかった。（2019/02/19西原村農家Mさんヒアリング[*13]）

阪神・淡路大震災で本格化した災害ボランティア活動では、次第に災害現場から、被災者と支援者の「顔の見える関係」が失われたとされる（渥美 2014）。それとは対照的に、西原村の農業ボランティア活動では被災農家と農業ボランティアの「顔の見える関係」が築かれ、両者のコミュニケーションが図られていった。マニュアル化に適さない農業支援という活動領域もさることながら、仲立ちとなったKさんの振る舞いによるところが大きいだろう。こうして農業ボランティアの存在が「癒やし」となり、被災農家のやる気に「火が付いた」のである。

農家の方って一定時間ごとに必ず休憩するんですよ。その茶飲み話がやっぱり楽しい。ボランティアさんはお手伝いすることも大事だけど、やっぱり人との交流を楽しみにする人が多いんですよね。……一番は被災者の方とじかに喋れることで、自分の活動でこの人が喜んでくれるんだという実感を持てる。（農家）本人から「ありがとう、これだけやってくれて助かったわ」と。（2017/10/24「西原村百笑応援団」ヒアリング」）

「西原村百笑応援団」への再組織化

「西原村農業ボラセン」は被災農家からの依頼が減少しはじめたことから、7月末でいったん活動を休止する。しかし、取り組みを通して農作業に楽しみを覚え、被災農家と親しくなった4～5名のグループは、8月以降も「闇ボラ（ンティア）」と称して自主的に活動を継続したという。一方、秋が近づくにつれてボランティア経験者のなかには「自分たちが植えたカライモを掘りたい」との思いを募らせ、Kさんに「西原村農業ボラセン」の再開をうながす人々もいたとされる。

最初は苗植えが終わったら（「西原村農業ボラセン」も）終わりだと。だから、1ヵ月から1ヵ月半だと思ってたんですよね。そうしたら次から次へと依頼が舞い込んでくる。……（ボランティアに）熱中症で倒れられても困るので、7月末で「いったん閉めます」って。……（しかし）「まだまだ大変だな。すぐには落ち着かないな」っていうのもあったんで……「この秋の収穫ぐらいまでは終えて、一つの区切りにしようか」みたいな風になりましたね。（2019/06/19「西原村百笑応援団」ヒアリング）

時間経過とともに被災家屋の後片付けが進み、生活の場は避難所から仮設住宅へ移行する。生活の場の復旧が進捗すれば、被災農家も生業に時間を振り分けることが可能となり、作業の依頼はおのずと減少するはずである。だがこの頃、西原村で見られるようになったのは「便利で安い労働力」「無料で都合の良い労働力」として、農業ボランティアを利用する「ほんまもんの農家ではない農家」（2017/10/25西原村農家Nさんヒアリング）であった。以前から常態化していた農業労働力の不足が、災後の「非常時規範」（広瀬　1981）としてはじまった農業ボランティアにより補完されようとした格好である。

たしかに短期的に考えれば、無償労働力の活用は合理的な選択と言えるかもしれない。だが、早晩この地を離れるボランティアに農作業を委ねつづけることは、中長期的に見れば従来の家族経営を掘り崩す危険性を含んでいる。それが、地元農家が発した「ほんまもんの農家ではない農家」という警句の意味するところであろう。

また、被災により停止していた公共サービスが次第に回復してくるなか、これまで農繁期に労働力を供給してきた西原村シルバー人材センターも本格的に再開し、その事業領域と「西原村農業ボラセン」の活動領域が競合するようになった。このとき、Kさんは「地元の既存の仕組みを潰してはいけない」との思いを強くしたという。*14

今まで農家さんを支援していたのはシルバー人材センターの人員なんです。……私たち無料のボランティアがお手伝いに行くと、皆さん被災して大変ですから、できるだけ出費を抑えたい。時給880円のシルバー人材センターに頼むか、多少手は遅くてもタダ（のボランティア）を使うかとなったら、心情的にはタダになってしまいますよね。（しかし）シルバー人材センターがないがしろになって、西原村の雇用が損なわれてもよくない。シルバーを併用しながら、ボランティアも生きる仕組みを考えないと。（2017/06/21「西原村百笑応援団」ヒアリング）

それだけではない。予算も人員もゼロの状況からスタートした「西原村農業ボラセン」は、この間ほとんどKさんの持ち出しにより運営されてきたのが実際のところである。かりに復興期に至るまで農業ボランティア活動を継続させようと思えば、コーディネートにあたる事務局の運営経費を捻出できるようにする必要があるのは言うまでもない。

会員制（会費制）組織への移行

農家のフリーライドの防止、既存の労働力供給システムとの共存、「西原村農業ボラセン」の財政基盤の安定化という3つの課題を携えて、KさんはJA阿蘇の理事2名、村内5つの大字（鳥子・小森・宮山・布田・河原）の農家の代表者とボラセンの再組織化をめぐる協議に赴く。

「外部がずっとやり続けると……（その地域に）何も残らない。自分らだけでやるよりは農家にも責任を持ってもらいたい、関わってもらいたい」（2019/06/19「西原村百笑応援団」ヒアリング）

というKさんの思いには、地域おこし協力隊経験者ならではの問題意識が読み取れる。

自分が声を大きくしてリーダーシップを取っても、地域のまとまりは良くならなかった。どこかで住民の参加が頭打ちになった。自分がキャプテンではなく「触媒」となって、どうすれば地元の人たちが参加しやすい環境を作り出せるか、そのことを大事にしないと、せっかくの取り組みも根付かないと思った。「よそ者」が率先したのでは、地元の人々が参加しにくい環境を作ってしまう。自分がいなくなったときにしこりが残るようでは、前に進んでいかない。（2019/02/19「西原村百笑応援団」ヒアリング[*15]）

こうして9月下旬、村内80軒の農家が会員となって発足した「西原村百笑応援団」は、「西原村の農家が中心となって西原村の農家を支える仕組み」を合言葉として、次のような活動目標を宣言する。

(1) 西原村の基幹産業である農業を守り育て、発想を変え新しい連携のもと、農家一軒一軒の「農力」を高める。

（2）農業を通して西原村に住んでいる人がお互いに尊重し、家族仲良く楽しく暮らし、子どもたちがそれを誇れる地域をめざす。
（3）西原村の農業を応援してくださる方々への感謝の気持ちに対して、地域振興及び経済的活性化をもって応える。
（4）農村の環境・景観を保全する。また、社会的・経済的向上をめざす。
（5）メディアやSNS等を活用し情報発信を行い、都市部及び他地域との交流人口拡大をめざす。

「西原村農業ボラセン」から「西原村百笑応援団」への移行が、農業ボランティア活動にもたらした変更点についても触れておこう。それは、農家が1日ボランティアを1人受け入れるごとに、1000円の（変動型の）月会費が発生するというものである。具体的な数字で説明すれば、ある農家が3日間、毎日5人のボランティアに作業を依頼した場合、3（日）×5（人）×1000（円）＝1万5000円の会費を「西原村百笑応援団」に支払うことになる。ただし、得られた会費収入はボランティアに（交通費などの費用弁償として）支給するのではなく、「西原村百笑応援団」の事務局経費に充当することで、労働者派遣法に抵触するのを回避している。

このような会員制（会費制）組織への移行については農家、ボランティアの間でいくつか議論があった。農家のなかには「ボランティアには5～6時間も作業してもらうのだから、20

00〜3000円支払わなければいけないのではないか」という思いがあった一方、ボランティアからは「金額が2000〜3000円ともなれば農家の目も変わるだろうから、一生懸命やらなければとプレッシャーがかかる。1000円ぐらいでなければ困る」という声が寄せられたという。なかには「なぜ被災して困っている人からお金を取るんだ」と月会費の導入に反対し、西原村を離れていったボランティアもいる。

こうしてカライモの収穫時期に合わせて活動を再開した「西原村百笑応援団」。訪れるボランティアは春先に苗を植えたリピーターが多かったという。懸案であった西原村シルバー人材センターとの関係も、「西原村百笑応援団」から指示があった場合にセンター作業員を雇うことを条件づけた結果、良好なものに変わっていった。[*16] むしろシルバー人材センターの労働力不足を「西原村百笑応援団」がカバーすることもあったとされる。一方、事務局の財政基盤は農家からの月会費、各種の寄付金・助成金にくわえ、外国人技能実習生を受け入れる公益財団法人からの業務委託もあり、Kさん以外に1名のスタッフを雇用できるまでに安定化した。

支援の終わり——「よそ者」としての責任

熊本地震の翌年になると、「西原村百笑応援団」は高齢である、病気がちである等の事情を抱えた農家を中心としてボランティアを送り出すようになった。つとに被災農家の自立と外部支援者の関わり方を問い直してきたKさんは、「西原村百笑応援団」の支援先についてゆるやかな選択と集中を図り、脆弱な境遇にある農家のセーフティネットという意味合いを持たせようとしたのである。

だが、会員制（会費制）組織に移行した後も、「ほんまもんの農家ではない農家」のボランティア依存は問題として残り続けたという。「ボランティアが手伝ってくれて助かる」という発災直後の思いは、いつしか「手伝ってくれないと困る」に変容していたのである。時間経過とともに、西原村では「いつまでもボランティアに頼ってはいけない」「そろそろ元（の家族経営）に戻ろう」という声も聞こえるようになっていた。

最初、本当に必要な部分だけ頼んで、後は自分でって方もおられますし……終わるまでずっと頼んだ人もいるし、もうバラバラですよね。結局、被害の大小だったり経済的な事情も色々あるなか、私たちはそこまで踏み込めない。ある程度、公平に何かするってなったら、もう期間を定めるしかない。……あくまで私たちは「風の人」でいっときの支援でしかないんで……もしなかで摩擦が起きたりしたときに、私たち、その責任を持てないですから。そういうところまで考えてやらないと、長期で見たときには本当の支援にならない。（2019/06/19「西原村百笑応援団」ヒアリング）

この頃、Ｋさんには農業ボランティア活動の出口戦略として温めていた構想があった。それは遊休農地を市民農園として活用し、ボランティア経験者が復興後も「西原村のファン」として訪問できる環境を整え、都市農村交流や農産物の販路拡大を図るものである。しかし、一部農家のボランティア依存を問題視する声が大きくなるなか、あらためてＫさんは外部支援者という自身の立場に差し戻され、「自分たちの引き時」（2019/06/19同ヒアリング）を意識せざるをえなくなったという。たとえ地域活性化が重要だとしても、「非常時規範」としてはじまった農業支援を禍根を残さないかたちで軟着陸させることが、地域社会のあり方を中長期的に考えた場合の「よそ者」の責任の取り方ではないか――Ｋさんはそのように思い返したのである。

こうして「西原村百笑応援団」は２０１７年冬の総会において、翌年をもって農業ボランティア活動を終了することを正式決定し、農家に対する説明を重ねていった。これ以降、作業を依頼する農家の軒数と依頼の件数、来訪するボランティアの人数は減少し、被災地視察や受託事業を除く活動は２０１８年12月に休止となる。ただし、西原村から農業ボランティア活動が完全に無くなったわけではない。「西原村農業ボラセン」からスピンオフするかたちで登場した「闇ボラ」は、その後も農家との交流をベースとした取り組みを続けたという。

後続の被災地へ支援の実践知を伝える

Ｋさんの活動範囲は「ふるさと発・復興志民会議」への参加を通して、熊本地震による巨大な落石が生活道路を塞いだ上益城郡御船町における地区座談会のコーディネート、熊本地震と平成28年梅雨前線豪雨により水路と棚田が崩壊した同郡山都町の「棚田復興プロジェクト」へと拡大してゆく。

翌年の平成29年7月九州北部豪雨では、Ｋさんが居を構える大分県日田市が水害に見舞われたことから、災害ボラセンの閉鎖後、外部支援者と「ひちくボランティアセンター」を立ち上げている。ここでも西原村と同様に、公的機関との連携・協力によりボランティアの活動環境を整える一方、市民団体としての柔軟性を活かして、農地・農業用施設の修復など既存の災害復旧事業の隙間を埋める取り組みを展開していった。

まもなく「ひちくボランティアセンター」は、災害救援・復興支援と移住・定住促進を２つの柱とする、特定非営利活動法人「リエラ」（２０１９年4月結成）へと発展的に解消する。Ｋさんは「リエラ」副代表理事に就任し、西日本豪雨（平成30年7月豪雨）では愛媛県宇和島市、令和元年東日本台風では宮城県伊具《いぐ》郡丸森町、令和2年7月豪雨では自身が居住する中津江村、そして令和6年能登半島地震では石川県鳳珠《ほうす》郡能登町というように、その後も災害現場を奔走している。

熊本地震への偶然的な関わり、そこでの農業ボランティア活動の組織化経験は、後発の被災地に災害救援の実践知をもたらすとともに、それまで災害ボランティア活動も農業も手掛けたことがなかったKさんの人生行路を、このように大きく変えることになった。[*17]

註

＊1　「平成28（２０１６）年熊本地震等に係る被害状況について【第３１２報】」https://www.pref.kumamoto.jp/uploaded/attachment/137943.pdf（２０２５年1月15日アクセス）

＊2　「【平成28年熊本地震】応急仮設住宅等の入居状況の推移」https://www.pref.kumamoto.jp/uploaded/attachment/125576.pdf（２０２１年4月20日アクセス）

＊3　「災害公営住宅の整備状況について（令和2年3月31日時点）」https://www.pref.kumamoto.jp/uploaded/attachment/108097.pdf（２０２１年4月20日アクセス）

＊4　「西原村の被害の状況（熊本地震被害状況）」https://www.vill.nishihara.kumamoto.jp/var/rev0/0006/6672/higaijoukyou.pdf（２０２１年4月20日アクセス）

＊5　福和伸夫、２０１６、「熊本地震で震度7、消防団の発災対応型防災訓練が活きた西原村」https://news.yahoo.co.jp/byline/fukuwanobuo/20160913-00062100/（２０２１年4月20日アクセス）

＊6　註4を参照。

＊7　人々の行動が混乱を引き起こす要因だと考える「管理・統制モデル」は、マニュアルを整備して情報管理のヒエラルヒーを構築し、混乱そのものを回避することに主眼を置く。それに対し、「即興・自律モデル」は人々（の行動）を混乱の原因ではなく、ともに課題解決を図るパートナーとして捉える。「即興・自律モデル」として見た場合の西原村災害ボラセンの特徴は、人々の協力の促進、多元的・自律的な指揮系統、既存の災害対応組織との連携、分散型の組織構造、問題解決志向、マニュアル的ではなく臨機応変な組織構築、流動的に変化する組織といった点にあるとされる（大門ほか２０２０）。

＊8　以下の記述は『西原村誌』（西原村誌編纂委員会２０１０）、ならびに西原村産業課に対するヒアリング（2019/06/20）によるところが大きい。

＊9　この引用は録音データの文字起こしではなく、フィールドノートの書き起こしである。

＊10　隣接する南阿蘇村では、「阿蘇エコファーマーズセンター」など9団体が「南阿蘇ふるさと復興ネットワーク」（中間支援組織）を結成し、南阿蘇村とその周辺の被災農家にボランティアを送り出したが、「西原村農業ボラセン」のような地元社協との連携・協力関係は見られなかった。なお、南阿蘇村の取り組みで特筆すべきは、農業者が重機を活用して農地・農業用施設の復旧をボランタリーに行う一方、非農業者のボランティアが播種・収穫をはじめとする農作業を手がけるなど、農業ボランティア同士の役割分担が見られた点である（2019/02/19「南阿蘇ふるさと復興ネットワーク」ヒアリング）。

＊11　この引用は録音データの文字起こしではなく、フィールドノートの書き起こしである。

＊12　この引用は録音データの文字起こしではなく、フィールドノートの書き起こしである。

＊13　この引用は録音データの文字起こしではなく、フィールドノートの書き起こしである。

＊14　宮城県本吉郡南三陸町で福祉アドバイザーを務めた本間照雄は、災害ボランティア活動の一

環として行われた漁業支援（養殖筏づくり、ワカメの収穫作業など）を振り返り、「これまでは、近所の住民の手伝いを得て行われることの多かった作業をボランティアが担っている。しかし、ボランティアを活用した作業と従来からの近隣の手伝いによる作業が混在するために、地域内に少なからず波風を生じさせている」（本間 2014：55）と述べている。東日本大震災以前から存在した有償／無償の労働力と、災後に駆け付けたボランティアとの関係性は、復旧・復興が進展した一定の時期に問題点として浮上するが、「西原村百笑応援団」のような会員制（会費制）組織への移行は、本間が言う「波風」を鎮めるための一つの手法であろう。

＊15 この引用は録音データの文字起こしではなく、フィールドノートの書き起こしである。

＊16 西原村シルバー人材センターが地元の食材を活かして製造する「9マス弁当」を、「西原村百笑応援団」が農業ボランティア参加者に紹介し、その売り上げ増加に貢献したことも、両者の関係改善に寄与したのではないかとKさんは振り返る。

＊17 特定非営利活動促進法（1998年）の制定以降、既存の公共サービスの隙間を埋める「事業型NPO」が登場し、社会課題の解決が図られるようになったが、非営利組織で「もう一つの働き方」に従事する人々の生活が安定しているとは言いがたい（齊藤 2017）。

第5章
JAが開設した初のボランティアセンター
——三者連携による農地復旧と農業復興の新機軸

［平成29年7月九州北部豪雨（2017年）・福岡県朝倉市］

被災状況の概要

2017（平成29）年7月5日から翌6日にかけて発生した線状降水帯による豪雨は、気象庁朝倉観測所（朝倉市三奈木《みなぎ》）において545・5㎜の24時間降水量を記録し[*1]、福岡県朝倉市[*2]から大分県日田市にかけての筑後川右岸流域に「平成29年7月九州北部豪雨」と呼ばれる甚大な被害をもたらした（図5－1）。多くの地点において観測史上1位の雨量となったこの豪雨災害は、朝倉山地の各所で斜面崩壊を発生させ、透水性や流動性の高い真砂土（花崗岩が風化した砂状の土壌）が市街地まで到達したことが特徴である（大野ほか 2019）。このとき発生した土砂

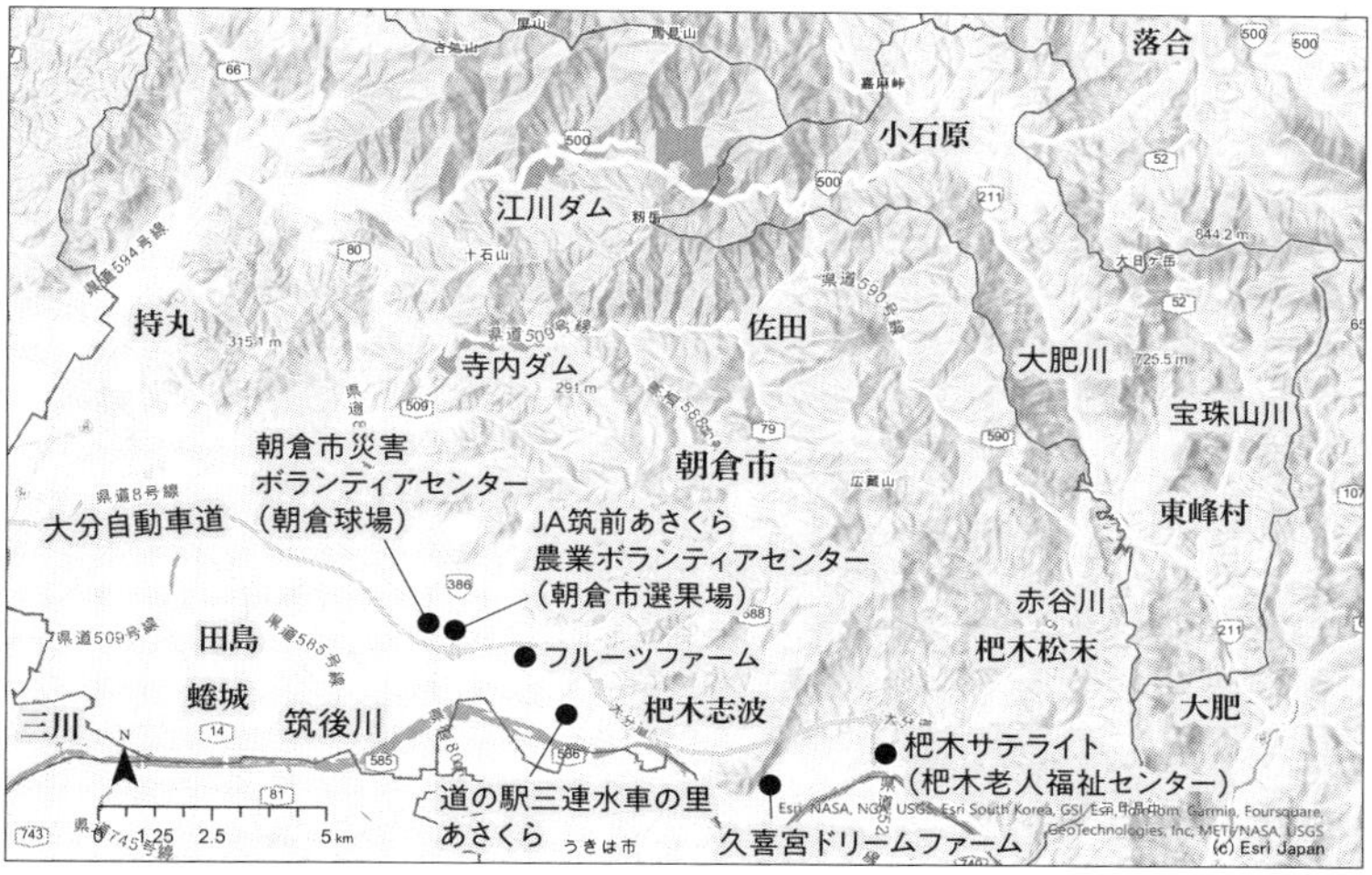

図５−１　朝倉市と本章に登場する施設

は１０６５万㎥、流木は21万㎥にのぼるという（朝倉市 ２０１９）。

甚大な被害に見舞われた朝倉市や朝倉郡東峰村では、まもなく社会福祉協議会（以下、社協）が災害ボランティアセンター（以下、災害ボラセン）を開設し、全国各地から駆け付けたのべ４万人を超える災害ボランティアが、被災した住家で「泥との闘い」（2017/07/16毎日新聞）を展開することになった。本章のテーマは、災害ボランティア活動に少し遅れて、被災農地の復旧を支援する農業ボランティア活動を、他ならぬ被災地域の農業協同組合（以下、ＪＡ）が展開するに至ったプロセスを再構成し、農地復旧と農業復興の現在地を提示することに置かれている。

筑後川流域は標高７００～８００ｍの山地、高地の盆地、谷底平野、そして川沿いの低地というように多様な地形で構成されており、地域によって被災状況が大きく異なる点も今般の豪雨災害の特色である。赤谷川、白木谷川、北川など中山間地域を流れる河川の流域では土砂や流木により河道が閉塞、洪水が発生し、大量の土砂が住家や農地に押し寄せている。一方、桂川、荷原川《いないばる》、妙見川《みょうけん》など平坦地域を流れる河川の流域は、堤防の決壊や越水により大規模な浸水に見舞われた。福岡県と大分県における人的被害は死者40名、行方不明者2名、そして住宅被害は全壊335棟、半壊1091棟、一部損壊44棟、床上浸水172棟、床下浸水1441棟を数える。*3

筑後川の水害と治水の歴史

筑後川は渇水期に農地を潤す貴重な水源であると同時に、沿川の自治体史に「筑後川の歴史は洪水の歴史」（『杷木町史』）と記されているように、梅雨期の長雨が水害リスクに直結する「筑紫次郎の暴れん坊」（『朝倉町史』）でもある。それは、上流域が急勾配であるのに対して中・下流域の勾配が緩いことにくわえ、河川の最大流量と最小流量の比である河況係数が全国的に見ても高い部類に入る、この川が抱えてきた構造的問題だといえる。

歴史を紐解けば、1625（寛永2）年から1889（明治22）年までの約260年間に、筑後川は25回の大洪水を記録している（杷木町史編さん委員会編 1981）。もちろん江戸時代より水刎（水請）や霞堤など種々の対策が講じられてきたものの、黒田藩など流域の各藩が「自藩本位の治水事業」（朝倉町史刊行委員会　1986：305）を展開し、かえって被害が悪化した側面も認められるという。本格的な治水事業は、明治政府による第一期改修計画（1884年）を待たなければならなかったのである。

だが、近代的河川改修事業が実施された後も、筑後川では水害が発生している。このうち1889（明治22）年7月、1921（大正10）年6月、そして1953（昭和28）年6月の水害は「筑後川三大水害」として世に知られるものである。最後に挙げた昭和28年西日本大水害（筑後川大水害）では、平年の4～5倍の雨量となった長梅雨の末期に、1000㎜規模の記録的豪雨が重なり、夜明ダムの決壊、朝倉堤防の破堤など甚大な被害を受けることになった。この通称「二十八災」における筑後川流域の人的被害は死者147名、住宅被害は流出全半壊1万2801戸、床上浸水4万9201戸、床下浸水4万6323戸に達したという。[*4]

こうして完成を間近に控えた第三期改修工事は変更を余儀なくされる。高度経済成長を迎えるなかでの福岡都市圏の成長拡大、筑後川中・下流域の住宅・工業開発の進展を承けて、地域防災の高度化と増加する水需要への対応もまた求められた格好である。建設省（当時）は多目的ダムによる洪水調節を目的として「筑後川水系治水基本計画」（1957年）を策定し、上流域では松原ダム（大分県）、下筌《しもうけ》ダム（大分県、熊本県）を建設、中・下流域では分水路の建設や川幅の拡大を図ることになった。その後、水資源開発基本計画（1966年）による指定を受けた筑後川では、江川ダムや寺内ダム[*5]（いずれも福岡県朝倉市）、筑後大堰（福岡県、佐賀県）など治水・利水施設の建設が相次いでいる。

環境社会学が「受益圏／受苦圏」という概念枠組み（梶田 1988）で論じたように、このような大規模開発は周辺地域の生活と生業に恩恵をもたらす反面、計画が浮上した地域では否応なく集落の水没などの問題が生じてきた。下筌ダムの建設予定地において、ダム建設反対運動「蜂の巣城闘争」[*6]が10年以上展開されたことは、つとに知られている。

一方、防災・減災という面では、以上のような総合開発にくわえ、防災施設「くるめウス」（2003年）を舞台とした流域レベルの災害伝承（筑後川まるごと博物館運営委員会編 2019）、「水害記念学習会」を毎年開催してきた朝倉市蜷城《ひなしろ》地区のような草の根の防災活動（羽野 2018）が功を奏してきたのであろう。「二十八災」から平成24年7月九州北部豪雨までの約60年間、筑後川流域では大水害による被害とは無縁な、平穏な時代が続くことになった。

筑後川流域の農業

平成29年7月九州北部豪雨の被災地域では、筑後川沿いの平坦地域において水稲と野菜（博多万能ねぎなど）が栽培され、筑後川に注ぐ支流の中山間地域では落葉果樹（カキやナシ、ブドウなど）が生産されてきた。水稲については江戸時代より水利施設が整備され、生産力の向上が図られる一方、果樹についても富有柿や長十郎が明治末期から大正初期にかけて導入されるなど、産地として百年近い歴史を有している。

だが、この地域が九州を代表する穀倉地帯、フルーツ王国としての地位を不動のものにするプロセスは、『朝倉町史』が「昭和30年代は、水害の復旧と共に、畑灌事業が盛んになり、まさに米の増産時代であった」（朝倉町史刊行委員会 1986：678）と声言するように、無水害時代に展開された種々の基盤整備事業の存在なくして語ることができないものである。

旧甘木市や旧朝倉町では「二十八災」からの復旧工事が完了すると、相次いで土地改良区が設立され、蕎麦や大豆、サツマイモを栽培していた畑が、灌漑施設の整備により水田へ変えられていった。その後、1960年代に入ると各地で圃場整備が行われ、乾田化により麦の裏作が本格導入されている。以前は地下水に頼らざるをえない水田も多かったが、江川ダムや寺内ダムの完成により用水路が整備され、生産は安定化し増産が図られていく。

だが周知のように、稲作農業は1970年以降の生産調整により大きな転機を迎える。東京市場で「空飛ぶフライト野菜」として知られる、博多万能ねぎに代表される平坦地域における施設園芸の拡大は、減反政策に対する一つの応答だといえよう。

一方、果樹のうちカキを栽培する樹園地は旧杷木町の中山間地域を中心に分布する。その歴史には黒田藩に藩医として仕えた山鹿《やまが》家による、困窮する農家の現金収入を拡大せんとする奮闘も見て取れる。病害により不首尾に終わったミカンに代わる作物として、大正初期に導入された富有柿は、戦後昭和に入り養蚕や葉タバコの栽培、志波紙（和紙）の製造のような伝統産業が衰退するなか、この地の主要産業として普及していく。[*7] とりわけ生産拡大の契機となったのが、1950年代後半に開発された山地部（麻氏良《までら》、高山《こうやま》パイロットなど）へのカキの定植と、1970年代の減反政策による水田の樹園地への転換だといえる。

ナシについても同様の産地形成史を垣間見ることができよう。旧甘木市の中山間地域では1970年代、荷原パイロットをはじめとする大規模な樹園地の造成が、国営事業として行われた経緯がある。産地として長い歴史を有する黒川地区において、折からの減反政策を承けて後継労働力を有する農家が水田を梨園に転じたのもこの時期である。[*8]

以上のように旧甘木市から旧杷木町にかけての一帯は、福岡県内でも有数のカキ（志波柿、朝倉柿）、ナシ（高木梨、秋月梨）の産地として名を成すに至ったが、平坦地域とは対照的に、中山間地域では基盤整備が進展しなかった。永年性作物の場合、基盤整備により未収益期間が発生しても、その間の立木補償が行われないため、農家同士の合意形成が困難を伴うからである。

実は（旧）甘木市、（旧）朝倉町は非常に（圃場整備の）取りかかりは早かったほうです。……平野部についてはもう区画整理が実施されている状況。（しかし）どうしても山間地が取り残されている。……農地が非常に狭小で、水路も用水路と排水路が分離されてなくて、道路も狭小であるという風なところで、かなり営農には不利な条件だったとは思います。……今回（平成29年7月九州北部豪雨により）被災したところは、ほとんどが区画整理をやってない。……黒川地区は非常にナシが盛んなところ……北川（流域）はカキが盛んなところで……合意形成が難しかったのかな、とも思っております。（2023/02/07朝倉市農地改良復旧室ヒアリング）

昭和末期から平成初期にかけて800名を数えた柿農家は、その後、日本社会の高齢化に歩調を合わせて減少しはじめる。2000年代後半以降は毎年、農業者が19名、樹園地が18 haほど減少するペースであったという。[*9] 出荷量の減少は産地のプレゼンスの低下に帰結することから、この地域を管轄するJA筑前あさくら[*10]では樹園地の流動化、新規就農者の育成が課題化していた。このように翳りゆく状況のなか、2017（平成29）年7月を迎えたのである。

農業被災とJAの支援体制

平成29年7月九州北部豪雨により、筑後川の支川が流れる中山間地域では志波柿や高木梨を栽培してきた樹園地が崩壊する一方、支川が筑後川本川へと注ぐ平坦地域では田畑にくわえ、博多万能ねぎや花卉などを生産するビニールハウスが土砂流入、浸水・冠水の被害を受けた。被災した農地の面積は、朝倉市と東峰村の合算で田が863 ha、畑が257 haであったとされる。農作物、農地・農業用施設の被害額は福岡県全体で389億円に達するが、それはトータルの被害額1941億円の20％に相当する金額である。*11 筑後川流域がいかに甚大な農業被災に見舞われたかわかる数字であろう。

だが、農業被災は以上のような農作物、農業用施設の被害にとどまらない。この地域を管轄するJA筑前あさくら自体が支店や選果場、さらにATMやガソリンスタンドなど生活利便施設に大きな被害を受けたのである。地元JAは思うように初動が取れない状況ながら、発災翌日に災害対策本部を設置し、被災した農家の支援、共同利用施設の復旧、被災を受けていない農家の出荷という3つの課題をいちどきに背負うことになった。

というのも豪雨による被害は東日本大震災の津波被災とは異なり、地域一帯に面的に拡がるわけではない。くわえて災害のあった7月上旬と言えば、スモモやブドウが最盛期を迎え、ナシの出荷がはじまる繁忙期にあたる。それゆえ地元JAには災害からの復旧・復興だけでなく、農産物の出荷という本来業務の立て直しも早急に求められたのである。

なかなか初期はうち（JA筑前あさくら）の職員が行けなかったんです。なんでかと言ったら、災害を受けている農家もあれば、受けていない農家もいっぱいあるわけじゃないですか。受けていない農家は、どんどんナシなりモモなりブドウなり、出荷しますよね。それはしっかり受け入れないといけない。ただ、うちの施設も被害に遭っていますから……選果場の復旧だったり、支店の復旧（だったり）。

とにかく組合員さんが寄れるように、出荷ができるようにするというのが、まず最初のＪＡ筑前あさくらの職員のミッションだったんです。だから、他のＪＡから来てくれた人たちは農家（のところ）に行ってもらって、「本当にごめんね」と言いながら、うちの職員は、うち（共同利用施設）の復旧をさせていました。（2021/11/02ＪＡ筑前あさくら災害復興対策室ヒアリング）

このような状況のなか、初期に農地復旧を進める力となったのが、引用文中にある「他のＪＡから来てくれた人たち」[*12]である。ＪＡ筑前あさくらの要請により実施された第一次派遣（7月13日〜8月12日）では、福岡県内の単位農協、ＪＡ全農ふくれんなどの役職員のべ１１９２名が平坦地域の圃場やビニールハウスの泥出しに従事している。その間、道路啓開と安全確認が進められた結果、第二次派遣（8月28日〜9月27日）では中山間地域も活動の場にくわえられ、のべ１２７３名がカキ・ナシの樹園地でも泥出しを担うことになった。このような共助型支援の対象となった組合員農家はトータル71軒を数える。[*13]

同じ時期には企業のボランティア活動も展開されている。「空飛ぶフライト野菜」博多万能ねぎの輸送を担ってきた日本航空㈱や日本通運㈱の社員が、平坦地域のビニールハウスで泥出しを行ったのである。また、地元の製麺業者㈱マルタイは「筑前麦プロジェクト」によるつながりを活かし、発災より毎年、収益の一部を義援金としてＪＡ筑前あさくらに提供している。

いずれも通常の取引関係が災害支援に活かされた格好だといえよう。

災害救援NPOによる隙間の補完

時計の針をすこし巻き戻してみよう。朝倉市社協は平成24年7月九州北部豪雨による被害を承けて、災害ボラセンの設置運営をめぐって朝倉市と、災害時の資機材の提供をめぐって一般社団法人朝倉青年会議所と、協定を締結している（それぞれ2014年3月、2017年5月）。こうした協定は市社協による災害ボラセンの運営を安定的なものにするが、後者の締結はまさに平成29年7月九州北部豪雨が発災する直前の出来事であった。

今般の水害が発生した後、市から災害ボラセンの設置要請を受けた市社協は、「災害ボランティア活動支援プロジェクト会議（支援P）」などの援助を受けて準備を進め、旧朝倉町に位置する朝倉球場に災害ボラセンを開設する。だが、そこから甚大な被害に見舞われた旧杷木町への移動は時間を要するため、各地から駆け付けるボランティアの利便性を考え、旧杷木町にサテライトを設置してもいる。こうして10月末の閉所までの期間、のべ4万5000人が災害ボラセン経由で住家の泥出しなどを担うことになった（崔ほか 2018）。

もちろん被災地には、災害ボラセンの生活支援ではカバーできない隙間も存在する。それを発災直後の時点で補完したのが、九州地方で発生した過去の災害での支援経験を有する災害救援ＮＰＯに他ならない。たとえば平成24年7月九州北部豪雨後、田畑の復旧を支援すべく独自に「星野村災害ボランティアセンター」を立ち上げた「がんばりよるよ星野村」（福岡県八女市、第3章）は、『三連水車』を早くオープンさせたら復旧に拍車が掛かる」（2019/06/19「がんばりよるよ星野村」ヒアリング）との思いから発災翌日に被災地入りし、道の駅「三連水車の里あさくら」の流木を重機で片付け、直売所の早期再開を可能にしている。

東日本大震災での被災地派遣をきっかけとして結成された、自治体職員のボランティア組織である「日本九援隊」（福岡県大野城市）は、前年に発生した熊本地震の被災地支援に向かう予定であったボランティアバスを旧朝倉町に走らせ、人海戦術により比良松《ひらまつ》地区の農業用水路に詰まった土砂を撤去していく。

熊本地震の被災地・阿蘇市で用水路の復旧やイチゴ栽培施設の清掃に従事するなか、「人によっては家屋よりも、そっち（産業復興）のほうが大事だということがある」（2019/11/20「ユナイテッド・アース」ヒアリング）と痛感した「ユナイテッド・アース」（兵庫県神戸市）は、かつてのメンバーが朝倉市在住であったことを縁として、旧杷木町の樹園地において泥出しを展開していった。

しばらくすると被災地発の支援団体も続々と誕生する。発災の4年前に黒川地区に移住してきたKさん（当時40歳代男性）は、自身が避難所生活を送りながらも、地元の仲間とともに「黒川復興プロジェクト」（２０１７年8月）を立ち上げている。この団体は独自にボランティアを募集し、土砂や流木による被害を受けた住家や農地（樹園地）の泥出しに取り組む一方、第3章で紹介した「山村塾」（福岡県八女市）の先行事例に倣って、黒川地区で収穫された棚田米を販売する「朝倉黒川故郷米プロジェクト」を展開してゆく。

旧杷木町在住のMさん（当時30歳代男性）が結成した「地元応援隊ひまわり」（同年7月）は、黒川地区の被災農家が栽培した梨の販売をきっかけとして被災者支援活動に着手するようになり、住家の泥出し、被災者サロンの開催、被災により遊休化した農地を活用した市民農園の運営などに取り組んでいった。その後、災害ボラセンが閉所されると、外部支援者の結節点となる「杷木復興支援ベース」（同年11月）を構築している。

JVOADの関わり

JA役職員や企業のボランティア活動は、通常業務の傍らで行われるため期間が限定される。くわえて協同組合であるJAを介した活動である以上、支援対象は否応なく組合員に限られることになるだろう。一方、全国各地から駆け付けた災害救援NPOは、発災から2〜3ヵ月が経過すると被災地からの撤退を模索するようになり、中長期にわたる生業支援（農地復旧）には二の足を踏まざるをえない。

筑後川の支川流域に数多くの樹園地を抱えるこの地域では、道路・農道の寸断により、なかなか被災の全体像を見通すことができず[14]、流入した土砂が果樹にもたらす影響が懸念される状況であった。発災から1ヵ月が経過し、避難所の運営や在宅避難者の支援が一段落する頃になると、「九州北部豪雨・支援者情報共有会議」には被災農地の土砂撤去が進んでいないとの報告が少しずつ寄せられる一方、隣接する東峰村からは、災害ボランティアが棚田や井堰《いぜ》の泥出しを行っているとの情報も入るようになった。8月下旬には会議の席上で、「農業被害200件、ニーズ受付20件、完了7件[15]」という危機的な数字も示されたという。

永年性作物である果樹の場合、安定的に収穫できるまでに10年近い時間を要することから、樹木の立ち枯れが担い手である高齢農家の離農、産地の衰退に直結する恐れがある。そこで福岡県（農山漁村振興課、朝倉普及指導センター）、朝倉市（農林課、ふるさと課）、そしてJA筑前あさくらなど関係機関は、従来の災害ボラセンとは別に農業に特化したボランティアセンターを開設すべく、8月下旬より打ち合わせを重ねてゆく。並行してJA筑前あさくらは災害復興対策室を設置（2017年10月）し[16]、JAグループ福岡からの出向者とともに7名体制で被災農家のヒアリングなどを進めていった。

このとき新たなボランティアセンターの開設に向けて重要な役割を担ったのが、「全国災害ボランティア支援団体ネットワーク」（以下、「JVOAD」）から派遣されたKさん（当時30歳代女性）である。Kさんが災害復興に携わるようになったきっかけは、前年の熊本地震において「ピースボート災害救援センター[17]」の一員として被災地に赴き、上益城郡益城町、阿蘇郡西原村で避難所や災害ボラセンの運営に従事したことであった。7月下旬に被災地入りしたKさんの任務は朝倉市、東峰村、大分県日田市を巡り、支援の空白や重複を無くすべく災害救援NPOの取り組みを調査することであったが、そのプロセスを通して、地域の基幹産業ともいえる農業（農地）の復旧が遅れていることに気付かされたのである。

外部団体がダーッとやっているところを、地元の団体にそれを引き継いでやれるところが、どれだけあるのかというのを鑑みたときに、やっぱり農業というところが全く手がついてないというか、その地元に引き継ぐところがない。……20ぐらいニーズがあって着手できているのが多分8件ぐらい。でも、8件だけでも農業って、すごい手がかかる。外部団体がわりとお盆前後で撤退するという時期で、お盆まではボランティアもしっかり来る感じだったんですけど。……（まもなく撤退する）「ユナイテッド・アース」も、自分たちが持っているニーズをどこに引き継いだら良いのかわからないところもあって。

（2019/10/01「JVOAD」元職員ヒアリング）

三者連携による農業ボランティアセンターの設立

2016年に結成された「JVOAD」は、東日本大震災でクローズアップされた被災者支援団体に対する中間支援の重要性と、１９７０年代よりアメリカ合衆国で災害ボランティアの活動調整を担ってきたＮＶＯＡＤ（National Voluntary Organizations Active in Disaster）の取り組みを踏まえ、行政、社協／災害ボラセン、ＮＰＯ・ボランティアの「三者連携」により被災の全体像を把握し、支援の過不足を調整することを主な役割とする中間支援組織である（後藤２０１８）。このような問題意識を有する「ＪＶＯＡＤ」のサポートを受けるかたちで、農業（農地）の復旧をめぐる行政、ＪＡ、ＮＰＯ・ボランティアの「三者連携」の受け皿として設立されたのが、日本の災害史上、初めてＪＡの名を冠した「ＪＡ筑前あさくら農業ボランティアセンター」（２０１７年11月。以下、「あさくら農業ボラセン」）なのである（図５－２）。

ＮＰＯ団体さんは、農地とか樹園地に入って、どういう作業をしたら一番効果があるかとか（わからない）。農家の人の住所はわかっても、園地（の場所）がわからなかったり、そういうのはやっぱり農協じゃないとできないでしょう。一方、ＪＡでしようと思っても、色々ボランティアを募集するほうですね、そのノウハウがなかなか無かったり。

強いところ、得意分野を出し合って、一つのボランティアセンターという形を作り上げたっていうところですかね。……行政は全般的にできるっていうか、減免申請とか、保険の関係とか。こういう園地だったら、どこまですれば、後々、事業に乗れるとか、そういうのを調べてくれたり。（2019/06/18 ＪＡ筑前あさくら災害復興対策室ヒアリング）

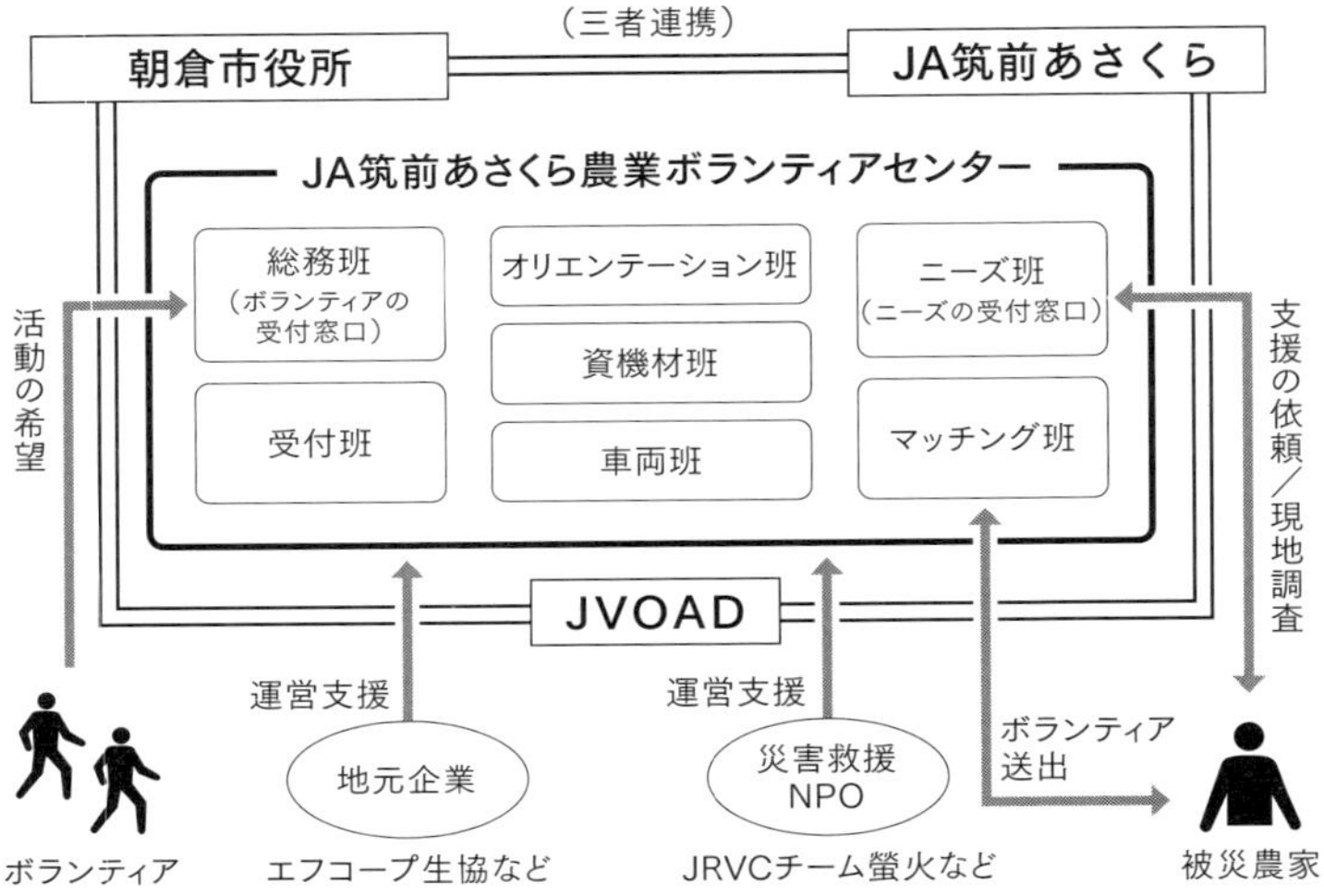

図5－2　「JA筑前あさくら農業ボランティアセンター」の組織関係図

注）ヒアリング、JA筑前あさくら提供資料をもとに筆者作成。

それ（被災農業の支援）をやることが「JVOAD」にとって良いのかわからんかった。いわゆる「JVOAD」は、災害の中間支援なので直接支援を持たない、持てないというのがあるので。[*18]……災ボラ（災害ボランティアセンター）を、社協が災害が起こったら立ち上げるように、農ボラ（農業ボランティアセンター）は基本、そのJA中心で。

　でも、JAだけでは大変な部分があるんですよね。なので、JAと市と支援団体がきちんと協力をして。このなかで「JVOAD」は「三者連携」を謳っている団体なので。……いわゆる農業ボランティアセンターのなかでも、この「三者連携」をうまく利用し

たかたちで運営をしていくという。（2019/10/01「JVOAD」元職員ヒアリング）

こうして朝倉市、JA筑前あさくら、「JVOAD」から派遣されたKさんが、文字通り「強いところ、得意分野を出し合う」ことにより、「あさくら農業ボラセン」では以下に述べるような取り組みが可能となる。折しも10月末に朝倉市災害ボラセンが閉鎖されると、引き続き市内に活動の場を求めたボランティアが「あさくら農業ボラセン」に駆け付けるようになった。

活動領域と優先順位の明確化

「あさくら農業ボラセン」の取り組みにおいて重要であったのが、管内に数多くの被災農地が存在し、災害復旧事業も予定されている状況のなかで、関係者の協議を通して当初より農業ボランティアの活動領域を明確化した点だと思われる。

基本、重機を持たずに手作業でのボランティア活動ばかりだったので、田んぼの泥を上げるのは重機を使わないと、なかなか水田の場合は、そこの土砂を掻いても水路がダメだったりすると一緒ですので。初期は平場のハウスの土砂撤去、中期から後期は果樹園ということでうちも決めて、それだけでもけっこうなニーズが上がってきていた。……東峰村は「東峰村農援隊」のほうでしっかりやってくれているだろうから。(2021/11/02ＪＡ筑前あさくら災害復興対策室ヒアリング)

朝倉市に隣接する東峰村では、すでに若手議員を中心として「東峰村元気プロジェクト」が立ち上がり(その後、「東峰村農援隊」に名称変更)、水路を塞いでいた土砂の撤去、重機が入れない棚田の稲刈りをボランタリーなかたちで展開していた。*19 そこで、「あさくら農業ボラセン」は地元主導の取り組みが不足していた朝倉市内の被災農地に照準を絞ることになる。

ただし、ひとくちに被災農地と言っても、被害の程度もさることながら、土地利用のあり方は田畑、ビニールハウス、そして樹園地と多様である。また、朝倉市・東峰村など4自治体は局地激甚災害に指定された結果、やがて95%という高率の国庫負担で災害復旧事業が実施されることになる。では、時を待てば難が去るのかと言えば、必ずしもそうではない。公的な災害復旧事業には農業者の自己負担が少ない反面、着工時期が不確定であるという点で、言わばメリットとデメリットが同居している。そこでKさんは災害復旧事業と農業ボランティアの活動領域を棲み分けることで、被災農家の営農再開を早められないかと考えるようになった。

優先順位がすごく大事だと思っているんですよ。……何が国の事業として早く入ってくるかというところの優先順位によって、じゃあ、ボランティアはどこからやろうという風に決めた。……国がA↓B↓Cってやるんだったら、ボランティアはC↓B↓Aってやった方が良いよね、と。（2019/10/01「JVOAD」元職員ヒアリング）

このような問題意識から朝倉市農林課に赴いたKさんは、田畑、ビニールハウス、樹園地、そして農水路という順序で、災害復旧事業により土砂や流木が撤去される予定だと知らされる。このうち田畑については国による災害査定がまもなくはじまり、多くが補助対象になるものと見込まれていた。また、最後に挙げた農水路は重機の使用が不可欠なところも多く、農業ボランティアが手作業で取り組むには不向きな側面もあった。

一方、樹園地は災害査定に時間を要することが予想され、その後の工事着工を待っていたのでは、肝心の果樹が立ち枯れてしまう恐れがあった。そこで、「あさくら農業ボラセン」は樹園地からの土砂撤去、なかでも根元の土砂出しを優先順位の第一に置き、まずは樹木が呼吸できる環境を整えようと考えたのである。その次として、重機を入れることができず、手作業とならざるをえないビニールハウスからの土砂撤去が据えられている。[*20]

こうして樹園地、ビニールハウスの土砂撤去に注力した「あさくら農業ボラセン」では、災害復旧事業との連携を視野に、次のような工夫が見られたことも指摘しておこう。

早よせんといかんけど、いつ事業が入るか、重機が入るかわからん。なら、とりあえずボランティアさんで土砂を掻いて、木を助けるために。営農を早く再開できるようにはするんですけど、土砂をここ（被災農地）から出してしまうと、この（災害復旧事業の）対象から漏れてしまうので、土砂をこのなかの一角に置いて、とりあえずは事業にも乗れるように。（2019/06/18 JA筑前あさくら災害復興対策室ヒアリング）

「あさくら農業ボラセン」による果樹の根回りの土砂出しは、あくまで「木を助ける」ための応急的な対応であり、ところにより数十cm堆積している土砂を、ボランティアが全て人力で撤去するのは不可能である。だが、今後の農業者の作業効率や農業用機械の使用を考えれば、堆積土砂をそのままにしておくことも現実的とはいえない。被災農地からの土砂の撤去と処分を完了し、本格的な営農再開を可能にするには、やはり災害復旧事業の活用が不可欠なのである。このとき「事業に乗れる」余地を担保する条件こそが、農業ボランティアが取り除いた土砂を、農地から出さずにとどめておく戦略であった。

地元JAが関わることの意味

図5－2に示したように、「あさくら農業ボラセン」は災害ボラセンと同様、ニーズ班、総務班、マッチング班を中心として構成された。このうちニーズ班はJA筑前あさくらのOB職

員、ＪＡ福岡中央会からの出向者の2名体制で現地調査を進めていく。農家と実際の農作業に精通したＪＡ職員がニーズ班を担当することにより、たとえば結実している樹園地では果実に傷がつくのを防ぐため、ボランティアの作業日程を収穫後に設定するなど、農家の意向を踏まえた支援計画の策定が可能になった。また、朝倉市だけでも被災農地は１０００haを超えるため、「営農指導員―生産部会」というチャネルを通した情報収集も有益であったという。

とりわけＪＡ職員が農業ボランティアとともに被災農地に赴き活動を共にしたことで、たとえば根が真っ直ぐ下に伸びるカキであれば「根の周りの泥を取ってください」、根が横に拡がるブドウの場合は「（重機は使わず）園地の泥を全部出してください」と、被災現場や樹種の特性に応じたきめ細かい指示を出すことが可能となった。ＪＡ筑前あさくらのＯＢ職員は作業の合間、営農再開を諦めた様子の農家に声を掛けて意欲を引き出したり、支援を遠慮しがちであった農家にボランティアの活用を勧めたりすることもあったという。

「あさくら農業ボラセン」の運営を担った職員は、その意義を次のように総括する。

早期に（樹体の周りを）掻いていただいた果樹園というのは、かなり後々の生育具合が違ったということで、今後こういう災害が発生したら、やっぱり早期に、当面の手を入れるというのが、かなり必要なんだなということは感じております。……5ヵ月ぐらい放置すると……けっこう30年とか経っているカキでも、やっぱり立ち枯れを実際していました

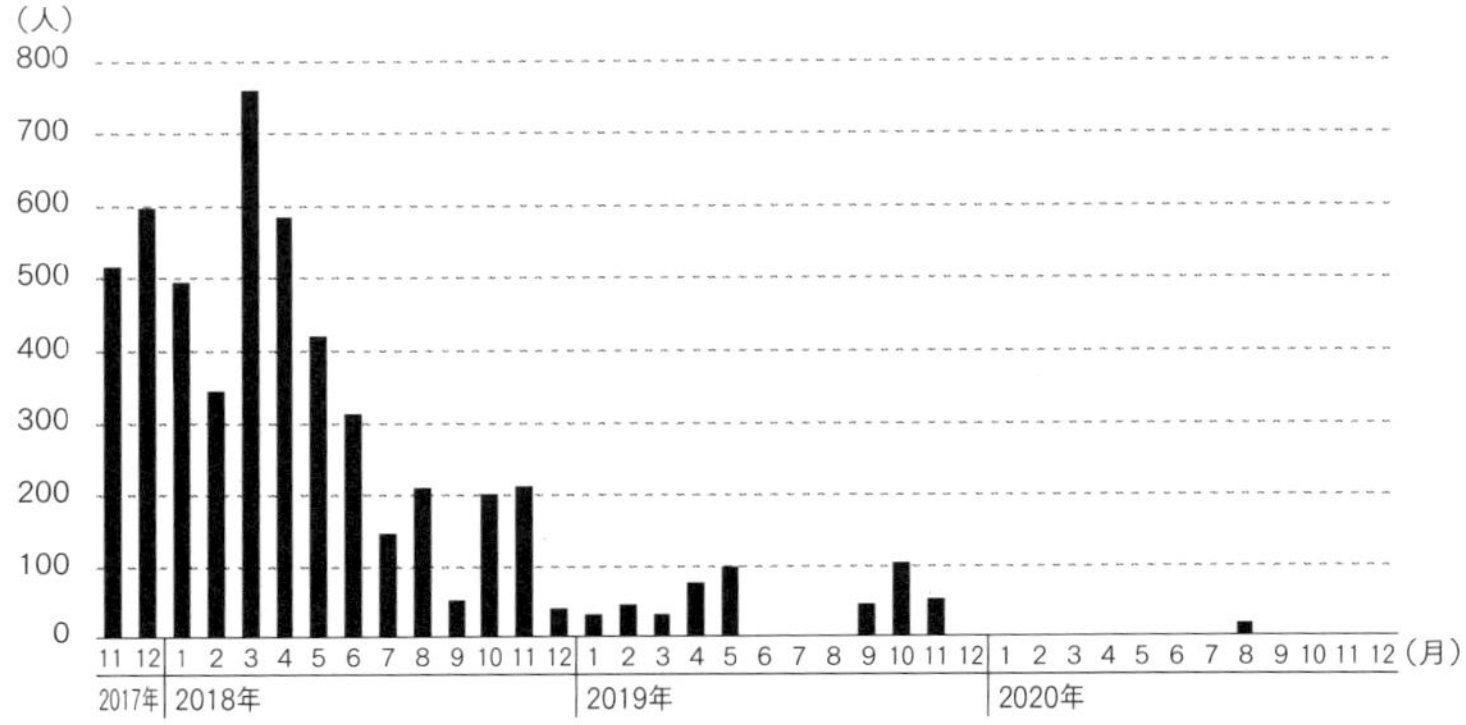

図５－３　ボランティア参加者数の推移

注）JA筑前あさくらの提供データをもとに筆者作成。

し。（2019/06/18ＪＡ筑前あさくら災害復興対策室ヒアリング）

「あさくら農業ボラセン」は設立１年後の２０１８年11月、ニーズの減少に合わせて個人登録制に移行する。その後、２０１９年12月までの参加者数は５３９６（団体参加２７０４、個人参加２６９２）名を数える*21（図５－３）。内訳としては社協や災害ボランティア経験者からの紹介、ＳＮＳによる認知が多く、実に参加者の８割が福岡県内在住者であったという。熊本地震における農業ボランティア活動とは対照的に、男性の参加が多かった点も「あさくら農業ボラセン」の特色である。それは土砂撤去という活動内容によるところが大きいように思われる。

いかに災害土砂を利活用するか――水稲栽培の実証実験[*22]

ＪＡ筑前あさくらに新設された災害復興対策室の取り組みは「あさくら農業ボラセン」の運営だけではなかった。この間、西日本新聞社との共同企画として「九州北部豪雨被災地〝志縁〟プロジェクト」が行われ、寄付者に対し、被災した朝倉市・東峰村の農産物や加工品（米、梨、いちじく、スープやジャムの詰め合わせなど）が返礼品として提供されている。トータル３２５６口の寄付を集めたこの取り組みは「応援消費」（水越　２０２２）の域を出て、次のように被災した地域農業の復興を視野に入れた点に特色がある。

寄付金を活用した事例の一つに「水稲栽培実証実験プロジェクト」がある。平成29年7月九州北部豪雨では、真砂土と呼ばれる大量の災害土砂が農地に流入する一方、河川沿いに点在する多くの農地から表土（耕土、作土）が流出することになった。農業者が代々の営農を通して形成してきた表土は有機物や微生物に富んでおり、この表土が農作物の出来映えを左右すると言っても過言ではない。それゆえ、復旧後の農地において営農を再開する際には、失われた表土をいかに確保するのかが、実に大きな課題となる。

こうして福岡県朝倉普及指導センターと朝倉市農地改良復旧室は、災害により発生した真砂土と、平野部において得られる粘性土を一定割合で混合することで[*23]、表土を作ることができないかと考えるようになった。

流れ込んだ災害土砂、まずこれを出さなくちゃいけなくなるんですね。それを有効活用するために、なおかつ、表土が不足しているということで。さいわい朝倉（市では）、もう少し西側のほうになると粘性土が出るということで、その災害土砂をブレンドして実証実験をやった。……なかなか土をもらうのも簡単にはいかなくて。……特に苦労したのは、やっぱり表土ですね。市販で、販売されているものでもないからですね。（2023/02/07朝倉市農地改良復旧室ヒアリング）

赤谷川の決壊により甚大な被害に見舞われた松末《ますえ》地区において、地元生産組合の協力を得て実施された「水稲栽培実証実験プロジェクト」は、真砂土と粘性土を混ぜたものを基盤土、そして粘性土を表土とし、最適な土壌構成を探るものであった。この地区では災前、自家消費用の水稲を栽培する1~2反規模の農家が多く見られたことから、被災世帯の帰還を進めるうえで、農地復旧後の営農のあり方を示すことには重要な意義がある。

実験圃場における収量は他の水田と遜色なかったが、重機によって基盤土を転圧した結果、水はけが悪い、根が縦に入らないなど、今後の復旧工事において留意すべき課題が見つかったとされる。また、サツマイモ、トウモロコシなどの野菜についても、真砂土と粘性土の割合を変えた複数の圃場で栽培実験が行われている。

果樹と野菜の複合経営は可能か――ＪＡファーム事業

寄付金を活用したもう一つの事例として、被災した果樹農家が野菜の複合経営に従事する「ＪＡファーム事業」が挙げられる。[*24] ふたたび永年性作物を収穫できるまでには多年を要することから、農家には否応なく未収益期間が発生する。その間の収入不足を補う目的で、ＪＡ筑前あさくらは農地中間管理機構を活用して耕作放棄地の利用権を集積、そこにモデル団地を造成し、希望する被災農家を担い手として施設園芸を展開しようと考えたのである。

長らくこの地域ではカキとブドウ、カキとモモなど果樹と果樹の複合経営が見られたが（斎藤・林 １９９３）、果樹と野菜の複合経営は栽培工程が異なるうえに繁忙期も重なるため、ほとんど行われて来なかった。しかし、梅雨の長雨や台風による農業被災を考慮に入れたとき、果樹と野菜の複合経営によるリスク分散も必要ではないかと、ＪＡ筑前あさくらは災前より考えていたという。

この構想を実現に移す際に、候補作物として白羽の矢が立てられたのがアスパラガスであった。市場価格が安定していることにくわえ、一度定植すれば10年ほど継続的に収穫でき、アスパラガスとカキの繁忙期は重ならないという利点を備えていたからである。

豪雨災害後、アスパラガス栽培に従事するようになった柿農家は次のように語る。

（アスパラガスは、カキの）繁忙期とあまり被らん作物じゃないですか。ちょうど良かったけんですね。カキも9～10、10～11、12（月）ぐらいまでしか（収入が）入って来んけん。その点、アスパラはずっと入って来るんで、その辺がカチッと合うけん、良かったなっちゃ思うんですね、考えてみると。（カキは）秋に収穫と、その前に5月ぐらいにまた摘蕾《てきらい》という花を少しにする（作業があるものの）、そこともあんま被らんけんですね。（2023/02/07旧杷木町農家Iさんヒアリング）

ＪＡファーム事業は２０１９年以降、旧杷木町・旧朝倉町の平坦地6ヵ所で段階的に着手され、現在その面積は１・２haに及んでいる。この事業はＪＡがビニールハウスを建設し苗を定植した後、被災農家をファームディレクターに任命し、委託契約を結んで農作業に従事してもらうスキームである。当初2年間の経営主体はＪＡであり、費用もＪＡが負担することになるが、畑が成園する3年目に入ると経営主体は農家自身に移行する。

この間、ＪＡファーム事業ではトータル9名がファームディレクターを務めてきたが、そのうち実に8名が柿農家であったという。*25 それは、このような複合経営が被災農家の未収益期間を補完するうえで有効であることの証左でもあろう。なお、ＪＡ筑前あさくらは次なる取り組みとして、被災した水田を嵩上げし、大区画化した妙見川流域の改良復旧農地で「フルーツファーム事業」に着手（２０２３年）し、被災した果樹農家を新たなファームディレクターに採用している。そこには、まもなく出来する松末地区の改良復旧農地において、かつて栽培されていたスモモを復活させたいとの想いも込められている。

農地復旧の長期化と営農再開の課題

平成29年7月九州北部豪雨から6年後の２０２３年6月、被災地のなかでも甚大な人的・物的被害に見舞われた赤谷川流域の河川・砂防工事が完了した。赤谷川の復旧工事は、通常であれば管理主体である福岡県によって行われるが、小川洋知事（当時）は二次災害の危険性や高度技術の必要性を踏まえ、改正河川法（２０１７年6月）に基づく権限代行制度の適用を、初めて国に要請した経緯がある。こうして砂防ダムなどの工事を含めて、国が事業の実施主体となる「九州北部緊急治水対策プロジェクト」が展開されたのである（上水樽 ２０２１）。

今般の復旧工事は河川拡幅によるドラスティックな区画整理を伴うため、被災した宅地や田畑も一体的に整備されることになった。だが、工事そのものは河川・砂防、道路、そして宅地と農地という順序で実施されるため、農地復旧が完了するまでには中長期間を要せざるをえない。また、流域の松末地区ではすでに農地そのものは工事を終えているが、引き続き用水路の取り付け工事が行われており、発災7年後の時点において、水田として利用可能なものはわずか数面にすぎない。

この地区では、崩壊した石積み農地が、法面を設置するかたちで復旧されたため、かえって除草など所有者／耕作者の維持管理が煩雑になった側面も見られるという。[*26] また、農政部門が農地の表土を再構成すべく、関係機関の協力を得て周辺地域から粘性土を集めた点についてはすでに触れたが、実際の営農に際しては表土に混入した石礫の除去など解決すべき課題が少なくない。復旧工事に伴う大型重機の通過により土壌が幾度となく転圧された結果、水はけが悪化した農地もあるとされる。[*27]

あらためて農地復旧のあり方をめぐって、公共事業の範囲は被災した農地を（再度の災害を防げるように）再整備することにあるのか、それとも表土を被災前の状態に近づけることまで含むのかという点について、再検討する必要性も出てこよう。だが、現状では農政部門も農業者も、後者の課題に十分対応できるだけの実践知を持ち合わせていないように見える。そのような状況のなか、JA筑前あさくらの営農部門では明渠や暗渠の増設により排水性を改善したり、資材や堆肥の追加投入により栄養素を補完したりするなど、本格的な営農再開を見据えた土壌改良の実証実験を続けている。

再度の水害と新たな取り組み

大規模な復旧工事が進められたとはいえ、筑後川流域では水害が過去の出来事になったわけでは決してない。その後も毎年のように出水が続いており、とりわけ令和5年7月豪雨では、朝倉観測所において4日間で465・0㎜の雨量を記録し、旧杷木町が広範囲にわたって浸水被害に見舞われている。この水害により、黒川地区では復旧したばかりの河川と農地が崩壊し、あらためて大規模な土木工事が必要な状況となった。JAファーム事業により久喜宮《くぐみや》地区に建設されたアスパラガスの栽培施設もまた浸水被害を受けている。

だが同時に、平成29年7月九州北部豪雨の被災経験と地域組織化が、その後の災害対応や復旧・復興に活かされたことも事実である。たとえば、前に紹介した「杷木復興支援ベース」は復旧・復興の進展に合わせて一般社団法人「Ｃａｍｐ」へ再組織化（２０２０年）し、朝倉市内外で地域防災教育などに取り組んでいる。

特筆すべきは朝倉市、朝倉市社協、JA筑前あさくら、そして「Ｃａｍｐ」をメンバーとして、地域防災や災害対応をめぐる情報共有会議が現在も継続されている点であろう。令和5年7月豪雨の際には「朝倉市災害対策ボランティア活動本部」に寄せられた被災者のニーズが、あらかじめ被災住家に関する作業、被災農地をめぐる作業、そして重機や工具を必要とする作業へ仕分けされるなど、まさにこの会議体の存在が功を奏するかたちとなった。[*28]

また、平成29年7月九州北部豪雨後の人口流出、高齢農家の離農により、改良復旧が行われた農地29haの担い手がなかなか決まらなかった黒川地区では、農地中間管理機構によるマッチングを通して徐々に耕作者が決定してゆく。その後、残された約2・5haの農地をめぐって移住者と地元農家が「黒川の農地を守る会」を結成（2022年）し、除草などの保全管理により荒廃化を防ぐことになった。さらに中長期的な集落と農地の維持を目的として、農政部門の支援を受けながら一般社団法人「くろがわ」を設立（2023年8月）し、「地域まるっと中間管理方式」[*29]の導入を模索している状況である。[*30]

以上のように農業ボランティア活動、各種の災害復旧事業により、平成29年7月九州北部豪雨の被災地は復興そして再生へと歩みを進めている。だがそれは、ときに再度の災害に見舞われ、ときに新たな課題に直面しながらの細道でもある。

註

＊1　福岡県が設置した北小路《きたしょうじ》公民館観測所（朝倉市黒川）は9時間で774㎜を、東峰村宝珠山庁舎の雨量計は8時間で743㎜の雨量を記録している。これは2013年10月に伊豆大島で観測された12時間降水量の最大値707㎜を超過するものであった（藤井 2019）。

＊２　朝倉市は２００６年3月に甘木市、朝倉郡朝倉町、同郡杷木町の合併により誕生した。合併時点の人口は６１００９人、平成29年7月九州北部豪雨時点は５３８５９人である。

＊３　福岡県朝倉県土整備事務所「平成29年7月九州北部豪雨災害　災害復旧の記録」（２０２４年３月）および大分県「平成29年7月九州北部豪雨に関する災害情報について」（最終報）を参照。

＊４　筑後川河川事務所「筑後川の洪水の歴史」（https://www.qsr.mlit.go.jp/chikugo/archives/kozuichisui/cikugokozui/）を参照。

＊５　寺内ダムは平成29年7月九州北部豪雨において１１７０万㎥の水量を貯留し、８４００㎥の流木を捕捉することで、ダム下流の佐田川流域の被害を軽減した（角ほか２０１８）。

＊６　帯谷博明（２００４）は「蜂の巣城闘争」について、①生活補償ではなく生活防衛を志向した作為阻止型住民運動、②開発計画が主張する公共性についての異議申し立て、③地元住民と外部アクターとのネットワークに、この運動の新しさを見いだしている。また、昭和28年西日本大水害から下筌ダムが計画されるまでの経緯、反対運動による事業認定無効確認訴訟のプロセス、この運動を契機として施行された水源地域対策特別措置法（１９７３年）の意味合いについては梶原健嗣（２０２１）を参照。

＊７　『福岡のかき』（第16回全国かき研究大会福岡県準備委員会　１９７８）、ならびに朝倉市杷木志波地区の柿農家Tさんに対するヒアリング（2024/03/11）による。

＊８　朝倉市黒川地区の梨農家Tさんに対するヒアリング（2023/02/08）による。

＊９　ＪＡ筑前あさくら災害復興対策室に対するヒアリング（2019/06/18）による。

＊10　ＪＡ筑前あさくらは現在の朝倉市、東峰村、筑前町を管轄地域とする7ＪＡ（小石原村、宝珠山村、杷木町、朝倉町、甘木市、大三輪、夜須町）の合併により１９９４年に発足した。

＊11　ＪＡ筑前あさくら災害復興対策室に対するヒアリング（2019/06/18）による。

＊12　より大規模な災害の場合には「ＪＡグループ支援隊」が組織されるが、その出発点は東日本大震災である。このとき全国のＪＡの構成員や役職員が岩手県・宮城県・福島県に赴き、被災したＪＡ施設の清掃、農地のガレキ拾いやビニールハウスの復旧などに従事したのである。その人数は発災5年間でのべ1万5０００人にのぼるという。その後、熊本地震においても選果、箱詰めや苗植えがボランタリーなかたちで展開された経緯がある（工藤　２０１３）。

＊13　ＪＡ筑前あさくら災害復興対策室に対するヒアリング（2019/06/18）による。

＊14　農業被災には土砂の流入、浸水・冠水による直接被害だけでなく、「土砂崩れだったり道が塞がれていたり、園地に歩いては行けても出荷ができるトラック（の進入）が無理」（2019/06/18ＪＡ筑前あさくら災害復興対策室ヒアリング）などの理由による間接被害もまた存在する。平成29年7月九州北部豪雨では、このような間接被害により、発災5ヵ月から10ヵ月の間に、復旧・復興が不可能な面積が約３３００ha増加している。

＊15　エフコープ生活協同組合職員に対するヒアリング（2021/11/03）による。なお、この職員は朝倉市在住であり、ほとんどの情報共有会議に出席してきたという。

＊16　災害復興対策室には地元農家と外部組織（行政、地元企業）に対し、災害に関する窓口を一本化する意味合いがあったという（野場　２０２１）。なお、ＪＡ筑前あさくらは発災に先立つ２０１７年4月、大規模農家を対象としてＴＡＣ（地域農業の担い手に出向くＪＡ担当者）制度を導入しているが（手島　２０２０）、被災した朝倉・杷木地域の農家は、どちらかと言えば中小規模が多かったことから、ＴＡＣではなく新設の災害復興対策室が担当することになった。

＊17　Ｋさんはピースボート「地球一周の船旅」のスタッフとして、船上でさまざまなイベントの企画を支援してきた経験こそが、「あさくら農業ボランティアセンター」の立ち上げに有益であったと振りかえる。「これは本当に船だと思います。船って携帯（電話）もないし、１回

この人と会いますとなって、もう次いつ会えるかというのもわからないんですよ。……だから今、会った時点で、その次の次のことまで考えたうえで話を持っていくというか。その全てのものを見える化して、みんな同じイメージで進んでいくというところは、本当に多分、船のあれ（経験）なのかな、って思います。……自分が何の担当で、いついつまでに何をしないといけないかとか、今、何が問題でどうしているのかというのを、常に持っていって話をすると。……（それに対して）災ボラ（災害ボラセン）の運営は、もうマニュアル化されている部分があるので」（2019/10/01「ＪＶＯＡＤ」元職員ヒアリング）。

＊18　平成29年7月九州北部豪雨以降、都道府県単位で災害に特化した中間支援団体が次々と結成されるなか（第7章で言及する「長野県災害時支援ネットワーク」もその一つである）、「ＪＶＯＡＤ」の関わり方は「直接支援を持たない」方向へ転換していく。「『ＪＶＯＡＤ』は熊本地震のときは1年ぐらい、平成29年7月九州北部豪雨のときは年明けぐらいまで被災地に滞在していた。この当時は都道府県ごとの中間支援組織がなかったこともあり、直接『ＪＶＯＡＤ』が出張《でば》るかたちで、かなり長く被災地にとどまることになった。その後、各地で中間支援組織が結成されてきたので、われわれが直接手を出すのではなく、応援に回ることになった」（2023/07/11「ＪＶＯＡＤ」事務局長ヒアリング）。なお、この引用は録音データの文字起こしではなく、フィールドノートからの書き起こしである。

＊19　朝倉郡小石原村と宝珠山村の合併（２００５年）により誕生した東峰村は、豪雨災害により旧村間の交通・情報手段が途絶しただけでなく、多数の孤立集落が発生した。この状況を承けて、２人の若手村議会議員が災害救援ＮＰＯの支援を得ながら災害ボラセン（小石原／宝珠山サテライト）を運営する一方、おおむね生活復旧が完了した段階で「東峰村元気プロジェクト」（２０１７年８月）を立ち上げた（古川　２０１９）。このプロジェクトでは、井堰《いぜ》に堆積し

*20 た土砂を撤去する「いぜあげプロジェクト」、重機を入れられない棚田での「稲刈りプロジェクト」が実施されている。一方、伝統的な棚田景観が広がる旧宝珠山村の竹地区では、消防団活動に従事していた当時40歳代の地元住民を中心に「東峰村棚田まもり隊」が結成された。災害に前後して遊休化した棚田を利活用しつつ保全することを目的として、彼らは「竹芋焼酎プロジェクト」(2019年)を開始する。これは、棚田にコガネセンガンを植えて地焼酎を製造する取り組みであり、サツマイモの定植・収穫時にはエフコープ生協を通して福岡都市圏の親子連れが参加するなど、新たな都市農村交流が生まれつつある。

*21 「あさくら農業ボラセン」は「樹園地→ビニールハウス」という大枠により活動を進めていったが、この枠組みのなかでは「人の手でできるところで、なおかつ、果樹が生きている。(くわえて)農家の営農再開の意欲が高い」(2019/06/18JA筑前あさくら災害復興対策室ヒアリング)という条件に照らして、優先的にボランティアを送り出していったという。

「あさくら農業ボラセン」は新型コロナウイルス感染症の流行による休止の後、2020年11月から「あさくら援農収穫ボランティア」を展開するが、そこには担当職員の次のような思いがあった。「これだけ朝倉に来ていただいたボランティアさんと、縁がスパッと切れるというのが非常に残念だというのもあるし、すごく(被災地を)思っていただいている方もいらっしゃる。……収穫ボランティアを、(JA)えひめ南の真似をしてやってみようというのがあった」(2021/11/02JA筑前あさくら災害復興対策室ヒアリング)。作業の中心は、カキの収穫工程の最後となる「かがりあげ」(色付き、熟れ具合を問わず全ての果実を収穫する)である。

*22 本節と次節の記述内容は、この間のヒアリング、現地調査にくわえ、野場隆汰(2021)を参考にしたことも書き添えておきたい。

＊23　朝倉市西部を流れる桂川では河川復旧事業の一環として、荷原川との合流地点に「桂川遊水地」を整備することになった。かつてこの地域にはレンコン田が広がっており、整備用地からは良質な粘性土を確保できたという。

＊24　第1期（2019年）のJAファーム事業は（「九州北部豪雨被災地〝志縁〟プロジェクト」を含めた）JA筑前あさくらの自己資金により展開されたが、第2期（2020年）以降は福岡県「活力ある高収益型園芸産地育成事業」の補助金が充当されている。

＊25　残り1名の農家はビニールハウスでイチゴを土耕栽培していたが、被災により継続が叶わなくなった。ファームディレクターになるまでの期間は、従前からの原木椎茸にくわえ、借りた農地でカラフル大根やイタリア野菜を栽培し、直売所に出荷していたという。

＊26　松末地域コミュニティ協議会に対するヒアリング（2023/10/24）による。

＊27　JA筑前あさくら営農支援課に対するヒアリング（2024/05/22）による。

＊28　「Camp」、および朝倉市社協に対するヒアリング（2023/10/24、2024/03/13）による。

＊29　地域まるっと中間管理方式とは、ある地域の農地を全て農地中間管理機構に預けた後、その地域に設立された一般社団法人が借り受けることにより、一元的に管理する形式である。担い手農家も自作農家も従来通り農業に従事できるだけでなく、かりにある農家が離農しても、法人の経営・管理により耕作放棄化を防止できる等のメリットがある（2018/02/11日本農業新聞「集落営農世代交代 担い手づくり再起動を」）。

＊30　「くろがわ」に対するヒアリング（2024/03/12）による。

第6章

被災農家とボランティアが織りなす復旧

――多様な主体による支援と営農再開の課題

［西日本豪雨（2018年）・愛媛県宇和島市］

産地はじまって以来の危機

平成30年7月豪雨（以下、西日本豪雨）から1年が経過した2019年8月、愛媛県宇和島市吉田町[*1]（図6－1）のある柑橘農家は、被災により流入、堆積した土砂の撤去を終え、苗木の植え替えを進めつつある樹園地で、筆者に対して次のように語り出した。

今回の西日本豪雨災害いうのは、この吉田町、昭和20年代の後半から、みかん産地として出てきたと思うんですけれど、吉田町にとっては恐らく、産地としてやりはじめてから最大の危機、危機的状況やろ思うんです。……全国的な問題やったら、果汁の自由化だとか、その前に、生産過剰で温州みかんの価格が暴落したっていうことはありますけど、やっぱり産地として一番、農地に関わる部分がやられたので、恐らくこれは、もう最大のピンチだと。（2019/08/02吉田町農家Sさんヒアリング）

西日本豪雨が柑橘産地に引き起こした危機を、産地の歴史のなかに位置づけ直してみたい。1961（昭和36）年に農業基本法、果樹農業振興特別措置法が施行され、栽培面積が急増した温州みかんは、結実期を迎えて構造的な生産過剰に陥る。それまで100万tに満たなかった温州みかんの出荷量は、この選択的拡大政策の結果、1968年に200万t、1972年には300万tを超え、相次ぐ価格暴落を経験したのである。同じ時期にはアメリカとの貿易摩擦を背景として、グレープフルーツが輸入自由化（1971年）され、その後GATT・ウルグアイラウンド（1986年）を経てオレンジ、オレンジ果汁の輸入も自由化されていく。

こうして全国の柑橘産地は「みかん危機」に直面し、自主的／政策的な減反を迫られる。愛媛県ではこれ以降、松山市の島しょ部（興居島《ごごしま》、中島など）に代表される中予地方の産地が、伊予柑を中心とした中晩柑の生産に傾斜してゆく。一方、本章がフィールドとする南予地方の吉田町は、海あり山あり谷ありという地形的特徴を活かし、極早生温州みかんから河内晩柑まで、柑橘類を周年供給する産地として地域形成していったのである。

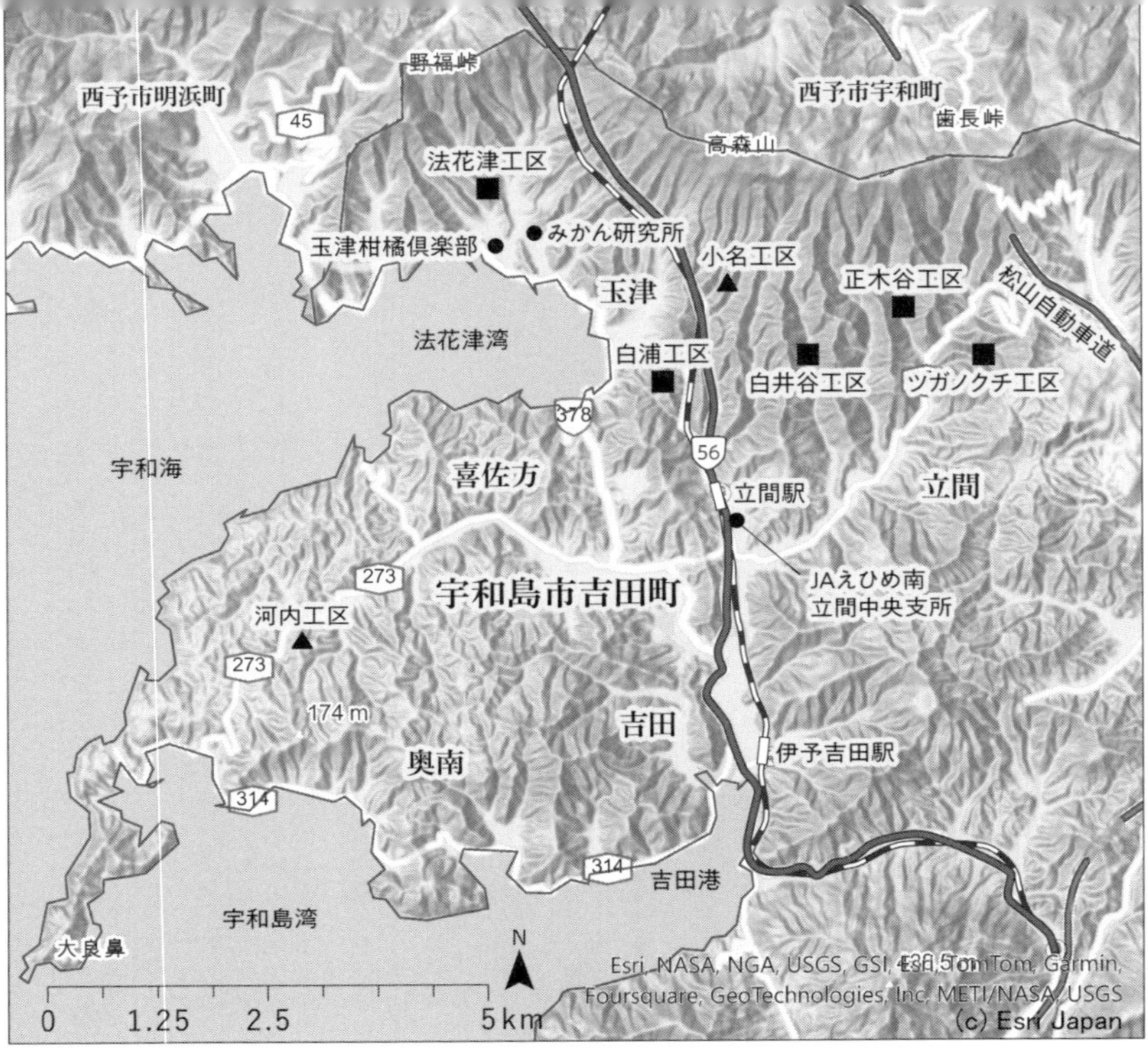

図6－1 宇和島市吉田町と本章に登場する施設

注）再編復旧を■、改良復旧を▲で示した。

往時300万tあった温州みかんの出荷量が100万tを下回るようになった2000年代に入ると、柑橘農家の経営はふたたび安定を取り戻し、吉田町では進学・就職により他出した20～30歳代のUターン、親元就農も増えることになった。生業の衰退によりいっとき空洞化しかけた「誇り」は、次第次第に再建されていったと見ることもできよう（小田切編 2013）。だが、首尾よく再興した産地は、西日本豪雨という、それまでとは性質の異なる危機に見舞われる。なにしろ日本有数の柑橘産地において農家の半数近く、樹園地の6分の1が被災したのである。「産地はじまって以来の危機」（2019/03/11吉田町農家Sさんヒアリング）という農家の認識には、無理からぬところがあるだろう。こうして愛媛県は１９７４年から連続して占めてきた柑橘類収穫量１位の座を、災害の発生した２０１８年産において、和歌山県に明け渡すことになった。

吉田町における柑橘産地形成史[*2]

吉田町を巡っていて驚かされるのは、アルペンスキーの滑降コースを彷彿とさせる25度以上の急傾斜地に、樹園地が卓越している点である。『愛媛県史』（地誌Ⅱ（南予））が「標高３００mの山頂付近まで余すところなく徹底的に開発利用」（愛媛県史編さん委員会編　１９８５：５１４）したと表現するように、これらの樹園地は商品経済が加速した戦前昭和の山村開墾、あるいは戦後「みかんブーム」の折に開発されたものである。ところどころ石垣や土羽が見られるものの、この地域には山成りの樹園地が多い。南予地方もう一つの柑橘産地である八幡浜市周辺で、石積みの段々畑が形成されているのとは対照的である[*3]。

山成りの急傾斜地における農作業は重労働であり、全てを人力で行うことは不可能に近い。それゆえ、防除・灌水のための多目的スプリンクラー、収穫した果実を運搬するモノレール（モノラック）などの農業用施設・機械が、長年をかけて整備されてきた。スプリンクラーは野村ダム（西予市野村町）を水源とする国営南予用水農業水利事業（１９７４年着工、１９９６年竣工）[*4]により導入され、吉田町には防除組合のブロックが39存在している。

さて、２０１５年の農林業センサスによれば、吉田町の総農家数は９３６であり、販売農家は８２４、専業農家は４３５を数える。農家一戸あたりの樹園地面積も平均２ha弱と愛媛県内の他の産地に比して大きい。「分散錯圃《さくほ》制」と言われるように、不整形、小区画の樹園地を買い足し、借り足して耕作面積を拡大した結果、５～30ａ規模の樹園地が町内外に点在している点に、この地域の柑橘農業の特色がある。たしかに日々の農作業に移動時間がかかるというデメリットはあるものの、日射量・水分量に応じた適地適作、自然災害に対するリスクマネジメントなどの面で、分散錯圃制にはメリットもあるとされる（松岡 ２００７）。

歴史を紐解けば、明治時代に導入された温州みかんは、時間経過とともに内陸部から沿岸部へ、栽培範囲を拡大していったことがわかる。「愛媛みかん発祥の地」とされる内陸部の立間地区は、いち早く養蚕業から柑橘専作へ転換した地域である。大正初期には県内で生産される温州みかんの多くを「立間みかん」が占めたという。近年は担い手の高齢化が進みつつあるが、急傾斜地では温州みかんや中晩柑、谷間ではキウイフルーツの栽培も進められている。

一方、沿岸部の玉津地区では、長らくジャガイモ、サツマイモなどの根菜類が栽培されてきたが、南向きで排水性の良い農地が多いことから、次第に温州みかんが卓越してゆく。宇和海に面した温暖な気候で霜が降りないため、現在では中晩柑を含めて多様な品種が栽培されている。親元就農による若手農家が多く見られる点も、この地域の特徴であろう。

しかしなぜ、大消費地から遠く離れた愛媛県が、柑橘類トータルの出荷量において日本一のポジションを占めてきたのであろう。それは、戦前は大阪商船の定期航路、戦後は国鉄の「みかん列車」、その後、長距離トラックという輸送網の発達によるところが少なくない。そして、東京市場などでシェアを獲得する際に鍵となったのが、産地で「共選共販」と呼ばれる大量生産・大量出荷システムが構築されてきた点である（林 ２００３）。

この地域では産地形成期、農家自身が産業組合法（１９００年）に基づき、行政村単位で各種の小組合を設立し、自由な出荷、販売活動を展開したという（和家 ２０１４）。「昭和の大合併」により吉田町が誕生した後も、旧行政村ごとの共選――選果場を同じくする農家の組織体――は栽培技術を継承し、果実の品質を争うライバルであると同時に、専門農協である宇和青果農業協同組合（以下、宇和青果農協）の下部組織として、赤箱・(宇)マークに象徴される「うわみかん」の販売を拡大させる同志であり続けたのである。

近年に入ると、単位農協の広域合併によるえひめ南農業協同組合（以下、ＪＡえひめ南）の設立（１９９７年）、宇和青果農協のＪＡえひめ南への編入合併（２００９年）を背景として、総合農協と組合員意識が乖離する様子が見られるという。また、有機・減農薬など個性的な農産物を栽培したり、消費者と直結して価格形成力を獲得しようという農家が、農協を離脱し法人を設立する傾向も認められる。[*5] だが、「自分たちの共選場、自分たちのみかんというプライド」

（2019/08/01吉田町農家Hさんヒアリング）と言われるように、共選は今日でも柑橘農家のアイデンティティの源泉である。そして、彼ら彼女らのこのような思いが、生活・生業両面で被災した柑橘農家が、復旧・復興の中心的な担い手となることを可能にしたといえる。

農業労働力の減少とその補完

担い手層が分厚く、後継者に恵まれた吉田町においても、農業人口・農業労働力の高齢化と減少は免れようのない課題である。多品種化が進められた現在でも、温州みかんの出荷量は6割近くを占めており、10～12月は家族だけでは収穫の手が足りなくなる。過去には隣近所の「結」、西予市野村町・城川《しろかわ》町など山間部の稲作農家の臨時雇用により労働力不足が補完されていたが、ここでも高齢化の亢進は大きな影を落としている。

農村労働力の脆弱化に直面するなか、行政とJAが有償／無償の一時労働力の供給システムを模索してきたことを指摘しておこう。出発点となったのは「宇和島シーズンワーク」（2008年）である。宇和島市商工観光課は「地元住民と触れ合い、生活の一部を一緒に体験できるもの」（2020/01/07宇和島市農林課ヒアリング）として柑橘農業に白羽の矢を立て、「ワーキングホリデー飯田」を参考に民泊型の援農事業を展開したのである。

「宇和島シーズンワーク」は参加者の労働提供に対して受け入れ農家が宿泊・食事を用意す

る、金銭授受の発生しない取り組みである。3泊4日の「ライトな感じ」が参加者の好評を博したが、農家のなかには民泊にかかる負担感もあったという。そこでスタートしたのが、ＪＡえひめ南を事務局とする「柑橘応援隊」（２０１６年）である。これは、アルバイター１名を１日（8時間）受け入れるごとに農家が８０００円を負担する有償事業である。

「みかん危機」を契機とする周年供給産地への転換、農業労働力の減少を補完するシステムの構築――この間さまざまな困難を乗り越え、柑橘産地として歩み続けてきた吉田町を、西日本豪雨が襲うことになった。本章では、被災した柑橘農家による農地・農業用施設の仮復旧、外部支援者がはじめた農業ボランティア活動の地域移行に照準して議論を進めよう。

被災状況の概要

停滞する梅雨前線に台風第7号の北上が重なり、２０１８年7月初旬以来、九州・中国・四国・近畿地方の各地で大雨が降り続いた。この西日本豪雨により、愛媛県では野村ダム、鹿野川ダムの異常洪水時防災操作（いわゆる緊急放流）が行われ、肱川《ひじかわ》水系の氾濫により西予市野村町、大洲市が浸水被害に見舞われている。一方、西予市宇和町、宇和島市吉田町では急傾斜地の土砂災害が多く発生することになった。愛媛県全体の人的被害は死者33名、住宅被害は全壊６２７、半壊３１１８、床上浸水１９１、床下浸水２５７８を数える。[*6]

多くの被害が集中した南予地方は、「柑橘王国・愛媛」の屋台骨を支える地域である。2次産業よりも1次産業従事者の方が多く（香月・吉見 2014）、関係者のなかには「産業がなくなってしまうということは、かりに家が復旧したとしても、その後の地域が継続していかない。……農業を維持していかないと、本当に今後、地域が壊滅的な状況になっていく」（2019/07/31愛媛県農地・担い手対策室ヒアリング）との危機感が強い。とりわけ愛媛県では農業被災という様相を色濃くしているのが、西日本豪雨の特徴だといえる。

吉田町は台風が常襲する四国地方の南西部に位置しながら、この地で8代続く柑橘農家が語るように、「とにかく自然災害もほぼないような地域やった」（2022/04/27吉田町農家Nさんヒアリング）。1976年に刊行された『吉田町誌』（下巻）は、自らを「南予の楽土」「穏やかな町」と形容し、「風水害の規模が広大な平野部をもつ他地方に比較していかに小さいか」（吉田町誌編纂委員会編 1976：12）と強調する。災後に組織された愛媛大学の調査団もまた、「これらの地域（注：大洲市・八幡浜市と宇和島市吉田町付近）は、過去には斜面崩壊の発生は顕著ではない」（山本 2019：82）との報告を寄せている。

だが、大規模災害と無縁であった吉田町において、折からの線状降水帯は7月5〜8日にかけて、月平均降水量237・2㎜を大きく上回る374・0㎜（気象庁宇和島観測所）[*7]の累積雨量をもたらし、2271ヵ所で斜面災害を引き起こすことになった。[*8]宇和島市内では1780件の建物被害が発生したが、そのうち1436件を吉田町が占めている（全壊56件、大規模半壊

112件、半壊709件、一部損壊559件）。また、この災害による市内の直接死11名は、いずれも吉田町で発生したものであった（宇和島市 2021）。

動き出す柑橘農家――農道の仮復旧

吉田町において土砂災害が集中したのは、まさに柑橘栽培が盛んに行われていた内陸部の立間、沿岸部の玉津という2つの地区である。荒巻・大河内《おおかわち》・白井谷《しらいだに》などの集落が点在する立間地区では、谷間を流れる小川が土石流の通り道となって閉塞し、一帯に土砂と流木が積み上がった。白浦《しろうら》・深浦《ふかうら》・法花津《ほけつ》という3つの郷からなる玉津地区では、大規模な土石流が海上まで流れ出て国道を寸断し、集落が孤立している。いずれの地区でも、地元の自治会などが発災直後より安否確認、避難所運営、災害ボランティアの誘導などを担うことになった。*9

自宅そして集落という生活の場の復旧を進める被災農家が、第一に求めたのが農道の仮復旧に他ならない。しかしそれは、夏季に予定された防除や摘果《てきか》などの農作業を行うためだけではなかった。土砂災害により農地と農業用施設・機械に相当の被害が生じていることが予想されるなか、できるだけ早く現地で状況を確認しなければ、被災証明書の取得や、その後の補助事業の申請期限に間に合わないからである。その意味で、農道の仮復旧は生業の継続を考える被災農家にとって、まさに死活問題であった。

１９７０年代の「みかん危機」当時、柑橘農家には土木建設業のアルバイトに従事した人も少なくない。たしかに小型バックホーなどの重機を操作できれば、復旧作業を進める際にアドバンテージとなろう。だが、すぐに農道の仮復旧に着手することは叶わなかった。吉田町の農道の多くは旧町時代に町道に昇格し、合併後の現在、市道として扱われているからである。

７月下旬、政府による激甚災害指定と、宇和島市議会における補正予算の成立に前後して、市単独災害復旧事業の補助率と適用範囲が拡大される。こうして農道の仮復旧についても重機のリース代や人件費への補助が可能となり、（被災）農家の互助による土砂撤去が加速したのである。その際、玉津地区では次のように被災者の状況に配慮して作業が進められたという。

（みかん）山は、ほとんどの人が被災しとるわけやけど、家が被災した人は……もう家の家財道具出すのに手一杯やけん、（道路の仮復旧には）出て来るな。その代わり、出て来れる人間だけで……ダンプに乗るやつ、重機に乗るやつ、休むやつ、３班に分けてローテーションを組んで、なるべく無理が行かんように。（2024/08/02吉田町農家Ｎさんヒアリング）

農道の仮復旧が進むにつれて、樹園地への土砂流入、樹園地や樹木の流出・消失、モノレールの破損、スプリンクラーの損壊など農業被災の全貌が明らかになる。宇和島市の被害件数は農地８１４ヵ所（２３８・35ha）、農道６６４ヵ所、モノレール６６７件（39・27km）を数え、大部分が吉田町で生じている（宇和島市 2021）。もちろん一軒の農家が所有、借用する樹園地全てが被災するようなケースは見られなかったものの（表6－1）、この間の防除の不首尾などにより、そのシーズンの収穫を諦め、全摘果せざるをえなかった樹園地も存在するという。

被害が少なかった樹園地については、市の補助を受けるかたちで農家の自助・互助により復旧が図られてゆく。設置から数十年が経過し、施工・修理業者が不足していたモノレールは、行政やJAが農家を対象とした講習会を企画し、地区ごとに同志会組織[*10]が復旧作業を担うことになった。スプリンクラーも同様に、各防除組合が配管の修理など軽微な作業を実施している。こうして発災から数ヵ月のあいだ、多くの柑橘農家は生活・生業の両面で復旧に追われ、夏季のうちに必要とされる農作業に、満足には取り組めなかったのである。

災害救援NPOによる農業ボランティア活動

発災からまもなく、兵庫県神戸市に本部を構える災害救援NPO「ユナイテッド・アース」（以下、「UE」）が宇和島市吉田町に駆け付ける。[*11] この団体は、西日本豪雨をめぐる一連の報道が岡山県倉敷市真備町にフォーカスしており、多くのボランティア・NPOがアクセスの良い真備町に集中するものと考え、先遣隊からの報告で産業被害の大きさを伝えられていた愛媛県、なかでも宇和島市に入ることを決めたという。

（b）被災前後で栽培面積が増加した農家のケース

所在地	農地No.	面積	所有形態	品種	被災状況	その後の経過
居住する集落内	1	22a	所有	ブラッドオレンジ・紅甘夏・レモン	大量の土砂が流入し、耕作不能に	砂防ダムの工事に伴い、県が一部を買い上げ。残りの急傾斜地は栽培可能
	2	18a	所有	土佐文旦・ブラッドオレンジ	谷筋からの土石流が直撃	平坦部分は工事用道路となり、コンクリート化。残りの急傾斜地は栽培可能
	3	24a	所有	早生	樹園地は未被災だが、土砂崩れによりモノレールが破損し、一時期、収穫時の運搬に苦労	
	4	21a	所有	ブラッドオレンジ・レモン	農道より下の部分（12a）が被災	被災部分が再編復旧の対象に（5aに縮小の予定）。農道より上の急傾斜地（9a）は栽培可能だが、2025年に耕作を中止
居住する地区内	5	36a	所有	南柑20号・レモン	未被災	
	6	28a	借用	南柑20号	数ヵ所で法面が崩落	赤道（あかみち）が含まれるため、原形復旧が不可能。修復作業が終わっていないが、営農を再開
	7	4a	借用	小原紅早生	未被災	農地No.6に隣接
	8	31a	借用	極早生・ブラッドオレンジ	未被災	※2024年に追加
居住する地区外	9	56a	借用	極早生・早生・南柑20号・ポンカン	中腹部分で土砂崩れが発生し、5aが耕作不能に	被災を免れた20aは栽培可能。頂上部の10aはクヌギを植えて再度災害を防止。再編復旧により2027年春に18aが出来予定
	10	15a	借用	媛小春（予定）	土砂が流入	※2020年に追加 再編復旧の完了により2025年春に苗木を定植 農地No.9に至近
	11	23a	借用	南柑20号	未被災	※2022年に追加
	12	10a	借用	河内晩柑	未被災	※2024年に追加
居住する自治体外	13	100a	借用	早生・ポンカン・甘平	大量の土砂が流入し、モノレールが破損。10ヵ所で石積みが崩落	ボランティアの手を借り、石積みを実施
	14	14a	借用	極早生・河内晩柑	未被災	※2022～23年に追加
	15	11a	借用	ポンカン	通路部分が被災	※2022年に追加 農地No.13に至近

表６－１　西日本豪雨前後の営農状況の変化：
（ａ）被災前後で栽培面積が変わらなかった農家のケース

所在地	農地No.	面積	所有形態	品種	被災状況	その後の経過
居住する集落内	1	5a	所有	極早生	樹園地1aが流出	ボランティアの手により復旧
	2	20a	所有	極早生・早生	モノレールが流出	市単事業を受けずに自力で復旧（申請期限に間に合わなかった）
	3	20a	所有	早生・南柑20号	樹園地7aが流出	流出箇所については復旧せず、残りの13aで営農を継続
	4	20a	所有	ポンカン	樹園地に土砂が流入	ボランティアのべ60人が土砂を撤去（土のう袋400袋相当の土砂量）
	5	5a	所有	極早生	樹園地1aとモノレール（一部）が流出	市単事業を受けずに自力で復旧
	6	5a	所有	河内晩柑	未被災	
居住する地区内	7	30a	所有	南柑20号	樹園地20aとモノレールが流出	原形復旧により2021年に営農再開
	8	10a	所有	ポンカン	未被災	
	9	20a	所有	ポンカン	水路が被災し、モノレールが流出	市単事業により復旧（水路はコンクリートU字溝に）
居住する自治体外	10	70a	所有	早生・南柑20号	未被災	

注）ヒアリングをもとに筆者作成（プライバシー確保のため、地区名の詳細については省略）。

そこには、この団体が数年来取り組んできた農業ボランティア活動の経験を、愛媛県であれば活かせるのではないか、そんな見立てもあった。また、JAえひめ南が「柑橘応援隊」を開始した当時のアルバイターが「UE」の先遣隊メンバーと面識を有しており、両者の橋渡しが可能であったという偶然的事情も、そこには介在している。*[12]

「UE」は社員研修などを展開する人材育成系企業の出捐により運営されるNPO法人である。前身にあたる「神戸国際ハーモニーアイズ協会」(2006年)はカンボジア・ケニアなど開発途上国の支援、「原爆の残り火」を灯す平和運動と並んで、世界の貧困地域の状況を伝える動画配信チャンネル「ワッジュ」などを展開してきた。

だが、メンバーは活動を進めるにつれて、一企業や一NPOの枠組みをこえて社会問題の解決を図るプラットフォームが必要ではないかと感じるようになったとされる。こうして「社会貢献共同体ユナイテッド・アース」へと組織を再編(2010年)し、多数の企業人の参加を得ながらトークセッションを重ねていったのである(2016年にNPO法人化)。

「UE」は東日本大震災では宮城県南三陸町、熊本地震では熊本県阿蘇市に拠点を構えたが、後者の災害への関わりは、彼ら彼女らの活動の大きな転換点になったという。

ある人から「家の片付けより先に、農地のほうを手伝ってくれない」と言われたんですね。「なんでですか」と聞いたとき、「農業はタイミングを逃すと、もう来年の収入が無くなる。そうなったら、もう自分たちは農業を辞めて、それこそ50（歳代）から別の仕事を探すしかないんだよ」と言われて、われわれハッとしたんですね。

人によっては家屋よりも、そっちのほうが大事だということがある。……農業支援というのを、（生活支援と）並行しながら優先するということは、実はすごい大事なことなんだと、熊本地震の初動の、住民の方との対話を通じて深く確信した経緯があったんです。

（2019/11/20「UE」ヒアリング*13）

被災者との対話を通して農業支援に対する問題意識を強くした「UE」は、阿蘇市内のある温泉街の商店会を通して、首尾よく被災農家の面識を得ることができ、地震により損傷した農業用水路の修復、水田の手植え（「阿蘇復耕祭」）などの作業に従事することになった。隣接する南阿蘇村では、観光いちご農園のビニールハウスの復旧作業にも取り組んだという。

ただし、熊本地震においても翌年の平成29年7月九州北部豪雨においても、「UE」は被災自治体の社会福祉協議会（以下、社協）や地元JAと協力関係を築くことが難しかった。後者の被災地の一つ、福岡県朝倉市では新聞に折り込み広告を入れたり、住民集会に顔を出したりするなど独力で被災農家のニーズを集約し、博多万能ねぎや富有柿の畑の泥出しにあたったという。

ＪＡ職員によるボランティアコーディネート

それまでの災害における農業ボランティア活動の取り組み体制を振り返り、「ＵＥ」が強調するのが被災地元にコーディネート役が存在することの重要性である。

地元に人がいるといないとでは、入り口がぜんぜん違うんですよ。（ＪＡえひめ南のＳさんは）一緒に回っていて、地元の方からの信頼感も抜群にすごかったので、本当に活動しやすかったですね。……（ＪＡの）組合員さん全員にファクスしていただいて、ニーズ調査を集めていただいたり……農業ボランティアセンターも……初動を一緒にやったり、ノウハウの提供も一緒にでき、腰を据えて一緒に活動できたというのは、非常に大きかったですね。（2019/11/20「ＵＥ」ヒアリング）

全国各地から訪れるボランティアの調整を担った「地元の人」とは、ＪＡえひめ南職員のＳさん（当時40歳代男性）のことである。ＪＡえひめ南は２０１６年より「柑橘応援隊」を運営してきたが、伊予吉田営農センター長であったＳさんは、この間、ＪＡとの関係が深い宇和島市農林課にとどまらず、産業経済部、総務部など多方面との結びつきを強めてきた。Ｓさんがアルバイター、受け入れ農家とも良好な関係を紡いだことは言うまでもない。

こうしてSさんが形成してきた社会関係資本を「ＵＥ」が首尾よく活用できた経緯こそが、それまでの災害とは「ぜんぜん違う入り口」を可能にしたのである。もちろんそこには、いち早く被災地に駆け付け、被災農家に真摯に向き合う「ＵＥ」の姿勢もあった。

（ＪＡの）職員も被災して、ここ（立間中央支所）に来てた人も、そんなにいなかったんですね。そのなかで、人手は欲しかった。誰でも良いわけではなくて、それなりにしっかりした人が。……（「ＵＥ」には）リーダー的なのが5～6人いた。……行く先々でタイムキーパーしたり、水分補給とか救急箱（の準備）とか、夏だったから熱中症（の対策）とか、きっちりやってくれた。……そういう人たちと、朝晩、夜はもう1時間ぐらいミーティングしましたね、ほぼ毎日。（2020/01/08ＪＡえひめ南ヒアリング）

ＪＡサイドは「農協の職員では、ボランティアのノウハウがわからない。……ボランティアという概念が地域にも無い」（2019/03/12ＪＡえひめ南ヒアリング）状況のなか、経験豊富な「ＵＥ」と連携して活動を展開することで、参加者のグループ化、作業内容・注意事項の周知徹底など、慣れないボランティア組織の運営を円滑化できたといえる。こうして「青い（ビブスを着用した）団体（注：「ＵＥ」のこと）が動きよる。あれは農協がやりよる」（2020/01/08ＪＡえひめ南ヒアリング）との認識、団体への信頼感が、次第に被災地域に浸透してゆく。

「ＵＥ」との協働によるボランティアの受け入れは、7月19日からの2ヵ月半、のべ１４０３名にのぼる。短期間にこれだけの参加者を集めた背景には、ＪＡえひめ南が以前より整備していたアルバイターの宿泊施設「みかんの里支援施設 みなみかぜ」を、ボランティアの活動拠点として利用できたことが大きい。「ＵＥ」の農業ボランティア活動は樹園地やビニールハウスの災害ごみの撤去、土砂に埋もれた柑橘樹木の泥かき、農業用倉庫の泥出し、収穫用キャリーの洗浄、土砂の流出を防ぐための土のう袋の作成、そして農家に教えを請いながらの摘果作業など多岐にわたる。夜にはボランティアが避難先の公民館を訪問し、被災者と夕食を共にすることもあった。

愛媛県職員によるボランティア活動

愛媛県農林水産部農地・担い手対策室は8月中旬より、宇和島市吉田町へボランティアバスを走らせるようになった。県庁では以前より職員のボランティア活動を奨励しており、過去には温州みかんの収穫、動物園で餌となる竹林の整備などを企画、実践した経緯がある。そこで農地・担い手対策室は「みかんボランティア」と銘打ち、農林水産部の職員だけでなく一般市民にも呼び掛けるかたちで、被災した柑橘農家を支援しようと考えたのである。

こうして農地・担い手対策室は12月までの期間、土日を中心として、のべ1309名のボランティアを吉田町に送り出すことになった。だが当時、担当職員には2つの懸念があったという。一つは、みかんボランティアの活動地域をめぐるものである。

県下全体で大なり小なり被害というのはあったなかで、本当にここ（吉田町）だけで良いんですかというのは、かなり議論（しました）。……（吉田町の）被害が大きかったというのは、やっぱりあります。「みかん発祥の地」という名前が通っているところもあって、この産地が崩れてしまうこと（は）県全体のマイナスイメージ。……「発祥の地」という名前が付いている以上は、守っていかないといけないというのが、上層部にあったんじゃないのかな、と思います。

松山のほうは（温州）みかんもあるんですけれど、どちらかと言うと、中晩柑類と言われる伊予柑であったり、紅まどんなとか甘平《かんぺい》とか……時間的に余裕があったんです。[*14]

（2019/07/31愛媛県農地・担い手対策室ヒアリング）

くわえてボランティアに求められたのは、良質な果実を得るために余分な果実を摘み取る、摘果と呼ばれる作業であった。農家それぞれでやり方が異なるなど、農業専門職にも説明の難しい摘果作業が、果たしてボランティアに可能なのかという点である。

農家さんは、あまり素人にはやらしたがらないんだろうと思うんですけれど、7月にやりたかった作業が8月にズレてしまった、9月にズレてしまったということで、そうも言うてられないという話になりました。本当は、農家として求めてたボランティア像というのは……慣れてる方に園内に入ってもらいたいというのが、あったはずなんですよね。……（でも）それどころじゃなかったのが正直なところで。もう実もどんどん大きくなって、木に負担もかかって、これ以上成らしすぎると来年、隔年結果*15と言われる問題がある。（2019/07/31同ヒアリング）

ただし、幸いにもこの懸念は杞憂に終わった。往路のバス車内での県職員やＪＡ職員による、あるいは作業現場での被災農家によるインストラクションが功を奏した側面もあるだろう。それ以上に、ボランティアの来訪、そして作業の合間のコミュニケーションが、営農を継続するかどうか逡巡していた被災農家の背中を押す格好になったのである。

（農家は）「皆さん、本当によう来てくれた」、みんな言いまして。……「もう農業辞めようかな」と言ってた方（のなかに）……後日「もうちょい頑張ろうかな」言う人がいたと。……（ボランティアは）単純に労働力だけではなく……「あそこが流れてな」とか、「あそこは良いみかんが採れるんやけどな」とか、いろんな話を聞きながら。……農業（ボランティア活動）の場合は作業を通じて、そういう人の触れ合いができたんじゃないのかな、と。（2019/07/31同ヒアリング）

ライバル産地の柑橘農家による互助

八幡浜市周辺の柑橘農家が組織する「西宇和青壮年同志会」も、吉田町でボランティア活動を展開する。JAにしうわ管内でも樹園地の崩壊などの被害が見られるなか、数名のメンバーが7月中旬、愛媛県立農業大学校時代の恩師が勤める愛媛県農林水産研究所・果樹研究センターみかん研究所（以下、みかん研究所）を訪れたことが、取り組みの契機となった。玉津地区に所在するみかん研究所では大規模な斜面崩壊、研究施設への土砂流入、ビニールハウスの倒壊が発生しており[*16]、同志会メンバーは重機を持ち込んで土砂の撤去を手伝ったという。その際、所長から「一般の農家のところにも入って欲しい」とのリクエストが寄せられたことから、「南予果樹同志会」とコンタクトを取り、8月中旬から9月上旬まで、「西宇和青壮年同志会」のべ243名が被災農家の摘果作業を支援したのである。

しかしなぜ八幡浜の柑橘農家は、自身も防除や摘果作業で忙しい時期に、地区共選や単位農協という次元でいえば競争関係にある、吉田町の被災農家を支援したのであろうか。理由の一つには、「自分がそうなっていたら、ミカンを作るのをやめたかも[*17]」と表現される、同業者だからこそ痛切に感受される農業被災の困難さと、自他の立場の「反転可能性」（井上 2003）についての覚知が挙げられよう。

もう一つの理由として、自然災害による中長期的な出荷量の減少が、県産柑橘（いわゆる「愛媛みかん」）全体に及ぼす影響が考えられる。「現在、愛媛県は温州みかんの生産量ランキングで3位。県全体で大切に作っていくことが大事」（2019/07/31「西宇和青壮年同志会」ヒアリング[*18]）と言われるように、柑橘市場における愛媛みかんのプレゼンスを維持向上させるため、共闘関係を取りむすぶ側面もあったのではないだろうか。

以上のように災害救援NPO、愛媛県職員、そして他地域の柑橘農家が、それぞれの立場から被災農家を支援した点に、発災直後に展開された農業ボランティア活動の特徴がある。くわえて、この時期には「JAグループ支援隊」による復旧作業もはじまっている。これは、被災県の中央会からの要請により全国農業協同組合中央会（JA全中）が派遣人数や期間を決定し、農協観光が現地での行程や宿泊先を調整する、農協職員によるボランティア活動のスキームである。[*19] JAグループ支援隊は西日本豪雨に際して、愛媛県内では宇和島市、西予市、大洲市で復旧活動に従事することになった。

JAによる「みかんボランティアセンター」の設立

発災からの時間経過とともに、被災地は災害救援NPOの撤収、災害ボランティアの減少といった環境変化に直面し、被災者支援体制を変化させてゆく。それは農業ボランティア活動についても例外ではなかった。7月中旬に吉田町入りした「UE」もまた、発災3ヵ月の時点で現地活動に区切りをつけようと、JAえひめ南との協議を進めつつあった。

この場に、行政・社協・NPOの三者連携をミッションとする「全国災害ボランティア支援団体ネットワーク」（以下、「JVOAD」）が同席する。奇しくも愛媛県を担当したのは、前年の平成29年7月九州北部豪雨において福岡県朝倉市に入り、「JA筑前あさくら農業ボランティアセンター」（第5章）の立ち上げに尽力したKさん（当時30歳代女性）であった。こうして2つの災害救援NPOの経験知が融合し、2018年10月に「JAえひめ南みかんボランティアセンター」（以下、「みかんボラセン」）が発足する（図6－2）。

災害ボランティア活動に通暁している人であれば、社協が災害ボランティアセンターを再編し、地域支え合いセンターによる仮設住宅入居者の生活支援へと舵を切っていく時期に、なぜJAえひめ南は「みかんボラセン」を開設したのかと不思議に思うことだろう。だが、ここに農地復旧、農業ボランティア活動の特異性がある。

たしかに被災農家の手による農道・農地の仮復旧、農業用施設・機械の修復作業は予想以上に進捗し、農業ボランティアによる樹園地の土砂撤去、摘果作業も一定の効果をもたらしつつあった。だが、被災地に多くのボランティアが滞在しているうちに、全ての作業を完了させる

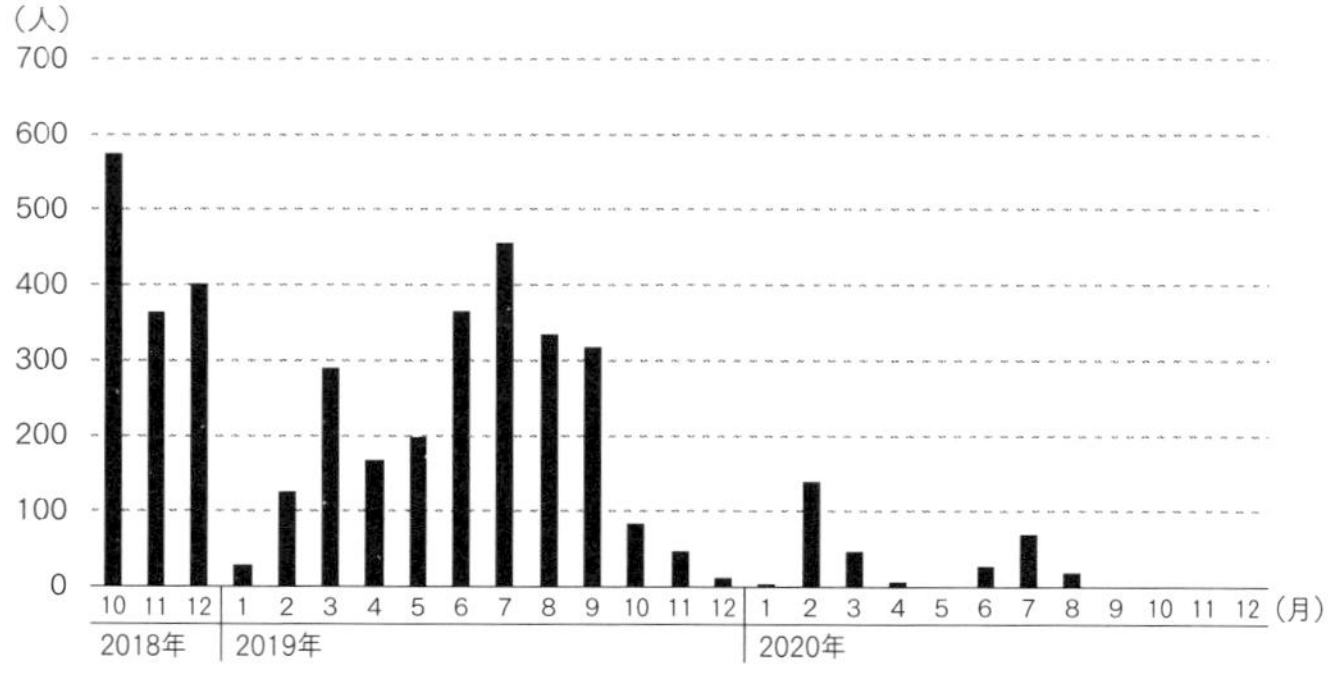

図6－2　ボランティア参加者数の推移

注）JAえひめ南の提供データをもとに筆者作成。

ことは難しい。というのも、「みかんボラセン」が稼働しはじめた10月は、産地が極早生温州みかんを皮切りとする収穫期に突入する時期であり、収穫作業と復旧活動を同時並行で進めることには限界が伴うからである。

一方、農家の自助・互助により仮復旧した農地は構造的に脆弱であり、「翌年の長雨《ながせ》までに土のうを築《つ》きたい」（2024/08/02吉田町農家Nさんヒアリング）と言われるように、再度の土砂災害を防止するための作業が必要となる。発災3ヵ月後の「みかんボラセン」の設立は、関係者のなかに「ボランティアセンターという名前を付けて何か残しておかないと、収穫が終わった後、園地のガレキ清掃だとか……全く再開できない状態になってもいけない」（2019/03/12ＪＡえひめ南ヒアリング）との思いが強かったからこそである。

さて、設立からまもなく「みかんボラセン」が直面することになった課題として、目前に控えた収穫作業への対応が挙げられよう。被災農家の経済活動に直結する果実の収穫、運搬をどのような体制で支援すればよいのか、そのことが問われたのである。

被害がない園地と、被害がある園地と持っているんですね、一つの農家さんが。摘果だったら、その被害があったところだけにボランティアを入れるという発想だったんですけど、収穫になると、もう色づきが来たところから収穫になるので……何も被害がないところも、ボランティアでやってもらうというのも、なんか申し訳ないと。もちろん、まったく被害がない農家さんもあるなかで、「被害があるけん、やってもらうんか」という不公平感も出てくるので、収穫は基本アルバイトで行こうよ、ということを話していたんです。（2019/03/12同ヒアリング）[*20]

政府は発災後、果樹経営支援対策事業のメニューを拡充し、モノレールが使用できなくなった樹園地における、人力による果実の運搬作業に対する助成を決定していた。これを承けて、JAえひめ南は災害に由来する復旧作業（土砂の撤去、土のう袋の作成など）は「みかんボランティア」、収穫、草刈りなどの農作業は「柑橘応援隊」（アルバイター、農家10割負担）、モノレールが被災して使用できない樹園地からの果実の運搬は果樹経営支援対策事業（運搬アルバイター、農家1割負担）と線引きすることになった。

被災農家によるボランティアコーディネート

西日本豪雨により自宅の床上浸水、樹園地の流出の被害を受けた柑橘農家のNさん（当時50歳代男性）は、自宅の片付けが一段落した9月中旬、初めて「UE」の活動拠点に赴く。このときメンバーとの会話を通して、自身がボランティアについて誤解していたのを知ったという。

NPO団体は、全て寄付金とかクラウドファンディングとか（で）……災害ボランティアの交通費とか宿泊代とか食費とか、全部賄いよるもんじゃと思うとった。……（でも）こういう（ボランティアの）子らは、自分らがわざわざ休みとか有休を使うて、来るときに自己負担で来てくれて……（そのことが）初めてわかったんや。

毎晩のように行って話をすると、今月いっぱいで撤退しますと。……「どういう条件であれば来てくれるん？」という話をしたら、それは「寝られるところがあったら」（と）。……農家さんと支援ボランティアさんの割り振りの仕方とか、コーディネートのことを色々聞いて、「これは被災農家がやらんといけんな」と思いよるところへ、JAさんがボランティアセンターを立ち上げた。（2022/04/27吉田町農家Nさんヒアリング）

10月1日に稼働しはじめたJAの「みかんボラセン」には、活動を希望するボランティアからの問い合わせが殺到したものの、肝心の被災農家からのニーズはあまり上がって来ず、しばらく受け入れ先が見つからない状態が続いていた。そこでNさんは、自ら「みかんボラセン」玉津支部長を名乗り、地元農家に声を掛けるなどコーディネート役を買って出たのである。当初こそボランティアを受け入れる農家は20軒ほどであったが、次第に口コミで拡がってゆき、1～2ヵ月のうちに80軒程度にまで増加したという。

中堅世代の柑橘農家として地域や家庭の事情に通じているNさんは、ボランティアやアルバイターの受け入れに際し、次のようにコーディネートの妙を発揮している。

アルバイターを入れるときに、こっちの年寄り夫婦のところは、女の人だけを入れたんじゃ、おっちゃんが潰れてしまうけん、男の人をセットで入れる。……親子3人でやりよるところであれば、女の子だけのアルバイターを入れてもオッケーやな、というのがわかるわけよ。……地域の人間がやらんと、農家の家族構成とか、そういう風なものがわからんけん。（2022/04/27同ヒアリング）

くわえてNさんは、各地から来訪する農業ボランティアの「寝られるところ」を創出すべく、自己資金を投入してアパートを借りてもいる。*21 収穫期にはJAえひめ南の「みなみかぜ」

だけでは宿泊施設が不足しがちなこともあり、そのアパートには4ヵ月間でのべ260名のボランティアが寝泊まりしたという。しかしなぜ、生活と生業、両方の被災に見舞われたNさんは、「被災農家がやらんといけん」との思いを実行に移していったのであろうか。

災害ボランティアは「点」のつながりなんですね。繰り返しは来てくれんのですよ。それがアルバイターとか有償ボランティアになると、繰り返し来てもらえるので、その「点」を「線」にして。……宇和島へ行ったら、玉津というところはアルバイターで受け入れてくれるというのを、その子らのネットワークに入れてもらうと、繰り返し来てくれるんじゃないかな、と。（2022/04/27同ヒアリング）

災害を契機として吉田町を訪れたボランティアに、復旧・復興後はアルバイターとして継続的に足を運んでもらえる関係を築ければ、災害前から課題化していた収穫期の労働力不足が改善し、産地の維持存続を図れるのではないか――Nさんの胸中には、そんな中長期的な見通しがあった。だがそれ以上に、「豪雨で生まれたつながりは一生ものの財産になった」[*22]と語るNさんには、「つながりを切らずに繋げてゆきたい」との気持ちも強かったように思われる。

若手農家による会社設立

西日本豪雨に前後して、宇和島市では「柑橘ソムリエ愛媛」（２０１５年）、「奥南《おくな》でざいんセンター」（２０１８年）など若手農家を担い手とする市民活動が登場する。発災直後、外部支援者や地元関係者の情報共有会議としてはじまった「牛鬼会議」は、「宇和島ＮＰＯセンター」の設立につながり（２０２０年にＮＰＯ法人化）、現在は地域防災のワークショップが進められている。ＪＡえひめ南のＳさんは、「災害後、若い人たちが動きやすくなった。いろんなことを思ってた人も、災害がないとたぶん何も動けてないんですけど、悪く言えば災害という名目をきっかけにして」（2020/01/08ＪＡえひめ南ヒアリング）と、この間の動きを振りかえる。

玉津地区でも２０１８年12月、若手農家が「玉津柑橘倶楽部」という株式会社を設立しているが、そこには次のような経緯がある。温州みかんの価格安定を背景として、玉津地区では20～30歳代の親元就農が増加し、若手農家が入会する「玉津農業後継者会」は30名を超える大所帯となっていた。メンバーのなかから「愛媛県6次産業化チャレンジ総合支援事業」に手を上げ、みかんジュースを製造しようという声が上がり、「玉津ＢＡＳＥ」というグループが作られたものの、折からの西日本豪雨により取り組みは中断を余儀なくされたという。

一方では、かつて広告代理店に勤務していた若手農家が、災後、地区内のスプリンクラーの修繕費用に充てようとクラウドファンディングに挑戦する。首尾よく1000万円を超える寄付金が集まったものの、返礼品のみかんジュースを発送するには実働部隊が必要である。そこで幼なじみの若手農家10名が集結し、「玉津柑橘倶楽部」を設立したのである。

「玉津柑橘倶楽部」の中心事業は販売と営農である。新規創業される農業法人の多くが農協を介さず独自に販路を形成するのとは対照的に、メンバーは全量を玉津共選場に出荷しており、インターネット等で販売する際には、逆に農協から仕入れるスタイルを採用している。そして、販売部門が上げた収益は早期成園化に向けた大苗育苗《おおなえいくびょう》、*[23]根域制限栽培の実証実験、被災により樹園地を喪失した農家に対する代替地（出作先）の斡旋、高齢農家を対象とした作業請負など、全て営農部門に回されてゆく。ボランティアやアルバイター、移住者や研修生の受け皿となる宿泊施設「たま家」の運営も、この営農部門に含めてよいだろう。

以上のように「生んだ利益を玉津に還元する」ことをミッションとする、「玉津柑橘倶楽部」の社会的企業とも表現できそうな性格は、一体どこに由来するのであろうか。

自分たちのみかんを持って来て（自分たちの）会社で売ったほうが、たぶん直接的な利益は大きいと思うんですよ。けれど、なぜしないかというと、僕たちだけ儲けても、玉津に対して何のメリットもないというか。産地を守りたい。自分たち、それこそ若い子がなんで戻ってくるっていうのは、やっぱり玉津に魅力があるのかな、と。その玉津を守っていかなくちゃいけないというのが、元々の理念としてあるんです。……自分たちだけの利益でやろうとは最初から思ってないです。（2019/08/01「玉津柑橘倶楽部」ヒアリング）

被災直後の沸騰状態のなかで結成された若い組織は、復旧・復興の進捗につれて組織アイデンティティのゆらぎにも直面したという。だが、大苗育苗の実践や移住者の支援などの面で、「玉津柑橘倶楽部」に寄せられる期待が大きいことも事実である。会社設立から2024年12月で6年が経過し、JAえひめ南管内は共選場の再編など、営農環境の大きな変化も予想される状況にあるが、彼らはあらためてインターネットによる販売事業を強化し、「玉津みかん」と会社の存立を確かなものにしようと努めている。

農地の本格復旧と苦闘の営農

西日本豪雨を承けて、愛媛県は「原形復旧」「改良復旧」「再編復旧」というスキームに基づき、自力復旧できない樹園地の工事を進めてきた。原形復旧（工期1年程度）は災前の状態に近いかたちで樹園地を復旧するもの、改良復旧（同2〜3年）は小規模な区画整理により樹園地を緩傾斜化するものであり、いずれも農地・農業用施設災害復旧事業をベースとしている。

宇和島市では142ヵ所、10・7haの樹園地が原形復旧の対象とされ、2023年までに完成している。この種の工事として初めて、かご枠により土壌の浸食防止が図られたが、樹園地の立地条件によっては積み上げたかご枠の高低差が大きくなり、当初予定よりモノレールを延長する必要が生じたケースも見られる。

改良復旧は立間地区の小名《こな》工区と喜佐方地区の河内《かわち》工区で実施された。このうち河内工区では、かつて25度以上あった樹園地の傾斜が15度程度に緩和されたが、排水路を兼ねた園内道路の前後で高低差が生じ、農作業の際、鉛直方向への移動が難しくなったという。[*24]

いずれの工法においても、農地の面積と果樹の本数は減少を余儀なくされる。たとえば、原形復旧された30ａの樹園地では本数が３５０本から２２０本となった。改良復旧された河内工区では減歩により面積が１・５haから１・１haに縮小し、本数も５００本以上減っている。

一方、大規模工事により樹園地を緩傾斜化し、園内道路を整備する再編復旧（工期５〜10年）のスキームは、担い手への農地集積、収益性の向上などを要件として、農地中間管理機構関連農地整備事業を活用するものである。改正土地改良法（２０１７年）により創出されたこの事業では、地権者の合意形成を前提として、費用負担なく圃場整備をおこなうことが可能となった。すでに愛媛県では西日本豪雨の発生以前より、松山市下難波地区において農地中間管理機構関連農地整備事業を活用し、樹園地整備を進めていた経緯がある（武山ほか ２０２１）。この取り組みが、災後、迅速に再編復旧メニューを提示できた背景をなしていよう。

再編復旧は玉津地区（白浦工区、法花津工区。計５・４ha）、立間地区（白井谷工区、正木谷《しょうぎだに》工区、ツ

ガノクチ工区・計7・4ha）の2ヵ所で行われ、現在も工事が進行中である。このうち玉津地区の白浦工区では頂上部の樹園地が完成し、2024年春に温州みかんの苗木が定植された。一方、立間地区では未被災の雑木林を含めた復旧工事となるため、農家の自己負担が必要な畑地帯総合整備事業を選択することになった（玉津地区の再編復旧は2025年度、立間地区は2026年度に工事完了の予定）。

このように再編復旧は工期が長期にわたるため、所有者／耕作者の合意形成が大きな課題となる。被害が少なかった農家や改植から間もない農家、後継者のいない農家にとっては、工事に伴う未収益期間の長さが計画への賛成を難しくする。一方、その工区に狭い農地しか持たない農家は、減歩により面積が極端に小さくなるため、不換地を選択するケースもある。

復旧工事が営農に与える問題は以上にとどまらない。西日本豪雨の土砂災害は、柑橘農家が長年用いてきた表土（耕土、作土）を、すっかり押し流してしまった。だが、その後の工事では、すでに当該の工区／農地に存在している土砂（緩傾斜化により削られた土砂、表土／耕土の下にあった基盤土など）を、基本的に活用することになった。さらに施工業者は豪雨による再度の崩壊を防止するため、土壌の転圧（締め固め）を行ってもいる。

その結果、完成した樹園地に苗木を定植しようとする段になって、柑橘農家は予想外の問題に直面する。きわめて土が固く、人力で植え穴を掘ることが困難だったのである。[*25] さりとて傾斜のある狭い農地ゆえ、重機を使用することも難しい。こうして農家やＪＡは試行錯誤を重ね、最終的にスコップ型の電動はつり機を用いて植え穴を掘ることにしたという。
また、復旧農地の多くは有機質に乏しい土砂で構成されており、堆肥や腐葉土の施肥による土壌改良作業が不可欠である。ある農家は原形復旧が完了した農地に苗木を植えた後、毎年、相当量の牛ふん堆肥を株元に施してきたという。定植から3年が経過した春、土の色が濃くなり、肥料になる雑草（チチグサなど）が生え、ミミズも姿を見せるなど、ようやく土壌の変化を実感できるようになったとされる。
だが、復旧農地の土がこなれてきた今も、被災農家の苦境は続いている。目下のところ、栄養成長から生殖成長への移行期であり、本格的な収穫には至っていないからである。

（今年は）木の半分から下は実を成らして、半分から上は芽を吹かす。来年は全体に成らしていく。……苗木を植えました。それから本当に成り出す8~10年ぐらいまでは赤字です。……スプリンクラーの防除もそう、草刈りしてもそう、肥料をやってもそう。結局、それは（果実が）成り出すまでの投資なので。それを怠ると良い木にならないし、良いものができない。（2024/08/02吉田町農家Nさんヒアリング）

別の農家は、新たな農地を借りて収量を増やす一方、被災により荒廃した樹木を再生させることで、この間の苦境を乗り越えようとしている。

その（災害が発生した）年というのは色々、補助金とか何とかいうのがあって、「ああ、助かった」という気持ちがあるんですけども、翌年、翌々年はそういう補助制度もないんです。だけん、（農地が）減った状態、なおかつ（残った樹木の）状態が悪くなった状態やったんで、ものすごく経済的に苦労しました。……樹勢を取り戻すのは肥料しかない。……量的にやっていくことで（樹木の）力を取り戻させて、それで収量を元に戻していこうという方法だった。（2022/04/27吉田町農家Sさんヒアリング）

被災した農地の復旧、栽培に適さない土壌の改良、傷み弱った樹木の再生などの営為が続けられるなか、水害から6年後の２０２４年秋、復旧した農地で初めて収穫されたみかんが、吉田町から各地へ送り出されていった。まだ果皮のきめが粗く、少しゴツゴツした印象のある「初成りのみかん」。目の前に置かれたそのみかんを通して、われわれは被災農家のどのような苦闘と達成を思い浮かべることができるだろうか。

註

＊１　「昭和の大合併」により北宇和郡吉田町、奥南村、立間村、喜佐方《きさかた》村、高光村の一部と東宇

和郡玉津村が合併（1955年）して吉田町が誕生し、「平成の大合併」により宇和島市と北宇和郡吉田町、三間町、津島町が合併（2005年）して宇和島市が誕生する。本章における（宇和島市）吉田町という表記は、1955〜2005年に存在した吉田町と、その範域を指している。なお、合併の経緯、合併をめぐる住民意識については市川虎彦（2020）を参照。

＊2 南予地方の土地勘なく、柑橘農業についても不案内な筆者は、直接引用した文献以外にも相原和夫（1990）、幸渕文雄（2001）、宇和青果農業協同組合（1996）、吉田町誌編纂委員会編（2005）に負っていることを、ここで記しておきたい。

＊3 中予地方の温泉青果農業協同組合（当時）に勤務してきた阿川一美は、八幡浜市と吉田町における営農の違いを念頭に、「結晶片岩（緑泥片岩）や秩父古生層地帯は、石が豊富にあり、農家の努力により階段畑が形成されている。石の少ない地域では、土羽による段畑が造成されるなどの相違が生まれている。……昭和30年代には手開墾の長い歴史から解放されて、機械（ブルドーザ）による改良山成工開墾により、樹園地の飛躍的拡大が可能になった。……このような急激な開園が、昔のような石積階段の構造を放棄する形で実施されたことは、今後の基盤整備に大きな課題を残している」（阿川 1988：28）と説明する。たしかに階段状の樹園地と山成りの樹園地では、後者のほうが土壌が流出する可能性が高い。災害（水害）時の樹園地の脆弱性は、自然条件が可能とする技術・工法の違いにも由来している。

＊4 南予用水事業に付帯して、県営事業としてスプリンクラーが整備された背景には、1967年7月上旬より90日続いた大干ばつが柑橘樹木を枯死寸前まで追いやった経緯がある。スプリンクラーは防除・灌水だけでなく、台風の際に潮風害を防止する役割も果たしている。

＊5 JAえひめ南管内ではワールド・ファーマーズ（1992年）、南四国ファーム（1999年）、南予ファーム（2014年）などの農業法人が誕生し、生産販売や作業請負に従事して

いる。隣接する西予市明浜町には有機・減農薬栽培を手がける無茶々園（1974年）がある。ただし、愛媛県では依然として共選共販体制が命脈を保っている。

＊6 愛媛県「西日本豪雨災害による人的被害状況及び住家被害状況について」https://www.pref.ehime.jp/uploaded/attachment/89647.pdf（2024年9月25日アクセス）

＊7 宇和島観測所（宇和島市住吉町）から10㎞離れた玉津地区の累積雨量は469・0㎜、吉田地区は453・0㎜である（宇和島市 2019）。

＊8 2018/08/04毎日新聞「愛媛・宇和島の吉田町地区斜面、崩壊2271ヵ所発生」を参照。

＊9 玉津地区では同志会や防除組合など農業関連組織にくわえ、自治会やPTAなど生活関連組織も参加して「玉津地区園地災害対策本部」が設置され、共選長が本部長を務めた。

＊10 （果樹）同志会とは、栽培技術の継承をテーマとする、柑橘生産者の地域ごとの共同組織である。戦後、南予地方で最初に組織され、やがて全国に拡大した歴史を有する。

＊11 この他にも「OPEN JAPAN」「災害NGO結」「リエラ」などの災害救援NPOが、吉田町において被災者支援活動を展開している。

＊12 2010年代前半より、愛媛県内には「八幡浜お手伝いプロジェクト」「松山大学オレンジサークル」のような、有償／無償の労働力供給システムが存在していた（それぞれ2022/04/28、2019/03/10にヒアリング）。前者は「西宇和みかん支援隊」、後者は「伊方町青年農業者連絡協議会」と連携しており、それまで関わってきた地域を超えるかたちで、被災した吉田町の柑橘農家を支援することは難しかったと思われる。なお、「八幡浜お手伝いプロジェクト」は「愛媛お手伝いプロジェクト」へ拡大発展し、2015年から大洲市・内子町、2019年から宇和島市・西予市明浜町でも活動を展開している。

＊13 録音データの文字起こしではあるが、一部、表現を改めたところがある。

＊14　松山市の担当職員は「良いように言えば、伊予柑の時期に合わせたというのはあった」と切り出しながら、「まつやまみかんボランティア」（農業ボランティア活動）が12月になった理由を、①「ＵＥ」のような支援経験を有する外部支援団体が入らなかったこと、②ＪＡえひめ南の「柑橘応援隊」のようなスキームが存在しなかったこと、③被災した樹園地は複数の島しょ部にまたがり、船舶運賃の無償化が難しかったこと、④中島には重機を所有し、自力復旧できる柑橘農家が存在したこと、の4点に整理する（2019/03/13松山市産業経済部ヒアリング）。なお、この地域を管轄するえひめ中央農業協同組合では、7～8月の期間、役職員のべ592名が樹園地に流入した土砂の撤去に従事したという（2019/03/13ヒアリング）。

＊15　隔年結果とは、気象災害や栽培管理の不首尾などを理由として、収穫量が多い表年と、収穫量が少ない裏年が交互に繰り返される現象である。

＊16　このとき原母樹180本がかろうじて被害を免れたのが、愛媛県果試第48号「紅プリンセス」である。2022年に品種登録され、2025年より本格販売が予定されている紅プリンセスが「復興のシンボル」と称される背景には、このような経緯が存在している。

＊17　2018/09/07朝日新聞愛媛県版「えひめみかん、たわわにみのれ」を参照。

＊18　この引用は録音データの文字起こしではなく、フィールドノートの書き起こしである。

＊19　2021/03/11日本農業新聞「ＪＡ支援隊 仕組み確立 多様な災害に素早く」を参照。

＊20　発災直後より避難所の炊き出し、（社協が生活支援の対象に含めない）公民館や農業用倉庫の土砂撤去に従事した「吉田町救援隊」のＭさん（当時40歳代女性）は、「家を復旧するのにも、ものすごくお金がかかる。プラスアルファ、アルバイターを雇って収穫する余裕がある人って、そんなにいなくて」（2019/03/11ヒアリング）との思いから、収穫ボランティアに取り組んだ経緯がある。地元ＪＡが平等性を重視して災前のスキームに回帰する一方、「吉田町救

援隊」は被災農家の個別事情を踏まえて偏った活動を展開した点に、支援をめぐって複数の視点が存在する意味があるだろう。

＊21 隣接する立間地区でも、「ボランティアの負担にならないように、無料で過ごせる場所が必要ではないか」（2019/03/11吉田町農家Sさんヒアリング）との思いから、被災農家が地区内の古民家を借り受け、約9ヵ月間「Mステーション」という活動拠点を開設している。

＊22 2019/07/06愛媛新聞「あの日から 西日本豪雨1年 えひめ（1）」を参照。

＊23 改良復旧、再編復旧の完成を待って1年生の苗木を植えたのでは、時間的なロスが生じる。大苗育苗とは、未収益期間を短縮することを目的として、苗木を2年生へと育て上げ、それを農家に販売する取り組みである。

＊24 吉田町農家Sさん、Mさんに対するヒアリング（2024/07/31）による。

＊25 農地中間管理機構関連農地整備事業を計画した当初、復旧農地における土壌改良の必要性は想定されていなかったという。愛媛県は事態を承けて国と協議し、追加的に土壌改良のメニューを盛り込むことが可能となった（2024/11/21愛媛県農地整備課ヒアリング）。

第7章
複数セクターの連携による土砂撤去
――災害文化の限界と越境的ネットワークの意味
［令和元年東日本台風（2019年）・長野県長野市］

被災状況と水害のメカニズム

2019（令和元）年10月12日、伊豆半島に上陸した台風第19号は、関東甲信越から東北地方の広い範囲に記録的な大雨をもたらした。気象庁が「令和元年東日本台風」と命名するこの台風災害により、長野県では千曲川の上流域、佐久地方で24時間降水量が303・5㎜と統計開始以来の極値を更新し、千曲川左岸57・5㎞地点、長野市穂保《ほやす》地先では越水深約80㎝、約70mにわたって堤防が決壊する（長野市 2021）。翌朝のニュースが映し出した、何台もの車両が水没した長野新幹線車両センターの光景は、今なお記憶に新しいところである。

本章のフィールドは、まさにこの堤防決壊により多くの住家と樹園地が浸水被害を受けた長野市長沼地区である（図7－1）。長野市の北東部に位置する長沼地区は、いわゆる「明治の大合併」により長沼大町、長沼穂保町、津野村、赤沼村の4町村が上水内《かみみのち》郡長沼村（1889年）となり、その後「昭和の大合併」により長野市に編入（1954年）された歴史を有する。1970年代に入ると、長沼地区を南北に縦貫する国道沿いにロードサイドビジネスが展開し、宅地造成やニュータウン開発が行われたものの人口は漸減し、発災直前（2019年10月）には人口2318名、世帯数899、実に40・7％の高齢化率を記録している。

「長沼の歴史は、千曲川や支流の浅川との闘いの歴史」（長沼村史編集委員会編 1975）とされるように、長きにわたって水害常襲地域となってきた長沼地区。それを物語る史跡が、津野区にある曹洞宗寺院、妙笑寺《みょうしょうじ》の境内にたたずむ「千曲川大洪水水位標」であり、長野新幹線車両センターの高架付近にそびえる「善光寺平洪水水位標」である。いずれの標柱にも水害発生日を記した多数のプレートが見られるが、「令和元年10月13日」のプレートは、信州地方において「戌《いぬ》の満水」として知られる近世最大の洪水を指し示す「寛保2（1742）年8月2日」と、「明治29（1896）年7月21日」の間に取り付けられている。

しかしなぜ、この地域は水害常襲地域となってきたのだろうか。それは「千曲川のアキレス腱」（千曲川工事事務所 2002）と形容される立ケ花《たてがはな》狭窄部が、下流域の中野市から飯山市にかけて10㎞ほど続くことに由来する。それまで1000mあった千曲川の川幅は、この狭窄部に

図7−1　長野市長沼地区と本章に登場する施設

差しかかる立ヶ花橋付近で一挙に250mまで狭まる。くわえて、長沼地区の上流では犀川や百々川《どどがわ》、下流では浅川や松川などが千曲川に流れ込む。こうして「洪水が起こると立ヶ花上流部は水流が滞留し、自然堤防を乗りこした水は後背湿地に流れ込んで湛水する」（長野市誌編さん委員会編 2004：128）のである。

さて、長沼地区が水害常襲地域から脱する転換点は、1910年8月の水害後、千曲川流域の県会議員が「千曲川治水会」を結成し、長野県会も1914（大正3）年に「千曲川水害に関する意見書」を内務大臣に提出したことであった。長野県知事も翌々年、県庁に「長野県治水調査会」を設置している。このような政治過程を通じて、1917年、政府はトータル76kmにおよぶ千曲川の改修を閣議決定する。折からの関東大震災（1923年）により、工事は大幅な遅延を余儀なくされたが、堤防は1941（昭和16）年に完成を見るに至る。

『長沼村史』が「長沼の宿命、洪水との闘いは一応終止符が打たれた。……今では水害の村ではなくなった」（長沼村史編集委員会編 1975：13－14）と宣言するのは、この内務省堤防の完成と、その後の千曲川第二期改修事業（1949年）によるところが大きい。そして2010年代中葉、「長沼地区桜づつみモデル事業」により堤防幅が15mに拡張されると、「越水や内水氾濫は発生してもまさか決壊しないだろう」（長沼地区住民自治協議会 2023：1）との思いが、住民共通のものになっていった。

水害常襲地域の防災

堤防完成後も残る地形上のリスクに対し、必ずしも住民が手をこまねいて来たわけではないことも記しておこう。昭和58年台風第10号により飯山市内で堤防が決壊すると、長沼地区は翌年から地区総合防災訓練を実施するようになる。やがて「長野市版都市内分権」の一環として市内の全32地区で住民自治協議会（以下、住自協）が設立（２００９年）されると、長沼地区住自協では安全防災部会を中心として「長沼地区防災マップ作成プロジェクトチーム」が始動する。程なくして内閣府「地区防災計画モデル地区」に選出（２０１４年）された長沼地区は、地区防災計画や避難ルールブックを相次いで作成してゆく。特筆すべきは、立ヶ花観測所の水位が７・４ｍを超過し、さらに水位の上昇が予想される場合に、長沼地区災害対策本部長（長沼地区住自協会長）が独自に避難準備情報を住民に伝達するとともに、自治体に対して避難勧告・避難指示の発出を要請する点であろう。これはまさに地元主導の防災ガバナンスだといえる。

令和元年東日本台風では千曲川本川の堤防の決壊により、隣接する豊野・古里《ふるさと》地区と合わせて９３４haが浸水した長沼地区では、９３９軒の住家が損壊・流出の被害を受けたが、災害研究者からは「過去の水害と比較すると建物被害数の割に人的被害が少なかった」（中居ほか ２０２０）と総括する声もある。それはリスクを踏まえたコミュニティリーダーの平時からの取り組み、発災前日の早い段階での災害時要援護者への避難勧告と誘導、そして越水の危機が迫り来るなか、櫓に上がって半鐘を叩き鳴らした消防団員の咄嗟の行動によるところが大きい。

りんご産地の形成史

北国《ほっこく》街道の脇街道の宿場町として栄えた長沼村は、千曲川が形成した自然堤防の肥沃な土壌を活かし、根菜類、綿花、藍などを栽培してきた。だが、度重なる水害によりそれらが衰退するなか、代わって現金収入源として期待されたのが、「冠水しても被害の程度が少なくて済み、また洪水による土壌侵蝕を防ぐ助け」（長沼村史編集委員会編 1975：349）となる桑である。しかし明治末期に相次いだ大水害により、当の養蚕業にもブレーキが掛かってしまう。

すでに長沼村赤沼では明治30年代以降、高見沢源太郎、小林伝之助らにより桑よりも水害に強いリンゴの栽培がはじまっていたという。「導入の初期においては試作の段階にあるだけに、万一の失敗……に備える意味もあって、先ず堤外地の、当時では条件の悪い畑に植えてみようとの考えがあった」（同351）。この時点で、赤沼では堤外地（河川敷）が共有地から個人所有に移行していたことも、[*1]永年性作物のリンゴを植えるのには好都合であった。やがて樹園地は堤内地へと拡大してゆく。

このように、桑園が樹園地に転換する文脈の一つが水害であるとすれば、もう一つの文脈は養蚕業そのものの衰退である。すでに大正末期に低迷していた生糸価格は、世界恐慌（1929年）により暴落し、養蚕先進県・長野は産業構造の転換を余儀なくされたのである。こうして県は「桑園整理3ヵ年計画」を策定（1932年）して桑園の畑地化、リンゴの栽培を推奨し、早生種の祝《いわい》、中生種の紅玉、晩生種の倭錦《やまとにしき》が導入されている。

第二次世界大戦後、長野県のリンゴの栽培面積は1962年に1万523ha、収穫量は1968年に31万6500tのピークを迎え、産地は文字通り「りんご景気」を謳歌する。だが、好景気が長く続くことはなかった。基本法農政によるミカンの選択的拡大、IMFの要請に伴うバナナの輸入自由化により、これ以降リンゴの栽培面積と収穫量は漸減したからである。

危機を承けて長野県は「うまいくだもの推進事業」（1968年）をスタートする。つがる（早生種）、ふじ（晩生種）への品種更新を進める一方、年間を通じて収入を確保し、災害リスクの分散を図る観点から、リンゴとモモ、ブドウなどの複合経営が模索されたのも、この時期のことである。一方、長沼地区では今しばらく「りんご景気」が続くことになった。国道18号線「アップルライン」の全線開通（1966年）により観光農園や直売所が集積し、「アグリ・ツーリズムの先進地」（林・呉羽 2010）として名を馳せることができたからである。

産地にとっての水害

長沼地区が令和元年東日本台風に見舞われた10月中旬と言えば、早生種のつがるが一段落し、「りんご三兄弟」と言われる秋映《あきばえ》、シナノスイート、シナノゴールドなど中生種の収穫、出荷に従事しながら、年末の贈答市場を賑わせるふじ（晩生種）の収穫にむけて最後の防除を完了する時期にあたる。その意味において、令和元年東日本台風は、りんご産地にとってきわめて重要な時期を襲ったことになる。

これまでも堤外地が浸水し、樹園地に土砂が堆積することはあったというが、堤内地を含めて、これほどの被害を受けたのは産地はじまって以来の出来事であった。堤防決壊地点に近い穂保区・津野区では土砂が数十cmほど堆積し、下流域の赤沼区では日本住宅の鴨居あたりまで浸水を記録している。住家から流れ出たと思しき家具や電気製品などは樹園地に散乱し、人の背丈ほどある枝にも災害ごみが絡まり付いていた。収穫を控えた果実には水や泥が付着し、衛生上、生果はもちろん加工品としても出荷できなそうな様子である。それだけではない。樹木の根回りは土砂に覆われて酸欠状態となり、やがて枯死する恐れもある。運搬用の軽トラックや防除用のスピードスプレーヤーも、浸水によりエンジンを起動できない状態となっていた。

発災直後の行政職員の見立ては、被災農地の復旧までに2～3年を要するというものであった。しかし、かりにこの見立て通りとなって春先の防除に間に合わなければ、カビを介して葉や果実が斑点状に黒くなる黒星病《くろほしびょう》が北信地方一帯に拡大しかねない。県内有数のりんご産地は、こうして次年度以降の生産さえ危ぶまれる状況に陥ったのである。何とかして樹園地から土砂を取り除くことができないか――それは長沼地区のりんご農家に共通する思いであり、やがて災害ボランティアにも共有されるものとなっていった。

では、農業ボランティア活動は被災地・長野において、関係者のどのような思いから組織されたのか。本章では災害前夜の農業セクターと市民セクターの動きを描き出したのち、ＪＡながの、ＪＡグリーン長野、長野県ＮＰＯセンターにより「信州農業再生復興ボランティアプロジェクト」が立ち上げられるプロセスと、その取り組み内容について論じるものである。

農業セクターの災害文化[*2]

「長野市内の農業災害を通覧すると、水稲とりんご災害（補償）が圧倒的」（長野市誌編さん委員会編　２００４：８３０）と論じる『長野市誌』（歴史編　現代）は、リンゴをめぐる農業被災として雹《ひょう》害・凍霜害・干害・台風の４つを指摘する。これまでも長野市周辺の千曲川堤外地は、梅雨や台風の時期に、数年~10年に一度の頻度で浸水被害に見舞われてきた。それもあって個々の農業者をはじめ、農業協同組合（以下、ＪＡ）、行政の農政部門などいわゆる農業セクターは、令和元年東日本台風以前から次のような災害文化を蓄積していた。

過去の経験からなんですが、まず果樹関係については、根が酸欠状態になってしまう。

堆積土が何㎝以上という部分で、もうデータがあるんで、その部分についてはできるだけ早く処置してあげないと、木が弱っていくということなんで。まず樹体の周り１ｍから２ｍの堆積土を除去して、根に酸素を入れてあげましょうということで、それが一点ありました。（2021/12/16ＪＡながのヒアリング）

水害により自身が所有、借用する農地に土砂が堆積した場合、排土するかどうかの決定を含めて、一連の作業は農業者（耕作者）の自助に委ねられる。というのも、上流からの堆積土には栄養分が含まれるなど、農業者のアドバンテージとなる側面が存するからである。付け加えれば、この地域では令和元年東日本台風が発災するまで、堤外地において数十㎝規模の土砂が堆積したことは一度としてなく、公的な災害復旧事業が組まれた事例は皆無であった。

川のなか（堤外地）でそういったこと（水害による土砂の堆積）があった場合には、恐らくほとんどの方が自分たちで直しちゃっている。……通常だったら、たとえ多少、水が乗っても、ちょっと土砂が数㎝堆積したりとか、ちょっと洗われちゃっているとか、逆に言えば、流れてきた土がけっこう栄養豊富だったりとか。……川のなかは皆さんのなかでやりくりしていたということで、われわれ（行政）のほうでも……手出ししていなかったんですよね。（2021/12/17長野市農林部ヒアリング[*3]）

堤外農地には農道が縦横に走っている。ひとたび水害が発生すれば、樹園地のみならず道路上にも土砂が堆積し、軽トラックやスピードスプレーヤーなどの通行に支障を来すことは想像に難くない。そのような場合、かつては農道に堆積した土砂を、堤外地の維持管理にあたる共有地組合が撤去し、最終的な排土を行政が担当するのが常であった。

だが、このような役割分担が農業者の高齢化の進展とともに立ち行かなくなるのは必定であろう。次第に互助の領域は縮小し、代わりに公助の領域が拡大していったのである。

19号台風（2019年）の前も3年に1度とか、2年続いて水が付いたりしたことがあって。ひどいときは道路に泥が堆積しちゃって。……トラクターの前にフロントローダーが付いているから、それで泥を押して道を通れるように、（共有地組合の）役員がやったりとか。ごみも収集所を設置して、そこへごみを集めて、市のほうで片付けてもらうっていうことも。（2022/06/09鶴ガ丘共有地組合ヒアリング）

増水、洪水になって堤外の道路に土砂が堆積した場合、以前は共有地（組合）の総代の采配で、泥をどける段取りを……重機を持っている方にお願いしてやってもらったりしていたんですが、今は（行政）区を通して森林農地整備課、市の担当部署に……速やかに撤去していただけるようにお願いしているかたち。（2022/06/09津野共有地組合ヒアリング）

農業労働力が減少するなか、被災した農業者が自身の樹園地に堆積した土砂を撤去したり、浸水した果実を処分したりすることが難しいケースもあるだろう。そのとき、彼ら彼女らの復旧作業をサポートする、どのような仕組みが存在するのだろうか。長野農業農村支援センター（前・長野農業改良普及センター）の職員は、過去の農業被災で見られたＪＡ、農政部門の職員によるインフォーマルな支援について、次のように説明している。

（大雪で）ブドウの棚が潰れちゃうから、（農業）ボランティアではないですけれども、全部、棚を斜めに起こして立ち上げる。……普通の部会員とか、農協の職員やうちの職員も行っていました。……機械ではできないですから、人海戦術ですね。……一つの畑に20人ぐらい入って、一気に（棚を）立ち上げちゃうんです。農協が中心になって（人員を）調整して、行政のほうに「応援隊を欲しい」ということで、（自分たちも）行ったりした。（平成16年台風第23号のとき）河川敷で、それこそ木の途中まで水に浸かっちゃって。……果樹の、リンゴの被害が大きかったですね。……みんなでボランティア行って、リンゴを取ったり捨てたりとか。（2022/10/19長野農業農村支援センターヒアリング）

「長野県災害時支援ネットワーク」の組織化

令和元年東日本台風では、のべ8万人を超える災害ボランティアが長野県に駆け付けたとされる。「One Nagano」と形容される、復旧・復興に向けた災害救援NPO・ボランティアなど多分野の連携・協働は、以下に述べるように、発災の数年前から準備されていたと考えられる。その中心にいたのが長野県NPOセンター、長野県生活協同組合連合会（以下、生協連）、そして長野県社会福祉協議会（以下、社協）の三者である。

長野県内第1号のNPO法人である長野県NPOセンターは、1999年の設立以来、市民活動団体の法人化支援、自治体・民間企業とのパートナーシップ構築を進めてきた中間支援団体である。この長野県NPOセンターが2017年に掲げたテーマが、持続可能な地域づくりのためのパートナーシップ促進であった。SDGsが社会的関心事となる一方、各地で災害が発生するなか、防災・減災と関係者の連携が課題化したのである。

他方、長野県生協連は、東日本大震災などで各地の地域生協が被災者支援活動を展開する様子を見て、「生協として何かできないか」という問題意識を抱くようになったという。折しも長野市で開かれた災害ボランティアセンター運営者研修に参加し、「全国災害ボランティア支援団体ネットワーク（JVOAD）」から県単位のネットワークの必要性について聞いたことで、「地元の災害救援の団体と顔見知りになって、いざっていうときに生協が役割を果たせるようになりたい」（2022/06/05長野県生協連ヒアリング）との思いを強めていく。

そこで、長野県生協連は長野県社協、長野県ＮＰＯセンター、長野県危機管理防災課に呼び掛けて、行政・社協・ＮＰＯの「三者連携」をテーマとした「災害時の連携を考える長野フォーラム」を開催する（２０１８年1月）。その後、日本労働組合総連合会長野県連合会、長野県長寿社会開発センター、日本青年会議所長野ブロック協議会などを構成団体にくわえ、月１回のペースでネットワーク会議を重ねていった。

こうして構築された「長野県災害時支援ネットワーク」（以下、「Ｎネットト」）は、図上訓練やタイムライン（防災行動計画）についての学習を進める傍ら、２０１９年に入ると県内各地の災害救援ＮＰＯ・ボランティアの交流会を毎月開催してゆく。そんな矢先に発生したのが、令和元年東日本台風に他ならない。「Ｎネット」は長野県広域受援計画に基づき、災害ボランティア担当として災害対策本部室に常駐し、情報共有会議の開催、市民セクターの調整を担うことになった。

ボランティアセンターの新たなかたち

長野県社協は「Ｎネット」の組織化と並行して、「まちづくりボランティアセンター」の構想を温めていた。社会福祉法の改正（２０１７年６月）に向けて地域共生社会がテーマとなるなか、地域力強化を検討する厚生労働省の報告書に記された、「地域住民、福祉以外の分野に関わる団体や企業の幅広い活動につなげていくため、社会福祉協議会の役割は重要である。特に、ボランティアセンターは、ボランティアを通じたまちづくりのためのプラットフォームとなる『まちづくりボランティアセンター』（仮称）へと機能を拡充させて、関係機関と協働していく」[*4]という文章が、その契機になったという。

（地域には）いろんな農業、産業とか、企業の皆さんとか、あとは仕事として、社会課題の解決っていうような、ソーシャルビジネス的なことをやってらっしゃる皆さん、たくさんいらっしゃいます。どちらかと言うと社協って、これまでボランティア活動とか、高齢者の地域での助け合いとかを応援するのがメインだったんですけど……まちづくりっていう視点でウィングを拡げることが……いろんな人が住み続ける地域を作っていくことにもつながる。（2021/12/16長野県社協ヒアリング）

こうして長野県社協は地域福祉、ボランティアセンター両部門の統合により「まちづくりボランティアセンター」を設立（２０１８年４月）し、高齢者・障がい者・こども・生活困窮者といった従来の枠組みを超えるかたちで、包括的、重層的な支援体制の構築に乗り出してゆく。

担当職員が『『まちづくりボランティアセンター』（について）……どんなイメージをしていけば良いのかは、もしかしたらこれ（農業ボランティア活動）がきっかけだったかもしれない』（2021/12/16同ヒアリング）と振り返るように、農業ボランティア活動はその後の「まちづくりボランティアセンター」の方向性を水路づける出来事となった。

災害廃棄物と「Operation One Nagano」

令和元年東日本台風の発災から数日のうちに、長野市社協は市内2ヵ所に災害ボランティアセンター（以下、災害ボラセン）を開設する。堤防決壊により浸水地域が広がった長野市北部では、柳原地区の総合市民センターに北部災害ボラセンが設置されたが、そこから長沼地区までは3〜4㎞ほど距離がある。そこで長野市社協は長沼地区の交流センターや公会堂、老人ホームなど地域施設を活用して5つのサテライトを開設し、マイクロバスで災害ボランティアを移送する形式を取ることになった（長野市社会福祉協議会 2021）。

たしかに災害ボランティアの流入とともに住家の泥出し、被災家財の片付けは進捗する。だが、まもなく被災地は大量の災害ごみの処分に困るようになった。というのも、長沼地区から長野市環境部が指定した仮置場まで、自動車で30分ほど要するうえに、道路は搬入車両の集中により渋滞を余儀なくされていた。そこで、長沼地区災害対策本部は公的機関などと交渉し、地区内の公園や堤防道路などを災害ごみの「仮置場」として活用したのである。こうして長沼地区にはトータル10ヵ所ほど「仮置場」が設けられたが、あちこちに積み上げられた災害ごみは生活環境を悪化させるなど、まもなく問題点として浮上する。

常会ごとに何ヵ所もそういうの（「仮置場」）を作ったんだ。常会長が（行政）区に「ここの土地を貸してくれ」みたいな話で。……これ（災害ごみ）を一番、片付けてもらいたい。……（でも）自衛隊が入れる道じゃないから、とにかく軽四（トラック）のボランティアを呼んで赤沼公園へ1回運ぼうと。そのボランティアを集めて、赤沼公園で、それも分別しながら。夜中、朝まで自衛隊が分別したものを運ぶ。文化の日だっけ、これで本当に、一気に景色が変わったんだ。（2021/12/16「長沼ワーク・ライフ組合」ヒアリング）

すでに10月下旬より始動していた「Operation One Nagano」とは、昼間はボランティアによる軽トラ隊が、長沼地区内の「仮置場」に出された災害ごみを赤沼公園・大町交差点まで移動させ、夜間は自衛隊や全国清掃事業連合会が、集積された災害ごみを重機や大型トラックにより、本来の災害廃棄物仮置場へ搬出するスキームである。11月初旬の3連休には、のべ6000人を超える大勢の災害ボランティアが被災地に駆け付けたが、このときの取り組みが、各所に災害ごみが山積した長沼地区の「景色が変わる」大きな転換点となったのである。

災害ボランティアから農業ボランティアへ

官民協働により災害ごみを処理する「Operation One Nagano」は、「災害NGO結」代表のMさんが、災害対策本部や情報共有会議で提唱したシステムである。このときMさんが見据えていたのは、必ずしも災害ごみ問題の解決だけではなかったことに注意しよう。

長野って災害廃棄物が大きな問題なんです。「One Nagano」というプロジェクト（は）……官民連携すると課題解決できるんだよ、という成功体験を作ることが、まず一つのねらいで。それができたら、たぶん被害は大きいけど、農地まで手を出せるな、と。早い段階から「One Nagano」の仕掛けと、農ボラ（農業ボランティア）的な動きができるような仕掛けを同時並行に進めて。……あれだけの漂流物と泥を搬出するためには、早い段階で、関心が高いうちにやらないとヤバい。（2021/06/09「災害NGO結」ヒアリング）

発災当夜に長野入りしたMさんは、高齢化により農業労働力が減少していた長沼地区では、樹園地から堆積土砂と災害漂着物を撤去する作業も災害ボランティアが担わなければならないと、当初より考えていた。長沼地区のりんごは、平成24年7月九州北部豪雨の被災地・阿蘇の高菜、西日本豪雨の被災地・宇和島のみかんと同様に「象徴的なもの」[*5]であり、その営農再開は、被災地が復興に向かっていることを伝える「メッセージ」として機能するのではないか、という視点がそこにはあった。

だが同時に、Mさんは過去の被災地支援の経験を通して、「家屋（の泥出し、片付け）で信頼関係を作って、そこから産業（の支援）に入っていかないと難しい」（2021/06/09同ヒアリング）ことをもまた如実に感じ取っていた。

家のなかのごみが無くなったら、次は地域のなかにあるごみが目立ってくるわけです。それを片付けて、そこが落ち着いたら、「では、次はここ」というように、どんどん視界が広がっていく。……農業も、リンゴが枯れるというのがどんどん見えてくる。……いきなり「リンゴの木からやりましょう」って言うと、目の前で困っている人たちからすると、結びつかないんです。「（家の片付けを）すっ飛ばしてリンゴなんてやれないじゃん」という話なんですよ。（2021/06/09同ヒアリング）

Mさんは、被災社会では「マジョリティから仲間を作る」ことが重要だと語る。これは、より多くの被災者が直面する課題から解決を図ったほうが、外部支援者と被災地・被災者の関係が円滑となり、結果的に復旧作業が進捗することを含意している。それはもちろん、少数者の課題を切り捨てて構わないという趣旨ではない。このときMさんは、少数の重機ボランティアとともに農地復旧を試行する「裏ミッション」を走らせ、まもなく噴出する被災農家のニーズに備えていたのである。

ただし、農地復旧には植物や農業土木に関する専門的知識が必要である。くわえて作業には時間を要するため、被災地への逗留期間が限られる災害救援NPO・ボランティアが独力で取り組むのは難しい側面もある。こうしてJAや行政の農政部門との連携・協働が課題化する。「Nネット」や「まちづくりボランティアセンター」のように、災前に準備された多分野の連携・協働を可能とする越境的ネットワークと、「Operation One Nagano」に見られる行政や自衛隊との協働の「成功経験」が、ここで大きな意味を持つことになる。

農業被災をめぐる共通認識の形成

住家、そしてコミュニティの「仮置場」から災害ごみが無くなれば、被災住民を取り囲んでいた「景色が変わる」。同時にそれは、災害ごみの向こう側に広がっていた、堆積土砂や災害漂着物に埋め尽くされたりんご畑という、もう一つの現実が見えるように「視界が広がる」プロセスでもある。このとき、被災住民はあらためて「リンゴの村」という長沼地区のアイデンティティを想起し、被災農地の復旧もまた解決すべき課題として認識するのである。

一方、被災により当季の出荷が不可能となり、来季以降の生産も諦めかけていたりんご農家は、災害ボランティアの手により住家の片付けが進むにつれて、「ボランティアの皆さんのご協力、あの姿勢を見れば、誰だって『これはやらなくちゃいけないな』って、そういう気になります」（2021/12/17長沼地区農家Kさんヒアリング）と、ふたたび生産意欲をみなぎらせるようになる。被災住民、そして被災農家がこのような主体過程を辿るからこそ、時間経過とともに住家から樹園地へ、復旧支援の対象が移行してゆくのである。

11月の土日月の3連休があって……かなり地域の復旧の様子というか、様変わりをしたタイミングだったんですね。地域の皆さん、家のことが何となく目処が立った。あそこは長野市の長沼地区という、それこそ農家の方が多いので、「家、何とかなりそうだ。じゃあ、今度は畑」で。……そこら辺のタイミングで、かなり地域の皆さん、住民感情として、畑というか自分たちの仕事というか、そっちに気持ちが移り変わってきたタイミングだった。（2021/12/16長野県社協ヒアリング）

生活から生業へ、災害ボランティアの活動領域を拡大するには、いかに関係者の「共通認識」を形成するかも重要となる。発災から数週間が経過し、まもなく冬が到来しようという状況のなか、土砂が堆積したままでは剪定、防除など冬季にすべき農作業を行うことができず、翌年以降の生産が危機に陥らざるをえないこと、そしてひとたび生業が失われれば、たとえ住家が再建できたとしても農業者の生活が立ち行かなくなることを、情報共有会議などの場面において、どのように外部支援者と共有するかが問われたのである。

住家が落ち着いてきたときに、農家さんがそういう（農地の復旧を求める）声を高らかに上げ出して、これは急がなきゃあかんな（と）。……もう11月の3連休の頃だから、もうあと1週間、2週間すると雪が降る、普通はね。これで雪降ったら、たぶん畑ほったらかしになっちゃうから……もうリンゴの木自体、諦めなくちゃいけないよね、という話だよね、みんなの共通認識としては。

専業農家にしてみれば、家が戻ったって結局稼ぐところが失われれば、この生活自体も諦めなくちゃいけない。そういう危機感というのはひしひしと伝わってきて。……公共の災害復旧工事が入る前でも、やっとかんといけないね、という動きに、もうドドッと変わっていった。（2021/12/17長野県ＮＰＯセンターヒアリング）

未曾有の農業被災と災害文化の不首尾

発災から2～3週間の後、長野県農業試験場の専門技術員は浸水被害に見舞われた農地を訪れ、堆積土の分析に着手する。その結果、長沼地区に堆積したのは粒子の細かい「はな泥」であり、畑の土として使用しても問題ないことが判明したという。[*6] だが、水分を多く含んだはな泥に覆われた樹園地は、すでに土壌中の酸素が欠乏している「グライ化（gleying）」の兆候を示していた。このグライ化現象により、モモやサクランボなど核果類、リンゴの若木やわい化樹は、やがて根腐れする危機に直面していたのである。[*7]

> 根の上に土が堆積していれば、呼吸障害が起きて樹体の枯死みたいな症状が出ちゃうのかなと、すごく心配したんです。……いっときに水が運んだ泥が溜まると、この部分ってすごく還元状態になっちゃうんですよ。有機物はあるし、それが酸素を消費すれば、当然その部分がグライ化する。……堆積土のところを掘ってみて、特殊なジピリジル（$C_{10}H_8N_2$）って試薬をかけると、還元状態だと赤く色が付くんです。……全部排土することに越したことは無いんですけど、株元だけでも排土するのが良いのかな、と。（2022/06/07長野県農業試験場ヒアリング）

以上のような分析結果も踏まえ、農業セクターはこれまで堤外農地が浸水したときと同じように、職員による「人海戦術」を展開しようと考えたという。

今回、（農業）ボランティアがはじまる前なんですが、農協としても行政の方と入ったんですよ。「やりましょう」ということで。……（でも）あまりにも規模がでかくて、20人か30人で入って農地（の泥出しを）やっても、1週間やってもろくに進まなかった。……皆さんも精神的にかなり参っちゃったという。やっても前に進まないし、どこからやって良いかもわからないですし。……職員も1週間やったら、本当に悲鳴上げてましたね。悲鳴というか……もう絶望感。（2021/12/16 JAながのヒアリング）

過去の水害で見られた数cmの堆積厚と、堤防決壊により堤外、堤内の広範な樹園地に数十cmほど土砂が堆積した令和元年東日本台風の被害状況は、あまりに懸け離れていた。「悲鳴」や「絶望感」が物語るように、従来の災害文化――農業セクターの「人海戦術」――によって問題解決を図ることが困難であるのは、被災現場に足を運んだ者の目には明らかであった。

だが同時に、いわゆる社協型の災害ボラセンを通して農地の復旧を支援することはできないという事実も、農業セクターに突きつけられる。

住宅の方の支援は（災害ボランティアが）普通にやっている。じゃあ農業、農地に入った支援をするとなると、ここが一つ大きなネックで、生業を支援できない。……別団体を形成しなければ、大手を振ってできないだろうというのが、当時の説明のなかの理解だったんです。……通常のボランティア団体さんは、農地の方に行けないということで、あくまでも別団体を組織したなかで、支援体制を組まなきゃいけない。……そこら辺の仕組みが、もう全然、スタートがゼロだった。（2021/12/16同ヒアリング）

「信州農業再生復興ボランティアプロジェクト」の始動

すでに被災現場ではインフォーマルなかたちで、災害ボランティアが農地の泥出し、災害漂着物の撤去に従事するケースも見られるようになっていた。県社協の担当者は「ボランティアセンターから活動に行ったボランティアさんが、いつの間にか畑に連れて行かれている。……災害ボランティアセンターの括りで行くと、際限が無くなる」（2021/12/16長野県社協ヒアリング）と、危機感を抱いたという。

そこで農地の応急復旧をフォーマルに支援する、新たなボランティアセンターの立ち上げに向けた協議が、長野県農政部、JAながの、JAグリーン長野、長野県社協、（市民活動を所管する）長野県県民文化部県民協働課、そして「Nネット」をメンバーとしてはじまる。11月9日にスタートした会議は3日間にわたって続けられたという。[*8]

JA（ながの）さんから、農業全体が必要なんだという話、見せ方はあるんだけども、やっぱり農家の声としては「まずはリンゴですよね」という話を聞いていた。ＪＡグリーン長野さんからは堤外地のモモが、ほぼほぼやられちゃっていると。残ったモモもあって、そこはニーズがまた出てくるんじゃないか、という話があって。川中島白桃もリンゴと並んで有名だから、「モモもプロジェクトのなかに含めましょう」ということで最初は考えた。結果的にモモは、ほぼほぼ堤外地だったし、これはもう諦めて植え直しをしなくちゃいけない状況だと掴めたから、リンゴに集中してやろうと。（2021/12/17長野県ＮＰＯセンターヒアリング[*9]）

一番最初、この農ボラ（農業ボランティア活動）の名前を考えるときに、「りんごボランティアセンター」だったり、いろんなことを考えたんですよね。ただ県とか行政方の考え方で、最終的にはリンゴとかモモとか、果樹の根回りというような活動に落ち着いたんですけれども、「冠は、農業の全体を支援しているというのを出してくれ」という風に言われた覚えがあります。（2021/12/16長野県社協ヒアリング）

こうして２０１９年11月14日、ＪＡながの代表理事組合長、ＪＡグリーン長野代表理事組合長、そして長野県ＮＰＯセンター代表理事の三者を共同代表として「信州農業再生復興ボランティアプロジェクト」が設立される。翌々日の11月16日から12月15日まで、１ヵ月ほど展開されたプロジェクトでは、のべ7000人のボランティアが樹園地の災害漂着物の片付け、樹体の根回りの泥出しに従事することになった。この間、活動場所も長野市長沼地区を中心として、隣接する豊野地区、さらに中野市、須坂市へと拡大している（図7－2）。

「信州農業再生復興ボランティアプロジェクト」の活動拠点（以下、「信州農業ボラセン」）はアップルラインに面し、アクセスの良好な「アグリながぬま（長沼農産物直売所）」に設置された。穂保区の災害ボラセン「りんごサテライト」と併設されたことで、来訪するボランティアの余剰が発生した際、「信州農業ボラセン」に振り分けることも可能であった。ボランティア窓口の併置は、熊本地震の被災地・西原村（第4章）でも見られたメリットである。

団体で来られるところについては、「申し訳ないけど……この日はなかなかあんまりニーズが無いんで、農業ボランティアのほうに回ってくれませんか」みたいな交渉をしながら、差配してた。そこが、（災害ボラセンと）同時期に立ち上げられたメリットだったんです。……ボランティアの、来ていただける気持ちを維持しながら、農業ボランティアのほうにも振り向けていくというオペレーションは、本当に意識してましたね。（2021/12/17長野県ＮＰＯセンターヒアリング）

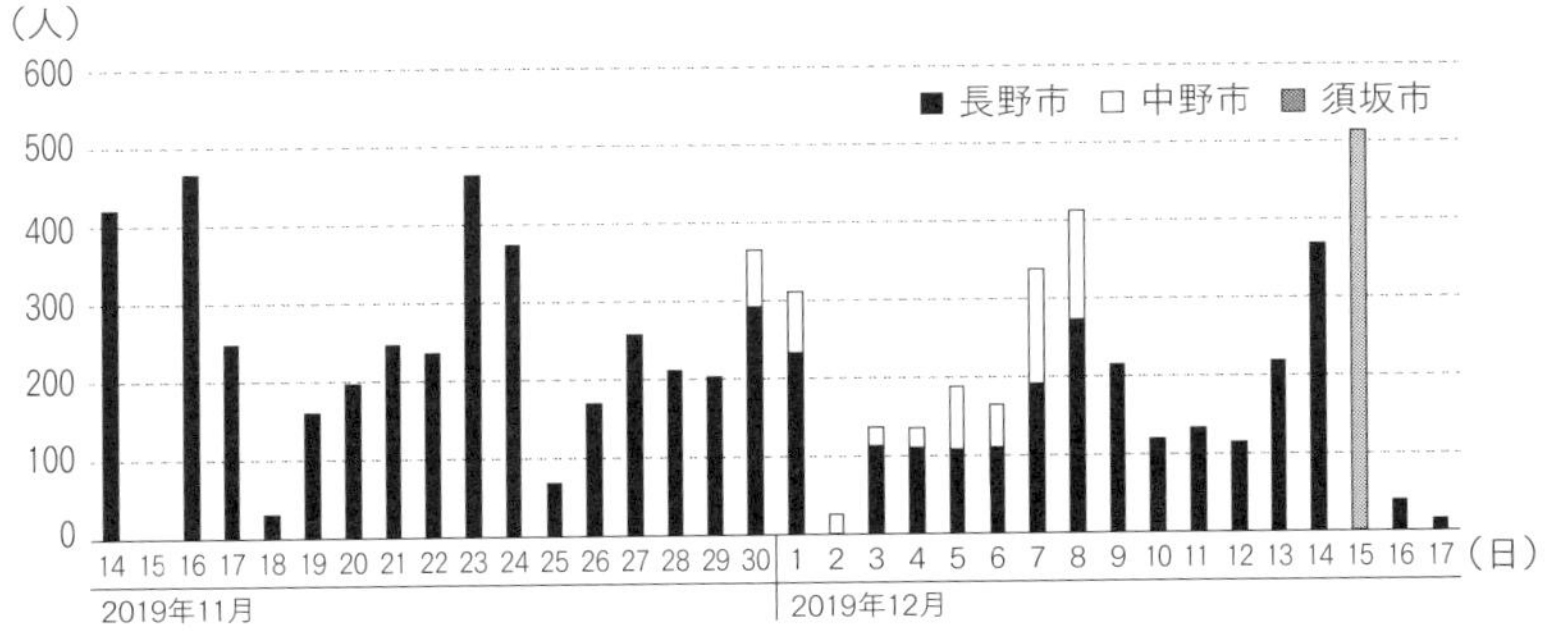

図7－2　ボランティア参加者数の推移

注）山室（2020）をもとに筆者作成（11月14日はトライアルとして実施）。

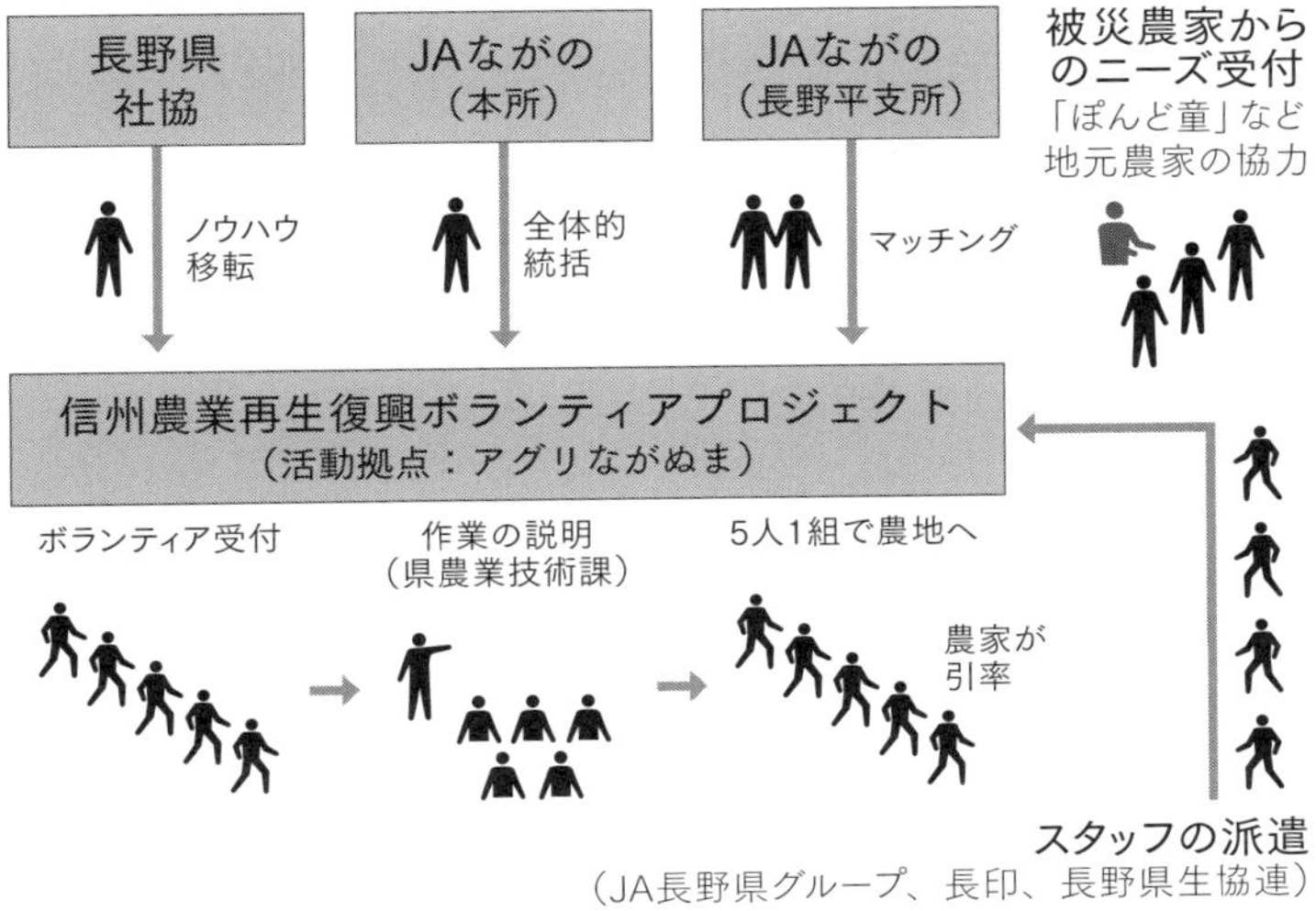

図7－3　「信州農業再生復興ボランティアプロジェクト」の組織関係図

注）ヒアリングをもとに筆者作成。

「信州農業ボラセン」の運営は、長野県社協のノウハウ移転により災害ボラセンを踏襲した形式で行われ、ＪＡながの本所が全体的統括、長野平支所が被災農家のニーズとボランティアのマッチングに従事している。一方、ボランティアへのインストラクションは長野県農業技術課が担当し、５人１組のチームを引率するのは被災農家自身の役割とされた。

この他にもＪＡ長野県グループ、㈱長印《ちょうじるし》（現・Ｒ＆Ｃながの青果）、長野県生協連が「信州農業ボラセン」にスタッフを送り出している。くわえて「長沼林檎生産組合ぽんど童《どう》」[*10]（以下、「ぽんど童」）や農協女性部など被災地元の協力も得られるなど、まさに地域を挙げて「信州農業再生復興ボランティアプロジェクト」が展開されたことがわかる（図７－３）。

争点化した土砂撤去の手続き

堤防決壊により堤内地に流入した土砂は、長野市北部の広い範囲で建物内のみならず道路上にも堆積した。災害ボランティアが住家から泥を出し家財道具の片付けを進めるなか、周辺道路に土砂が堆積したままでは人や車両の動線を確保できず、復旧作業の支障とならざるをえない。そこで行政当局（長野市建設部維持課）は発災から2～3週間のうちに、県道や市道からの土砂撤去を急いだ経緯がある。並行して農林部森林農地整備課と建設部維持課は議論を重ね、11月上旬より堤内地の農道についても土砂撤去に着手している。

堤内に関しては、農地を直す前に動線が確保できていなかったので、もう必然的に道路からという話になったんです。……「農道は、市道は」という風に分けて施工すると、それはそれで時間がかかってしまうというところで、長野市の（建設部）維持課とわれわれ森林農地整備課のほうで連携して、市道、農道にかかわらず同時に、まず道路の動線を確保しようというところで、随時、排土業務をやっていきました。（2021/12/17長野市農林部ヒアリング）

その後、農業ボランティアが樹園地で活動をはじめた11月中旬には、行政サイドは農業者本人からの申し出を待つことなく、「堆積土砂厚20㎝以上」の農地から優先的に土砂を撤去する方針を決める。そこには次のような思いがあったとされる。

国の補助基準だと5㎝以上（土砂が）溜まれば、っていう風な基準もあるんですけれども……今までの事例を見ていると、（堆積土砂厚が）20㎝程度になってくれば、やはり農家の方の自主復旧が難しくなってくる。……「堤内地であって20㎝以上」っていうのは……一番は数字がどうこうじゃなくて、要は（農業者の）皆さんに動き出すきっかけを与えたい、っていう。（2021/12/17同ヒアリング）

災害ボランティアの活動領域が住家から樹園地へ拡がるのと軌を一にして、排土の対象は公共性の高い道路から個人の財産である農地へ向かっていく。このとき争点化することになったのが、農地から土砂を撤去する際の手続きに他ならない。行政による当初案は、被災農地の一筆一筆について、土地所有者が押印した工事許可書がなければ、土砂を撤去する作業には着手できないというものであった。

しかしながら、堤防の決壊により土砂が数十cm堆積した穂保区・津野区では、行政が提示する形式的な手続きの完了を待っていたのでは、剪定や防除などの作業ができないばかりか、グライ化の兆候を示していた樹木が枯死する恐れが大きかった。地元農家は「いち早く災害ごみの撤去と泥の撤去をやるべきだ。それがリンゴの樹に負担をかけないいんじゃないか」(2021/12/16長沼地区農家Tさんヒアリング)との考えから、農政部門職員や土木建設業者との協議を重ね、ブロック単位で土砂を面的に撤去する「ローラー作戦」を展開する。[*11] このとき農地の所有者や耕作者から同意を調達する役割を担ったのは、「ぽんど童」をはじめとする若手農家であった。

災害復旧事業と農業ボランティア活動

当初、数年を要すると思われた排土作業がこうして加速する。のべ7000人を数える農業ボランティアの手により、重機では難しい「細かな作業」が完了していただけでなく、201

9〜20年の降雪が少なかったという偶然的事情も、そこには介在していた。この時期、通常であれば土木建設業者は排雪作業に追われるが、このような少雪により、土砂の撤去に従事できる業者が当初予定の6社から39社にまで拡大したのである。農地への土砂堆積が甚大であった穂保区・津野区の堤内地では、２０１９年のうちに土砂が片付けられた。下流域の赤沼区や堤外農地においても、同年度末までに撤収作業が完了したという。

われわれが依頼している業者もやはり土木の業者なので、果樹とかに精通していないところが、ほとんどなんです。……（ボランティアの取り組みは）リンゴの根回りやってみたりとか、ごみの集積、ごみの除去とか……本当に地元の方の意向とか、ＪＡさんとかの話も聞きながら、細かな作業っていう、本当の人足というか、とても助かったところはあるんです。……そういった間に入って、「緩衝帯」じゃないですけど。

次の営農期に間に合わせるとなると、3月ぐらいまでにある程度何とかしないと。……雪が少なかったおかげで、けっこう排土の業務が進んだんですよね。来春に間に合わせるなんて不可能だろうという思惑のなか……大部分について営農可能な状態というか、排土業務が完了したという背景がございました。（2021/12/17長野市農林部ヒアリング）

農業ボランティア活動の終了に前後して、「農福片付けプロジェクト」がはじまった点についても付言しておこう。これは、農業ボランティアが被災農地の一角にまとめた災害漂流物の撤去を、災害復旧事業にある直営施工方式により4つの社会福祉法人へ委託し、障がい者が福祉就労の一環として担うものである。*12 2019年12月から2020年2月までの期間、のべ600名の障がい者が農協青年部のメンバーとともに片付けに従事したという。

以上のように被災農業者、農業ボランティア活動、農福連携ともいえる障がい者の就労、そして災害復旧事業(土木建設業者)が、早期の営農再開に向けて有機的に連携したことで、被災農地は次シーズンに向けた本格作業を前に、ふたたび元に近い姿を見せることになった。

被災地・長沼の生活と生業の今

令和元年東日本台風の発災から5年が経過した。長沼地区では農業ボランティア活動や災害復旧事業が功を奏してりんご栽培が再開し、順調な出荷が続いている。だが、生活面に目を向けてみると、住民が要望していた災害公営住宅の建設は叶わず、2024年7月の人口は1953名、世帯数は806であり、災害以前の水準を取り戻せていない。とりわけ被害が甚大であった津野区では人口が大きく減少し、行政区の維持さえ見通しがたい状況が続いている。

首尾よく営農が再開された堤内地とは対照的に、あらためて水害リスクが覚知された堤外農地は、上流域を除き、遊休化が加速することになった。破堤箇所の周辺では多くの農家がリンゴを抜根し、今日、地区外の農業法人が農地中間管理機構を介して農地を借り受け、豆や麦を栽培している。だが、法制度的に国有地として位置づけられる占有地（9条地）[13]、権利関係が輻《ふく》輳《そう》した共有地は他者（農業法人）による利活用が難しく、雑草が生い茂るのに抗うべく、関係者がひまわりや菜の花を植えて景観を保とうと奮闘している。１９６０年代当時「りんご景気」を現出した堤外農地は、半世紀後の今、それぞれが抱える課題の個別化に直面し、まだら模様を呈している。

問題はそれだけではない。リンゴの百年産地もまた近年の極端気象から逃れられずにいる。リンゴは開花が近づくにつれて低温に弱くなる傾向があり、凍霜害を受けると中心花が曲がったり落ちたりし、結実できても形状が悪く商品価値が落ちてしまう。また、気温が15〜20度に下がらないと赤く色づかないため、夏場から収穫期にかけての高温が着色不良を引き起こすことになる。このような被害が相次ぐことで、北信地方のりんご農家のなかには、市場価格が高止まりしているシャインマスカットへの転換を図るケースも少なからず見られるという。

一方、コミュニティでは新たな取り組みがはじまっている。発災当時、行政区の役員を務めていたNさん（当時60歳代男性）は、「犠牲者2名は奇跡なんて言われるんですけど、2名って重いんです」[14]との思いを胸に、行政区長や消防団などに呼び掛けて「防災・減災まちづくり座談会」を立ち上げる。長野市危機管理防災課や千曲川河川事務所などの協力も得ながら、長沼地区では千年に一度の水害リスクに照準し、流域警戒ステージに合わせたコミュニティタイムラインを導入し、地区防災計画と避難ルールブックを改定（２０２１年12月）している。

災害復興に向けて地元被災者による団体が相次ぎ組織されるなか、公費解体跡地や耕作放棄地の適正管理、その後の流動化を活動領域として、２０２１年に設立されたのが「長沼ワーク・ライフ組合」である。雑草が生い茂れば住居地域では環境や景観が悪化し、農地では病害虫や野生鳥獣による被害に悩まされることは想像に難くない。こうした課題を解決すべくはじまった有償ボランティア「おたすけ会員」による除草活動は、３年目を迎えた２０２３年は公費解体跡地で59回、耕作放棄地で96回を数えるまでに浸透している。

大水害から5年を迎えた「リンゴの村」は復旧・復興の途上、あらためて人口減少や農地の遊休化など、災前からの課題に直面することになった。災後はじまった新たな取り組みは、どのような地域再生の実を結ぶだろうか。それは開かれた問いとして残されている。

註

＊1　千曲川流域における農業の特徴は、堤外地（河川敷）で果樹が栽培される点にこそある。水害による農業被災を平均化すべく導入された、地割慣行と土地利用の変遷について研究した吉田和義は、「千曲川の堤外の地割慣行地の土地利用は、左岸と右岸で異（な）る。左岸は果樹が卓越し、りんご・もも・ネクタリン・くりなどが栽培される。これに対し右岸はほとん

ど普通畑である」（吉田 1987：8）と述べる。

＊2 関谷直也（2007）は、災害文化を以下の二つに分類している。一つは、民間伝承、災害観（天譴論、運命論、精神論）、現代の災害観（インターネット掲示板など）から構成される「現象論的災害文化（disaster sub-culture）」であり、もう一つは、物語や口承による災害教訓の伝承、モニュメント、防災対応としての文化、都市計画的防災文化から構成される「規範的災害文化（normative disaster culture）」である。ここで言及する農業セクターの災害文化とは、過去の災害経験を踏まえ、農業者の復旧支援や、そのための動員に関するコンセンサスが関係機関のあいだで共有されている点で、後者の「規範的災害文化」にある防災対応としての文化に近い。

＊3 土木史研究は、水害による農地被害を、程度に応じて「永荒（川欠）」「砂入」「損耗」という3つのカテゴリーに分類している（山田・田辺 1985）。引用文中にある「土砂が数cm堆積」は「砂入」、「(農地が) ちょっと洗われる」は洪水流が河岸を洗掘し、農地が河川敷から削り取られる「川欠」に、それぞれ該当していよう。

＊4 厚生労働省「地域における住民主体の課題解決力強化・相談支援体制の在り方に関する検討会（地域力強化検討会）」中間とりまとめを参照。https://www.mhlw.go.jp/file/05-Shingikai-12201000-Shakaiengokyokushougaihokenfukushibu-Kikakuka/0000149997.pdf（2024/12/10アクセス）

＊5 「災害NGO結」は平成24年7月九州北部豪雨の際、地元の「阿蘇災害ボランティアベースZEN」のメンバーとともに、高菜の栽培・収穫、高菜漬けの製造・販売を行う「阿蘇タカナリボン運動」を展開した経緯がある。一方、西日本豪雨では団体内に「Social Shop 半人前」という販売部門を設立し、吉田町の被災農家や多機能型支援施設などと連携して「つな

がるみかんジュース」の製造・販売を行ってきた。このように、被災地にとって「象徴的なもの」を復旧・復興することの意味合いについては、あらためて第8章で考察しよう。

＊6 長野地域振興局長野農業農村支援センター・農地整備課、２０２１年、『令和元年東日本台風からの復興の道のり』を参照。

＊7 この専門技術員は災前より面識のあった災害救援ＮＰＯ「日本笑顔プロジェクト」代表のＨさんとともに、果樹の根回りの泥出しマニュアルを作成し、これをベースとして小布施町では農業ボランティア活動が展開された。このマニュアルは程なくしてＪＡながのへ伝わり、「信州農業再生復興ボランティアプロジェクト」でも参照された経緯がある。

＊8 この会議には、阪神・淡路大震災以来、全国各地で被災地・被災者支援に従事してきたＮＰＯ法人「さくらネット」（兵庫県神戸市）も加わり、アドバイスを行っていたという。

＊9 堤外地でモモを栽培してきたエリアの一つに、千曲川右岸の須坂市福島《ふくじま》地区がある。令和元年東日本台風により、ここでも樹園地に相当量の土砂が堆積したが、堤内地の浸水被害が少なかったため、農業者が自力復旧できた経緯がある。その後、中堅世代のもも農家十数名が「福島大島地区再生を目指す会」を結成（２０１９年11月）し、将来的な農地の集約化を視野に入れながら、被災により遊休化した農地にワッサーのモデル園を開設している。

＊10 「ぽんど童」は耕作放棄地の増加により病害虫の発生が懸念されるなか、長沼地区の若手農家10数名が結成（２０１０年）した生産組合である。離農する農家から樹園地を借り受け、早生種（夏あかり）、中生種（秋映）などを栽培・出荷し、農地の維持管理を図っている。２０２３年より就農を希望する地域おこし協力隊員の支援も担っている。

＊11 住家の浸水深が１~２ｍに達する一方、農地への土砂堆積は数㎝程度にとどまった赤沼区では、行政案通りに土砂撤去がおこなわれた（2024/12/17長沼地区農家Ｔさんヒアリング）。

＊12　「農福片付けプロジェクト」の背景として、2019年3月に設立された「長野県災害福祉支援ネットワーク協議会」が挙げられる。これは、災害時における福祉事務所の相互応援、災害派遣福祉チーム（DWAT）の養成などを目的とした官民協働のネットワークである。

＊13　占用地とは、旧河川法の河川区域指定により私的所有権が消滅する一方、施行規則により優先占用権が規定された土地である。直系親族以外はこの権利を継承することができない。

＊14　2021/10/03NHK総合テレビ「明日をまもるナビ　台風から命を守るには」を参照。

第8章　農業ボランティア活動の課題と展望
——制度化と伝播の様相、そして連帯のゆくえ

——共同体は、ロゴスの分有《パルタージュ》＝分割に従って思考されるべきものとして留まっている。このことは確かに、共同体の新たな基礎を成すことはできない。しかしこのことは、おそらく、共同体についての未聞の責務を差し示している。(Nancy 1982＝1999：82)

農業ボランティア活動の難しさ

はじめに今日の農村地域が置かれている状況を、多少駆け足になるが、これまでの社会変動のなかに位置づけ直してみよう。高度経済成長期以来、農村地域では次・三男を中心に、進学・就職をきっかけとする都市部への社会移動が進展していった。その後、農村工業の進出に

よる兼業化、市街地の拡大にともなう混住化が進行したことは周知の通りであろう。これに伴い、農村人口に占める農業従事者の割合は減少の一途を辿ることになる。

このような社会構造の変化は、災害時はもちろん、平時においても住民同士の互助をベースとした「村落的生活様式」(倉沢 1977)の維持を困難にする。かつて生活と生業の両面で自律的であった農村は、こうして都市化、生活の社会化とともに次第に脆弱な状態へ追い込まれていった。そのような局面において、村落型災害が多発するようになったのである。

災害救援の世界に目を向ければ、阪神・淡路大震災以降、災害ボランティアによる被災者支援活動が本格化し、社会福祉協議会(以下、社協)を運営主体とする災害ボランティアセンター(以下、災害ボラセン)が制度化される。だが、農業・農村の復旧・復興は、農的生活が「生産と生活を一体化させた生活構造」(徳野 2011:280)であることを反映し、生活支援を旨とする災害ボラセンの枠組みからこぼれおちていった。「共助としての農業ボランティア」は、こうして災害ボランティアから10~15年ほど遅れて登場したのである。

農業ボランティア活動が各地で展開された2010年代は、被災地のいくつかで「『民間』災害ボランティアセンター」(頼政 2024)が設立された時期でもある。こうした民間の災害ボラセンには、本書で取り上げた農業ボランティアセンター(以下、農業ボラセン)以外にも、技術や資格を有する人々が重機の使用、高所での作業により住家の復旧を支援する「テクニカル(系)ボランティア」(木村 2019)、在宅で被災生活を送る障がい者のスペシャルニーズを支援する障がい者センターなどが含まれている。これらの取り組みは社協型災害ボラセンとは異なる論理に基づき、災害ボランティアの活動領域を押し広げた点に特徴がある。

ただし、遅ればせともいえる農業ボランティア／農業ボラセンの登場は、必ずしも社協型災害ボラセンの限界という外在的理由だけに起因するものではなかった。農業ボランティア活動は開始と終結の時期、活動領域や作業工程などをめぐって、つとに取り組みの困難性が指摘されてきたからである。[*1] たとえば、被災した住家の清掃が急務とされるなか、いつ農業ボランティア活動に着手すべきか。発災から3〜6ヵ月のうちに外部支援団体が撤退する傾向にあるなか、いつまで活動を継続すべきか。ボランティアの支援活動と公的な災害復旧事業、被災農家の経済活動をどのように線引きするか等々が、すでに争点化していた。

本書の第2〜7章に登場したアクターたちは、現場で直面するこれらの実際的な課題を、それぞれの地域事情と被災状況に照らしながら整理することで、農業ボランティア活動を起動させていった。そして、その現場知、実践知は徐々に蓄積されはじめている。

農業ボランティア活動の「制度化」

これまで農業ボランティア活動は、通時的に言えば、既存の非営利組織による一時的な活動領域の拡大という「前組織化期」（〜2010年）、農業・農村の復旧・復興をテーマに掲げる団

前組織化
～2010年

既存の非営利組織による一時的な活動領域の拡大

- 平成16年台風第23号（2004年）
  …まち・コミュニケーション（災害救援NPO）
- 新潟県中越地震（2004年）…JEN（国際NGO）
- 平成24年７月九州北部豪雨（2012年）
  …山村塾（里山保全・環境NPO）

組織化
2011年～2016年

農業・農村の復旧・復興をテーマに掲げる団体の結成

- 東日本大震災（2011年）…ReRoots
- 平成24年７月九州北部豪雨（2012年）…がんばりよるよ星野村
- 熊本地震（2016年）…西原村農業復興ボランティアセンター
  （西原村百笑応援団）

制度化
2017年～

被災地域のJAによる農業ボランティアセンターの設立

- 平成29年７月九州北部豪雨（2017年）
  …JA筑前あさくら農業ボランティアセンター
- 西日本豪雨（2018年）…JAえひめ南みかんボランティアセンター
- 令和元年東日本台風（2019年）
  …信州農業再生復興ボランティアプロジェクト

図８－１　農業ボランティア活動の展開
注）筆者作成。

体の結成という「組織化期」（２０１１～16年）、そして被災地域の農業協同組合（以下、ＪＡ）による農業ボラセンの設立という「制度化期」（２０１７年～）からなる、複数のステージを経てきたように思われる（図８－１）。ただし、農業ボランティア活動の「制度化」と言っても、それは社協型災害ボラセンのように、全国・都道府県・市町村社協というピラミッド構造のなかで制度化されたわけではなく、まだ各地各所で萌芽的形態が見られる段階であることに留意されたい。

では、農業ボランティア活動

に従事する組織の特徴は、理論的にどのように整理できるだろうか。この問いを考えるうえで補助線として導入したいのが、オハイオ州立大学災害研究センターにおいて社会学の立場から災害研究に従事した、ダインズとクワランティリの議論である（Dynes and Quarantelli 1968）。ダインズとクワランティリは、災害前後における組織の構造と機能の変化に注目し、災害関連組織を次の４つに類型化している。

その類型論は、①平常時の活動を緊急時にも行うが、平常時の処理能力を超える対応はできない「定置型（established）組織」、②平常時から他者に期待され、かつ自身も予定している活動を、組織の構造を大幅に拡大しながら行う「拡大型（expanding）組織」、③平常時にはまったく予定されていなかった活動を、災害時に展開する「転置型（extending）組織」、そして④緊急時に創出される一時的な集団であり、既存組織では実施できない活動を行う「創発型（emergent）組織」の４つから構成される。*2

このような理論的枠組みを踏まえたとき、農業ボランティア活動の組織形成は、次のように説明できるように思われる。

２０１０年代前半の「組織化期」には、創発型組織が農業ボランティア活動を立ち上げる傾向が認められる。たとえば、東日本大震災における「ＲｅＲｏｏｔｓ」は、自治体の農政部局が水田の復旧に注力するなかで、一方、熊本地震における「西原村農業復興ボランティアセンター（西原村百笑応援団）」は、シルバー人材センターが事業停止する状況下で、それぞれ既存組織に代わって畑地のガレキ拾い、サツマイモの苗植えなどのニーズに対応すべく、緊急的に組織されたものである（第2・4章）。

この時期の災害現場では、先行する「前組織化期」に見られた転置型組織[*3]も確認することができる。近年、九州地方で災害救援活動を積極的に展開している「山村塾」は、結成当初、中山間地域における棚田や森林の保護を目的とした里山保全・環境NPOであった。だが、平成24年7月九州北部豪雨によって自身の活動フィールドが被災したことを承けて、それまで手掛けて来なかった農地の復旧や、被災した地域の農家の手になる棚田米の販売などに取り組んでいる（第3章）。この経験は、平成29年7月九州北部豪雨の被災地でも、「黒川復興プロジェクト」と連携するかたちで活かされている。

以上のような創発型組織や転置型組織では、組織の結成や活動内容の拡張に関する意思決定が、属人的なかたちで行われるのが常である。「ReRoots」の場合、社会運動をライフワークとしてきた代表者のHさんが、運動者／支援者の〈当事者性〉について強い問題意識を持っていたこと、「山村塾」の場合、代表者のKさんが長年活動してきた地域で発生した水害であること、そして「西原村農業復興ボランティアセンター」の場合、中心的役割を担ったKさんが「地域サポート人材」として中山間地域の生活と生業に通暁していたことが、農業ボランティア活動を推進する要因となったことは言うまでもない。

このような組織形成のありようは、たしかに農業ボランティア活動の起こりについて、物語的に説明することを可能にするだろう。しかし、それは「あの人、あの組織」が（い）なければ活動が成立しなかったかもしれない、という偶有性もまた伴うものである。それゆえ、属人的なままでは活動が安定的に遂行できると言いがたいところがある。

一方、平成29年7月九州北部豪雨、西日本豪雨（平成30年7月豪雨）、令和元年東日本台風では、農業経営に関する専門性を有するＪＡが、自治体や災害救援ＮＰＯの支援を受けながら新たにボランティアセンターを設立することになった（第5〜7章）。平時に農業者の営農指導を行うＪＡという組織が、災害時に、被災した農業者を支援するために事業領域を拡張することは、多くの人々にとって自然な流れ、安定的な体制として映ることだろう。それゆえ、ＪＡを担い手とする農業ボラセンは、たしかに萌芽的であるとはいえ「制度化期」と概括できるように思われる。災害復興対策室を新設したＪＡ筑前あさくらのように、より内発的に位置づけられた場合には、まさに前述の拡大型組織に合致するものとなるだろう。

もちろんＪＡは共益を志向する協同組合であるため、組合員以外を対象とした事業を展開することを不得手とする側面もある。そこで、被災した組合員にとどまらず、より多くの農業者のニーズに応えるために、行政・ＪＡ・ＮＰＯの三者連携やマルチセクターのプロジェクト形式により、農業ボラセンが構築されたと解釈することもできよう。目の前の農地復旧にとどまらず、中長期的な農業復興を考えれば、農業試験場や農業改良復旧センターなど、専門性を有する公的機関との連携・協力も不可欠であろう。

災害内伝播と災害間伝播

この間に展開された農業ボランティア活動を精査すると、公的機関や災害救援ＮＰＯのネットワークを通して、そもそもの取り組みの必要性、組織や活動の具体的なあり方といった「支援のレパートリー」が伝えられた様子が浮かび上がってくる。では、それはどのような形式で行われたのであろうか。

この点を検討する際に導きの糸となるのが、Ｅ・ロジャーズのイノベーション論を背景として、１９９０年代に英米圏の社会運動論で彫琢された「伝播／拡散（diffusion）」概念である。社会運動に関する実証研究は、どちらかと言えば運動の発生や発展にフォーカスすることが多く、運動体のつながりがテーマとなることは比較的少なかった。そのような学問状況のなか、マックアダムとルヒトはアメリカとドイツにおける左派的な社会運動を事例として、運動の思想や戦術が、発信者と受容者の直接的なコミュニケーションや、マスメディアや出版物といった非関係的なチャネルを通して、異なる社会運動の間で、さらに国境を越えて伝播する様子を描き出している（McAdam and Rucht 1993）。

彼らの議論を踏まえたとき、本書が取り上げた農業ボランティア活動に見られる伝播は、次の２つの類型によって整理することが可能となるだろう。

第一に、同一の災害を受けた被災地域間で取り組み内容が伝播されるケースである。たとえば、平成24年7月九州北部豪雨では、「山村塾」や「がんばりよるよ星野村」が福岡県八女市で実施した農業ボランティア活動の内容が、同じ災害で被災した福岡県うきは市へ、自治体職員を通して伝えられた（第3章）。平成29年7月九州北部豪雨では、「東峰村元気プロジェクト」が実施した棚田や水路の復旧活動が、「全国災害ボランティア支援団体ネットワーク」（以下、「JVOAD」）を介して隣接する福岡県朝倉市（行政・JA）に伝わり、やがて三者連携のかたちで「JA筑前あさくら農業ボランティアセンター」が設立されている（第5章）。

一方、西日本豪雨では、愛媛県宇和島市で実施されていた農業ボランティア活動が、マスメディアや行政職員を通じて松山市の担当部局に伝えられ、交通アクセスの悪い島しょ部での実施方法が検討された（第6章）。令和元年東日本台風においては、長野県小布施町に拠点を置く災害救援NPO「日本笑顔プロジェクト」と県農業試験場の専門技術員が検討した「果樹の根回り1〜2mの泥出し」という手法が、程なくしてJAながのに伝わり、その後の「信州農業再生復興ボランティアプロジェクト」でも参照されている（第7章）。

以上のように、同一の災害において被災地域aから被災地域b（さらに、被災地域c）へと取り組み内容が伝えられるケースを、本書では「災害内伝播（intra-disaster diffusion）」と呼ぼう。この伝播の主たるチャネルとして挙げられるのは、公的機関の職員、災害救援NPOのメンバー、そしてマスメディア（地方紙、地方局）である。とりわけ熊本地震以降、被災地域では災害ボランティア・NPO関係者が会する「情報共有会議」が頻繁に開催されてきたが、[*4] このような場は「災害内伝播」が生じる格好の舞台となっている。

第二に、先行する災害の被災地域から後発の災害の被災地域へ、取り組み内容が伝えられるケースである。平成29年7月九州北部豪雨の発災後、早い時期に「東峰村元気プロジェクト」が立ち上げられたのは、関係者が平成24年7月九州北部豪雨での取り組み内容を、八女市やうきは市の行政職員、社協職員から伝え聞いたからであった（第5章）。また、「JA筑前あさくら農業ボランティアセンター」のノウハウは、「JVOAD」職員を介して、西日本豪雨の際の「JAえひめ南みかんボランティアセンター」でも参照されている（第6章）。

災害救援NPOの動きに即して見てみると、このような伝播のあり方はより明瞭なものとなる。「ユナイテッド・アース」は、熊本地震では熊本県阿蘇市、平成29年7月九州北部豪雨では福岡県朝倉市において、農地復旧をはじめとする生業支援に取り組んだ経緯がある。しかし残念ながら、この時点では行政や社協、JAとの関係構築が不調に終わったという。

西日本豪雨ではその反省に立ち、被災地入りした直後よりJAえひめ南との関係を重視して取り組みを進めたことが功を奏した（第6章）。翌年の令和元年東日本台風では、災害救援NPOの入り込みが少なかった栃木県鹿沼市において、社協やJAのバックアップを受けながらイチゴ農家の復旧支援に従事してもいる。

一方、「災害NGO結」は、平成29年7月九州北部豪雨では福岡県朝倉市、西日本豪雨では

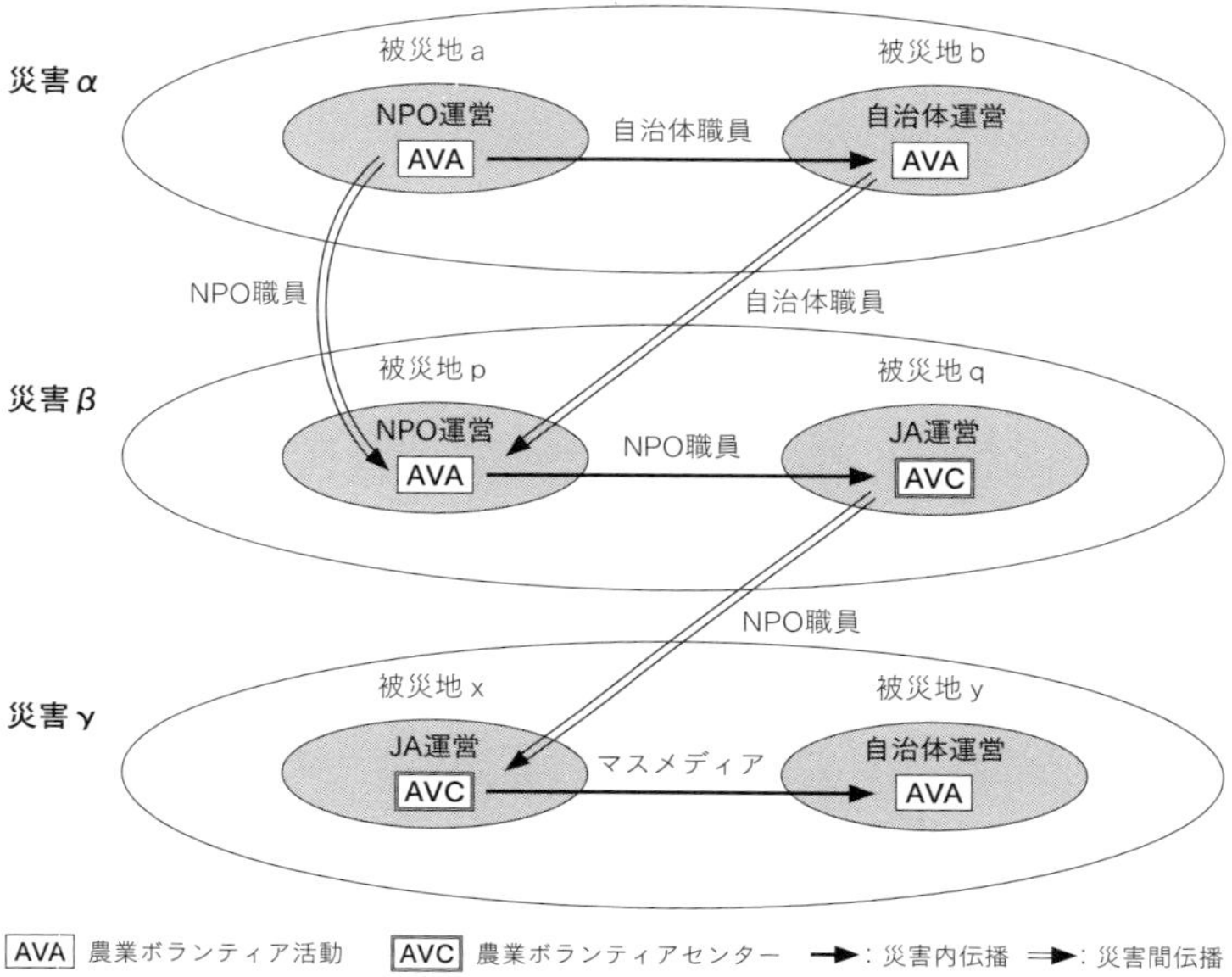

図8－2　災害内伝播と災害間伝播のモデル
注）筆者作成。

愛媛県宇和島市において被災者支援活動を展開したが、代表のMさんは、どの時点で生業支援に着手すべきか思い悩んでいたという。このとき醸成された「家屋（の泥出し、片付け）で信頼関係を作って、そこから産業（の支援）に入っていかないと難しい」との思いが、令和元年東日本台風の被災地で見られた「家屋から農地へ」という順序付けに結実している（第7章）。

以上のように、公的機関や災害救援NPOを通して、災害αから災害β（さらに、災害γ）へと取り組み内容が伝えられるケースを、本書では「災害間伝播（transdisaster diffusion)」と名付けておきたい。それぞれの被災地域では図8－2に示したように、「災害内伝播」と「災害間伝播」が輻輳することで農業ボランティア活動のイメージが次第に明確なものとなり、関係者のあいだで活動に着手する機運が高まるように思われる。このような情報の輻輳を生み出すうえで、都道府県域の（災害に特化した）中間支援団体の結成や、災害ボランティア・NPOが参加する情報共有会議の開催は、きわめて大きな意義を有している。

ただし、「災害内伝播」にしても「災害間伝播」にしても、農業セクターの中心に位置するJAのネットワークを通して取り組み内容が伝えられたケースは、これまでの災害では確認できなかった。農業ボランティア活動の社会実装を考えたとき、この点は大きな課題だといえる。JAをはじめとする農業セクターが全体として、「大規模な災害が発生した場合、被災状況によっては農業に特化したボランティアセンターを設立する必要がある」との認識を形成することが、今後の災害対応を考えるうえで急務となるだろう。

農業ボランティアの役割――仮復旧と象徴の回復

被災地域が、被災農家が復旧・復興を図るうえで、農業ボランティアはどのような役割を果たしてきたのであろう。この問いを考えるにあたって重要なヒントとなるのが、関東大震災（1923年）後に後藤新平が立案した帝都復興政策に対し、「人間の復興」を唱えた経済学者・

福田徳三（１８７４〜１９３０年）の見解ではないだろうか。福田は「人間の復興」にとって「営生《えいせい》の機会」を復興する必要があることを、次のように述べている。

私は復興事業の第一は、人間の復興でなければならぬと主張する。人間の復興とは大災によつて破壊せられた生存の機會の復興を意味する。今日の人間は、生存する爲めに、生活し營業し勞働せねばならぬ。即ち生存機會の復興は、生活、營業及勞働機會の復興を意味する。道路や建物は、この營生の機會を維持し擁護する道具立てに過ぎない。それらを復興しても、本體たり實質たる營生の機會が復興せられなければ何にもならないのである。（福田　２０１２：１３３）

福田のこの言葉が発された文脈を現代の被災農村に置き換えると、被災者の生活機会の復興に照準する災害ボランティアと、その営業・労働機会の復興に注力する農業ボランティアが、相互補完的であることを示唆しているように読めないだろうか。災害ボランティアは、被災した住家の片付けや仮設住宅における交流の場づくりを活動内容とする一方、農業ボランティア活動は農家の生産基盤である農地の復旧を中心としている。農地が復旧することで農家は営農を再開し、はじめて暮らしや生計を立て直すことができる。村落型災害において「営生の機会」の復旧・復興を支援することの意味合いは、それゆえ都市部の雇用労働者の場合とは事情を大きく異にしているのである。

もとより農地の復旧は、1950年に制定された農林水産業施設災害復旧事業費国庫補助の暫定措置に関する法律（いわゆる暫定法）をベースとする点で、[*5]「1950年代型災害復旧レジーム」（中澤 2019）に則ったものである。だが、今日では既定の原形復旧にとどまらず、再度災害の防止という技術的・財政的観点や、第3回国連防災世界会議「仙台防災枠組2015－2030」で提唱された「より良い復興（Build Back Better）」という防災・復興理念もまた、この事業領域に織り込まれるようになった。

こうして平成29年7月九州北部豪雨では、改良復旧のように復興的要素を含んだアプローチが、被災農業者による合意形成を踏まえて採用されている（第5章）。西日本豪雨では農地中間管理機構を活用することで、従来の枠組みを超えたドラスティックな復旧（再編復旧）が進められていった様子も、これまでの議論から確認できるだろう（第6章）。

このような農地復旧スキームのなか、農業ボランティアが主に担うのは仮復旧の支援であることを、あらためて確認しておこう。だがこのプロセスは、「仮」という文字から予想されるのとは異なり、発災から数ヵ月以内に完了するとは限らない。公的な災害復旧事業では査定・設計からなる行政手続きが必要とされることにくわえ、地方圏では施工業者が不足しがちなこともあり、実際に着工されるまでに年単位の時間を要することも少なくない。

その間に被災地は新たな自然災害に晒され、仮復旧した農地がふたたび被害を受ける可能性もある。中山間地域のこのような営農環境ゆえ、さらなる被害を未然に防ぐための取り組みが不可欠となり、ここに農業ボランティアによる継続的な支援が要請されるのである。平成29年7月九州北部豪雨や西日本豪雨の被災地で、中長期にわたって農業ボラセンが設置され、ボランティアが土のう作りなどに従事したのはそのためであった（第5・6章）。

ただし急いで付け加えておきたいのは、農業ボランティアの役割が農地を（仮）復旧するための労働力に限定されるわけではない点である。宮原浩二郎は阪神・淡路大震災の経験を踏まえ、成熟社会における（再生型）復興のあり方を「一度衰えたものが、再び盛んになること」と定義するが、その論考のなかで「象徴」の回復について次のように指摘している。

> 「象徴」を失った団体や地域は、大きな客観的被害はなくとも、それだけで衰退する。逆に、「象徴」が回復されれば、現実的な再建が進んでいなくても、それだけでその団体や地域は元気を回復し、「再び盛ん」になる。……「象徴」には地域の景観や伝統行事、催し物などさまざまな事物が含まれる。……「象徴」の回復は、災害復興にとって本質的な意味をもっている。（宮原 2006：31－32）

本書が取り上げた事例には、「棚田という地域の自然環境の美しい風景」（第3章）、「カライモを取ってしまったら何もないような村」（第4章）、「自分たちのみかんというプライド」（第6

章）というように、被災者や支援者による地域をめぐる語りが随所に見られたように思う。棚田、カライモ、ミカンといった土地固有の景観や農産物（が育まれる空間）は、長年にわたって人々の暮らしが営まれてきた「生活景」（後藤 2009）であり、地域の「象徴」として機能してきた要素である。生業の復旧・復興を、たんに個々の農業者の経済的利益の水準ではなく、「象徴」の回復、地域アイデンティティの再構築という観点を含めて捉えなおした点こそ、農業ボランティアの意義だといえる。

もちろん「象徴」には明示的なものもあれば、そうでないものも存在している。それゆえ、農業ボランティア活動では、いわゆる災害ボランティア活動以上に被災者と支援者がコミュニケーションを図りながら、その「象徴」のありかを探り当て、共通認識を形成する作業が不可欠である。このようなプロセスでは、支援者が「媒介（触媒）」として（第2・4章）、被災によって営農の継続を諦めかけていた農家の主体性を引き出すような関わり方もまた求められよう。こうして被災農家は、被災地域は「元気を回復」するのである。

さて、新たな農地復旧スキームには注意すべき点もある。改良復旧や再編復旧といった手法が採択された場合、被災農家は中長期にわたる未収益期間を避けることができない。その結果、高齢農家の離農・離村、その間の農地の流動化によって条件不利な農地の耕作放棄が進行するといった、「復興災害」[*6]（塩崎 2014）的な現象が生じる可能性が高くなる。そして、首尾よく復旧できた農地の維持管理や、耕作放棄された元農地の環境保全なども、新たな課題と

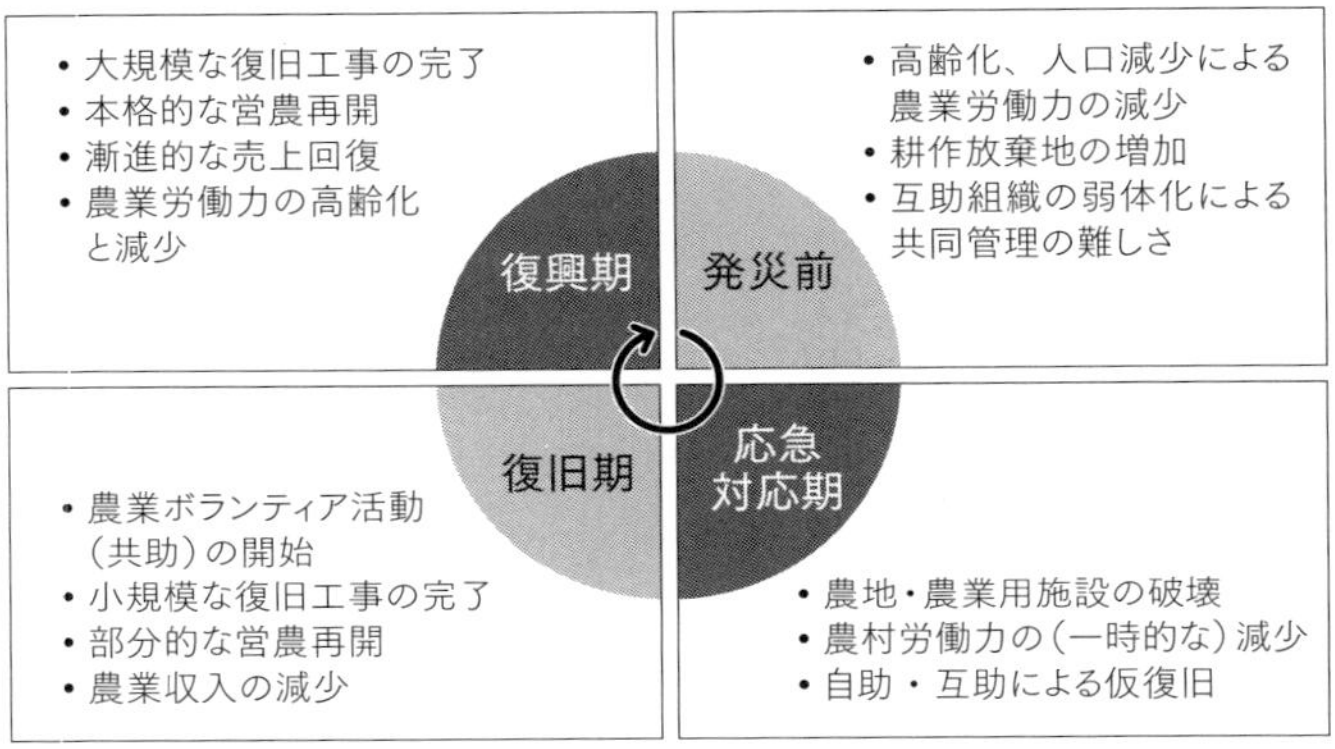

図８－３　被災農村の復旧・復興過程
注）筆者作成。

して浮上することになるだろう（第5章）。

それだけではない。かりに農地が復旧し、営農が再開され、市場におけるシェアを順調に回復できたとしても、発災前の状況に完全に戻ることは容易ではない。というのも、その地域で以前から課題化していた農業労働力の減少は、発災からの時間経過とともに、さらに深刻化している可能性が高いためである（図8－3）。

このように自然災害により被災した農村の展望は、種々のボランティアの献身にもかかわらず、決して明るいものではない。そこでは、従来とは異なる外部支援者の役割を模索する必要も出てくるのではないだろうか。

「関わり」の意味——支援から連帯へ

農業ボランティア活動がＪＡなどを受け皿とし

て今以上に「制度化」され、災害ボラセン同様に安定的な組織運営ができるようになったとしても、その活動の出発点にあった「あの人、あの組織」が有する意義が失われることはないだろう。災害現場では、被災者が直面する多様な状況に照らして、柔軟な支援が求められるからである。

具体的に例示しよう。熊本地震では「西原村農業復興ボランティアセンター」の活動が一旦終了した後も、援農活動を続けた「闇ボラ」と呼ばれる非公式の存在があった（第4章）。また、西日本豪雨では、ＪＡが農業ボランティアとアルバイターの活動領域を線引きした後も、「吉田町救援隊」がボランタリーなかたちで収穫作業を担っている（第6章）。公的な、制度化された対応が一律平等を志向するのとは対照的に、これらの取り組みは被災農家の個別事情に配慮し、ある意味では偏った活動を展開したのである。[*7] このように複数の活動（の論理）が存在する点にこそ、被災者支援活動が非国家的、非経済的な市民社会のなかから自然発生的に創出された意味があるといえよう。

もちろん「西原村農業復興ボランティアセンター」が会員制（会費制）の「西原村百笑応援団」に移行し、「ＪＡえひめ南みかんボランティアセンター」が設立と同時にボランティアとアルバイターの活動領域を区別したように、農作業に対するボランタリーな支援には時間的な限界があるのも事実である。無償の支援が際限なく行われれば、個々の農家の経営、ひいては地域農業のあり方を毀損する可能性があるからである。被災後の農作業支援は、災害が発生した時期、栽培される作物の種類にもよるが、当該シーズン＋αが一つの目安となるだろう。

あらためて注目したいのは、生業支援をきっかけとして被災地への関わりを深め、中長期的に地域の再生に寄与する非営利組織が登場するようになった点である。東日本大震災後、三陸沿岸でフィールドワークを行った尾崎寛直は、「災害ボランティアとして居ても立ってもいられず被災地に入ったよそ者である若者などが、活動を続けるなかでその地域や人々に共感し、現実に定住しながら本格的に地域の再生に貢献する支援のあり方」（尾崎　２０１６：43）を発見し、それを「災害ボランティア２・０」と名付けている。

もちろん関係人口論が示唆するように、被災地や人口減少地域への関わりは、移住や定住が必要条件となるわけではない（田中　２０１７）。また、「被災地に入ったよそ者」には、地域おこし協力隊のような都市部の若者だけでなく、Ｕターン者や定年帰農者も含まれることだろう。東日本大震災の「ＲｅＲｏｏｔｓ」（第2章）、平成24年7月九州北部豪雨の「がんばりよるよ星野村」（第3章）は、まさに災害をきっかけとして農業の復興、地域の再生という中長期的な課題を視野に入れた、新たなボランタリー組織のあり方として捉えることができる。

そこでは被災者と支援者の〈当事者性〉をいかに衡量すべきかが、現実的な課題として浮かび上がってこよう。たしかに復旧・復興の当事者は被災者その人を措いて他にないことは明らかである。しかし、支援者も単に被災者の「手足」にとどまるのではなく、別様の視座から

（被災地の）新たな可能性を模索し、提案する存在となりうるのではないか。両者がコミュニケーションを通して共通認識を育みつつ、いかに協働の道筋を描き出せるかが、復興のゆくえを左右する鍵となるように思われる。

災害という出来事は、高齢化や人口減少が進行するなか、かろうじて存続してきた農山漁村が、急速に衰退へと向かう転換点となりうる。しかし同時に、それまで接点のなかった都市住民との関係を、ボランティアという自発的な行為を通して、瞬間的に生み出す力も有している。とりわけ農業ボランティア活動は、被災した農家とボランティアの双方にとって、市場流通のメカニズムの根底に「人と人との関係」[*8]が存在することを再認識する契機となる。

たしかに時間が経過するにつれて、関係が希薄化するのは世の常かもしれない。だが、小田切徳美（２０２４）が「関わりの階段」として提唱するように、特産品の継続購入、寄付、頻繁な訪問、二地点居住などの方法によって、農村地域と関わり続けることは十分に可能である。このコンセプトはその後、農村での短期の仕事、ボランティア・農福連携など身体性をともなうコミットメントを含んだ「農村関係人口の階段」として展開されてもいる。

なるほど農業ボランティア活動の経験者のなかには、その後も年単位でこのような関わりを維持した人々が散見される。受け皿となるのは、「ＲｅＲｏｏｔｓ」や「山村塾」が農業ボランティア活動とならんで取り組んだＣＳＡ（地域支援型農業、第２・３章）であり、福岡県朝倉市や愛媛県宇和島市で展開された援農ボランティア活動（第5・6章）であった。被災を経験した農村サイドは復旧・復興の途上で「縁」「つながり」がいくつもの創発を生み出したことを実感したからであろう、「縁が切れるのは残念」「つながりを繋げてゆきたい」との思いが根強く存在している。

以上のような被災地発の中長期にわたる取り組みは、毎年のように深刻な自然災害と農業被災に見舞われているこの国にとって、多くの示唆を含んでいよう。これらの実践の背後にある含意を未災地へ拡大することで、復興まちづくりの領域で「事前復興」が提唱されてきたように、農業分野でも災害リスクに備える手がかりが得られるのではないかと思われる。

たとえば、「ＲｅＲｏｏｔｓ」が展開した「おいもプロジェクト」のような農業体験は、被災地域だけでなく全国各地で行われている「生活様式としての農」（関 ２０１４）の取り組みである。しかし、このとき重要なのは、農地がたんに生産基盤としてだけでなく、地域内外の人々がコミュニケーションを図る場としての役割も果たしている点ではないだろうか。このような出会いを、一時的なイベントを超えて日常的な関係に発展させえたからこそ、「ＲｅＲｏｏｔｓ」の取り組みは10年以上にわたって継続できたといえる。

また、農業被災や耕作放棄地の増加といった危機に直面するなか、次代を担う若手農家が結社を立ち上げて問題解決を図ると同時に、局所的ながら「もう一つの経済」を創出しようとする、社会的企業のような取り組みも見られるようになった。その一つとして、「玉津柑橘倶楽部」（第6章）や「ぽんど童」（第7章）のような、事業収益と地域貢献を車の両輪とする組織体が挙げられる。彼ら彼女らが援農活動やCSAの受け皿となることができれば、○○さん、△△さんといった固有名詞で語れる農業者との出会いの場を提供することも可能であろう。

農業や農村が抱えている問題の解決は、その地で生活し生業を営む人々や、何らかの活動を展開する「あの人、あの組織」、そして当の活動のメンバーだけに委ねられるものではない。都市農村交流が叫ばれるように、あるいはフードシステムという概念が登場したように、それは都市部に住まい、システムの川下にいる私たちが向き合うべき重要な課題でもある。都市と農村をつなぐ「人と人との関係」を深めてゆき、一時的な支援を超えた連帯関係[*9]を築くことこそ、極端気象や自然災害がもたらすリスクの「分有（partage）」を可能にする、第一歩となるのではないだろうか。各地で創発されつつある農的実践に、私たち一人ひとりがどのようにコミットメントしていくか、ひとたびその地が災害に見舞われたとき、それまでの関わりをどのように拡大発展させることができるかが、これほど問われている時代はない。

註

＊1　「JVOAD」元職員に対するヒアリング（2019/10/01）による。
＊2　訳出については野田隆（1997）を参照。
＊3　第1章で紹介した「まち・コミュニケーション」（災害救援NPO）や「JEN」（国際NGO）も、転置型組織の一例として挙げられよう。
＊4　月刊誌『ソトコト』の編集長である指出一正（2016）は、ローカル志向の若者が人口減少地域などの再生に関わろうとする際、その地域のキーパーソンと出会い、課題を共有するための（観光案内所ならぬ）「関係案内所」が必要だと主張する。被災地で連日開かれる「情報共有会議」は、各地から駆け付けた災害ボランティア・NPOにとって、まさにこの関係案内所としての役割を果たしているように思われる。
＊5　第二次世界大戦後、来日したシャウプ使節団が、私有財産である農地の復旧は公共性が低いと判断した結果、1949年に発生した災害（キティ台風など）では国庫補助が打ち切られた。だが、全国的に展開された農家の反対運動を承けて、まもなく補助制度は復活する（山口1973）。1950年に制定された暫定法の趣旨は、災害復旧事業の法制化にこそあった。
＊6　復興災害とは、災害公営住宅における孤独死、再開発ビルの建設による商店街、テナントのシャッター街化など、復興事業を実施することにより、かえって被災地域が脆弱化する事態を指している。
＊7　大森彌は民間活動が担う公共性について、「公平性の原則に立たなければならない行政は、高齢者の個別の事情に個別に、つまり偏って応ずることができない。……こうした公平原則に縛られない民間活動は、相手との関係に私情を入れ、偏った扱いをしてもさしつかえない。むしろ、そのほうが、高齢者の尊厳や自立支援に直接結びつくかもしれない」（大森 2

004：163）と指摘している。

＊8　生産者と消費者の「人と人との関係」は古くて新しいテーマである。経済学の歴史を振り返れば、マルクスが社会的関係の物象化について批判し、ポランニーが「経済の社会への（再）埋め込み」を提唱している。一方、戦後日本の社会史に目を向けると、食の安全と安心を求めた1970年代の消費者運動（生協運動）や、東日本大震災／福島第一原発事故後の市民運動が、つとに生産者と消費者の「顔の見える関係」（産消提携）を求めてきた。

＊9　連帯関係という用語は、新自由主義的グローバリゼーションへの異議申し立てから生まれた「連帯経済（économie solidaire）」を踏まえている。南アメリカで都市貧困層のインフォーマルな経済活動を調査したラーラエチェア（I. Larraechea）とニッセン（M. Nyssens）は、「民衆経済のなかの交換で確立される人々のつながりの形は、その他の部門においてよりも、より人格化されたものとなっている。そこでの交換は、財とサービスを目的とするのみならず、人々の間の関係も作り出す。人々は、関係そのものを高く評価する。よって経済的関係は、社会的関係構造の網の目に入り込んでいる」（Laville eds. 2007＝2012：189-190）と述べる。

第9章　農業ボランティア活動を立ち上げる

農業ボランティア活動拠点のタイプ

本章は、農村が被災した場合に、どのように農業ボランティア活動を立ち上げるのか。その活動形成について検討する。

生活支援を主とした災害ボランティア活動は、一般的に被災から2～3ヵ月をもって収束していく。これは、初期復旧の目処が立ち、被災者も仕事や学校に復帰できる人が増え、各種支援団体も本来の業務に戻り、支援のフェーズを切り替える必要があるからである。

しかしながら、生活やインフラの復旧が優先されるため、農地、農業の復旧は遅延しがちであり、中長期に及ぶこともある。農家のニーズに基づき、農業ボランティアの活動が必要であると判断される場合は、社会福祉協議会（以下、社協）の災害ボランティアセンター（以下、災害ボラセン）の閉鎖前後に合わせ、農業ボランティアセンター（以下、農業ボラセン）設置の準備を進める必要がある。

さて、ここで、いくつかの組織形成タイプを簡単に示してみたい（図9－1～9－3）。第2～7章で紹介した事例に基づき簡略化して描いている。

①地域住民等がNPOを設置するタイプ

地域内の被災住民が被災地域の自治体、社協、そして地域外のNPO等の支援をうけて農業ボランティア活動を行うタイプである（図9－1）。このタイプは比較的多く、平成24年7月九州北部豪雨で被災した福岡県八女市星野村で農業ボランティア活動を展開した「NPO法人がんばりよるよ星野村」、平成29年7月九州北部豪雨における「黒川復興プロジェクト」「東峰村元気プロジェクト（東峰村農援隊）」などがある。被災地域の住民が主体となるからこそ、きめ細かく地域レベルで活動を展開することができる。活動の展開には、地域で農家や各種団体と連携し、現場作業を実施できる人材が必要である。

これに類似したタイプとして、地域外の人材をコーディネーターとした事例がある。東日本大震災で宮城県仙台市において活動した「一般社団法人ReRoots《リルーツ》」、そして、熊本地震で熊本県西原村において活動を展開した「西原村農業ボランティアセンター（西原村百笑応援団）」

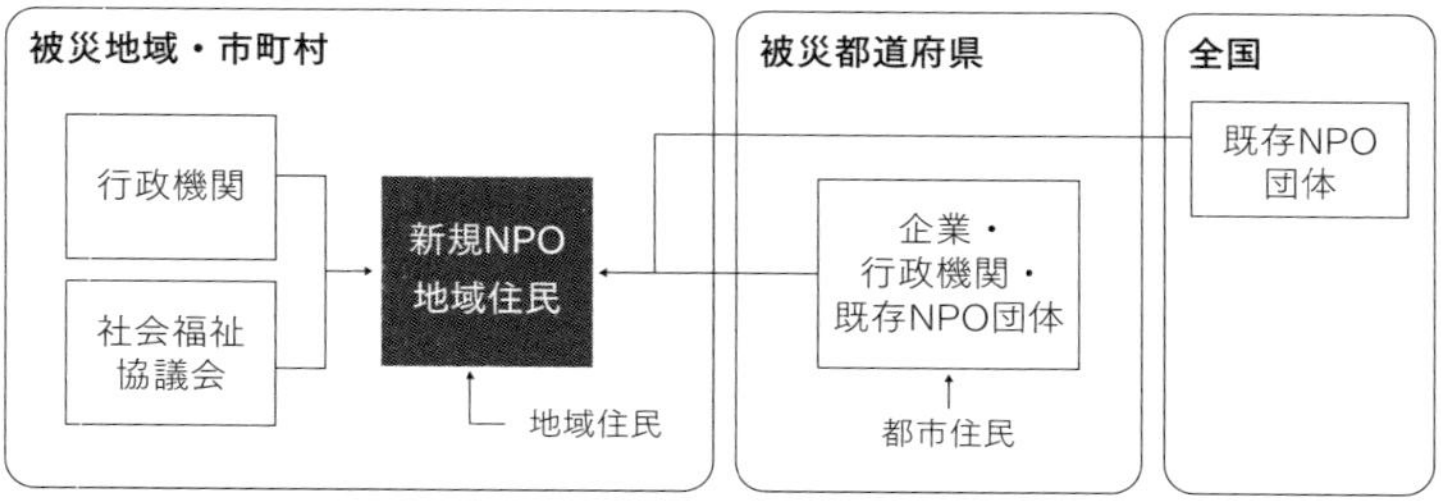

図9−1　①地域住民等がNPOを設置するタイプ
注）白黒反転はメインプレイヤー。

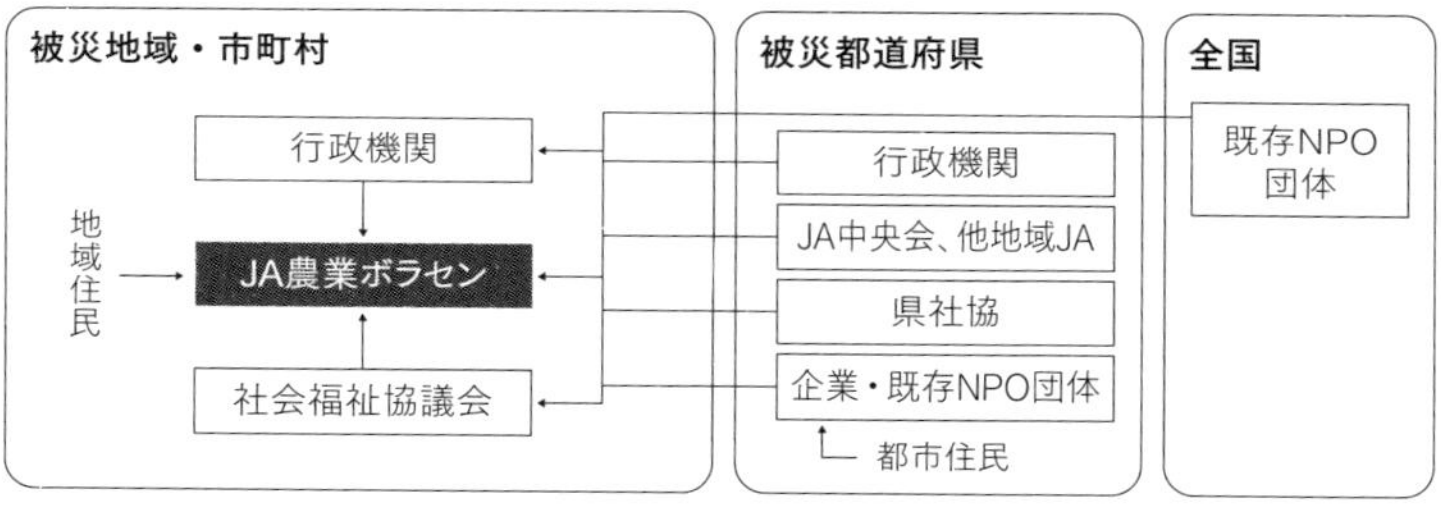

図9−2　②JAが農業ボランティアセンターを運営するタイプ
注）白黒反転はメインプレイヤー。

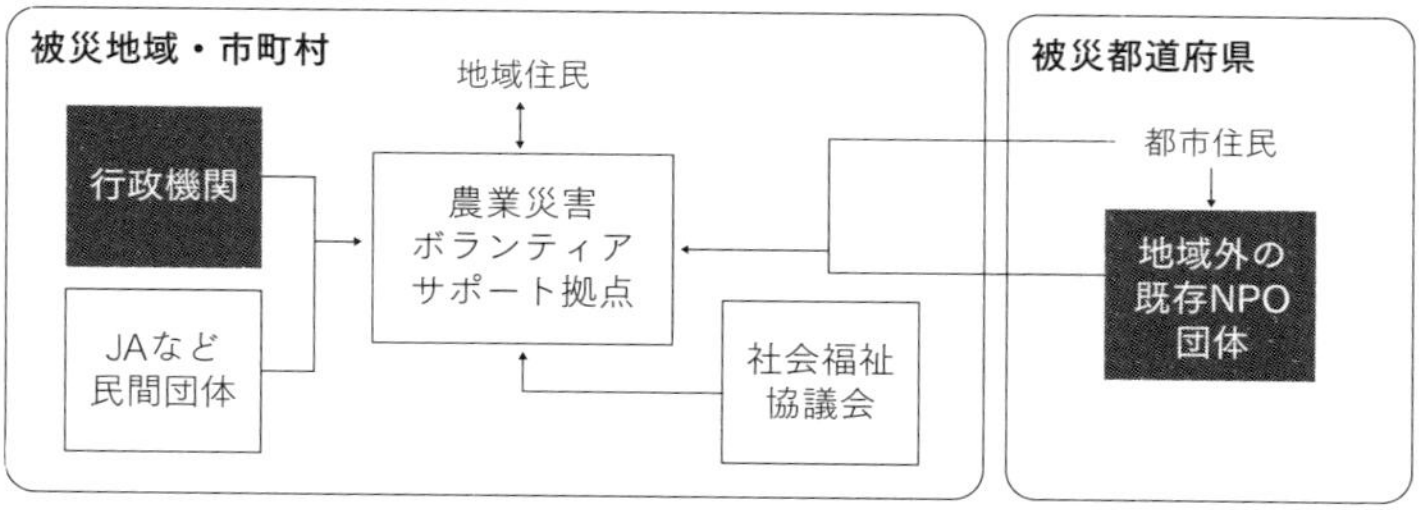

図9−3　③行政が中心となり運営主体を設置するタイプ
注）白黒反転はメインプレイヤー。

である。

また、災害前からＮＰＯ組織があり、施設、装備、技術、人材、ネットワークが功を奏した事例もある。平成24年7月九州北部豪雨で被災した福岡県八女市黒木町笠原で活動を展開した「ＮＰＯ法人山村塾」は、災害前から環境保全型農業を通じ、都市農村交流活動を実施することで、スムーズに活動を展開することができた。

②ＪＡが農業ボランティアセンターを運営するタイプ

地域内の農業協同組合（以下、ＪＡ）が関係機関と連携して農業ボラセンを立ち上げるタイプである（図9－2）。近年、災害が大規模化しこのタイプの組織形成も増加傾向にある。ＪＡは、野菜や果物を生産する農地の分布、生産技術、季節に応じた作業内容を熟知しており、被災農家からのニーズ調査、現場作業管理を実施することができる。ここに社協の災害ボラセンの運営ノウハウ、作業道具の支援、そして、行政との調整が加わることで、速やかな復旧につなげることができる。

事例としては、平成29年7月九州北部豪雨で被災した福岡県朝倉市のＪＡ筑前あさくら、平成30年7月豪雨で被災した愛媛県宇和島市のＪＡえひめ南、令和元年東日本台風で被災した長野県長野市のＪＡながの等が該当する。特に長野市の事例では、「ＮＰＯ法人長野県ＮＰＯセンター」と、県の社協が災害ボラセンの運営ノウハウを提供したことにより、「信州農業再生復興ボランティアプロジェクト」を展開できた。

③行政が中心となり運営主体を設置するタイプ

被災自治体である行政機関が主導して、農業ボランティア活動の運営拠点を各団体の協力を得ながら設置するタイプである（図9－3）。

事例としては、平成24年7月九州北部豪雨で被災した福岡県うきは市が展開した「うきは市山村地域保存会」の活動が該当する。うきは市は被災地域で農業支援を行うNPOがなかったため、行政の担当者が地域や社協と連携し、市役所内に「うきは市山村復興プロジェクト」を設置した。規模の小さな被災で補助事業の対象とならない被災農地や施設を選定し、復旧を実施している。

その他の事例として、令和2年7月豪雨により被災した福岡県大牟田市の「大牟田市農業災害復旧ボランティアサポート協議会」の活動がある。大牟田市は農業ボランティア活動を展開するために必要経費を議会で予算化し、地域外のNPOに農業ボランティア活動のコーディネート業務と現場運営などの拠点活動を依頼し、被災地区の農業者代表と展開した。地域外のNPOは、第3章で紹介した「がんばりよるよ星野村」と、熊本地震で農業ボランティア活動などを展開した「一般社団法人AAAアジア&アフリカ」である。前者が現場活動を、後者が総務業務を担った。

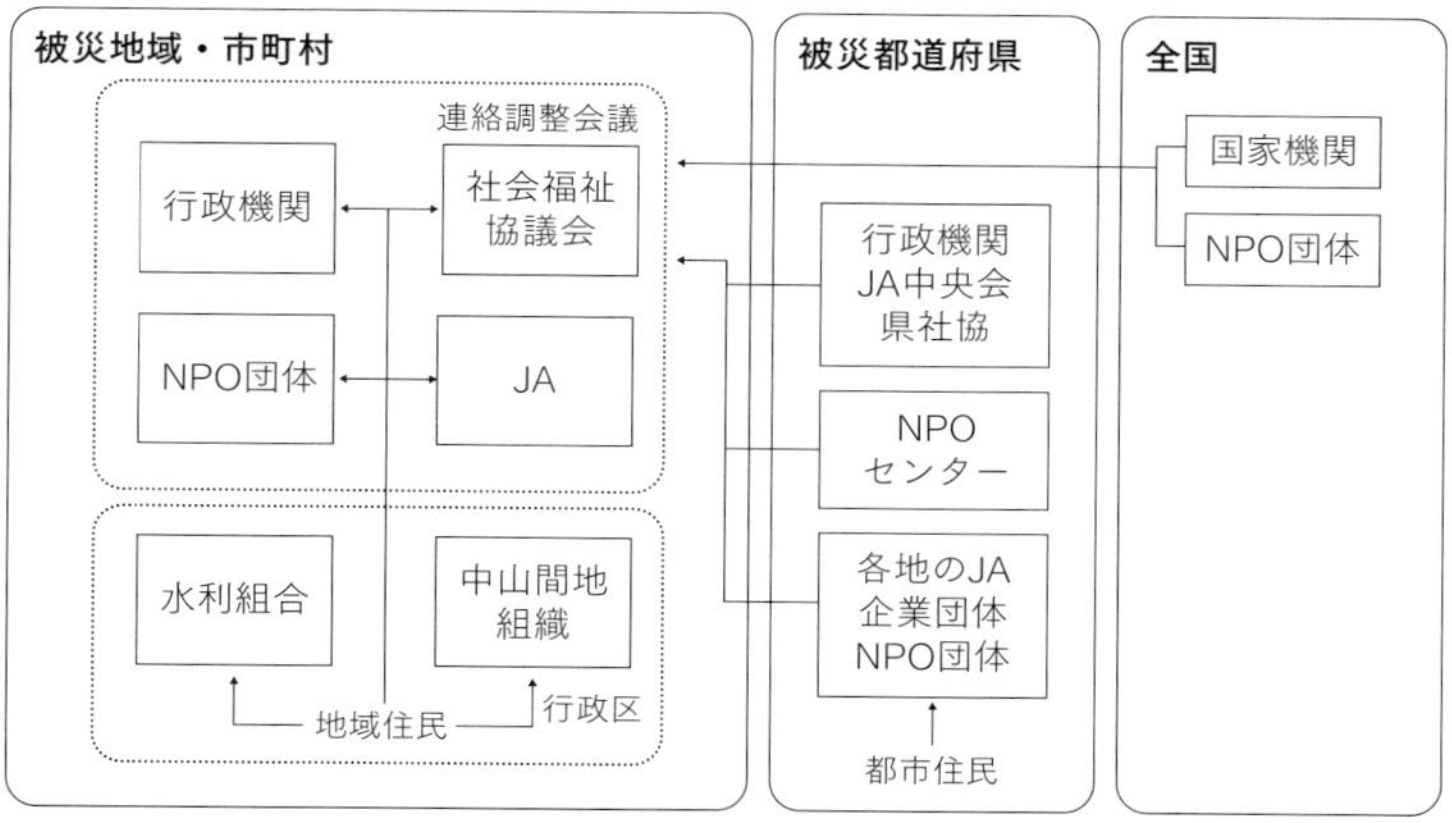

図9−4　農業ボランティア活動の組織形成図

被災地域・都道府県・全国の連携について

農業ボランティア活動はこれまで紹介してきたように地域の農業の違い、災害のタイプや規模、そして、農業ボランティア活動を起動した人や組織の違いにより、その活動内容、運営の形態も異なる。まだまだ、「こうすればできる」という仕組み化はできていない。

前例はあるのだから、理解のある人々と、シンプルに実施できる形を模索するのが最善である。実施主体が、農家の互助、NPOで対処できる活動規模であれば、その範囲の対応にとどめることができる。被災規模が大きく、より多くの組織的支援が必要な場合は、農業についてノウハウを有しているJAと、ボランティア活動をコーディネートできる社協の関わりが必要となる。この2団体の力が連携できれば、農業ボランティア活動は各地で展開できる。

そこで、これまでの事例に出てきた各種団体の種類の関係を一つにまとめたものを図9－4に示す。まず、大きな枠では、「被災地域・市町村」「被災都道府県」、そして「全国」に区分した。このようにエリアで分けた理由は、各団体の管轄範囲、動き方の違いによるものである。少し、それぞれについて説明を加えたい。

被災地域・市町村について

被災地域には、行政区や隣組のほか、農業と関わる生産組合、水利組合、中山間地等直接支払制度の協定組織など、地域住民を主とした互助組織がある。地域住民を主体とした互助組織は、発災当初の避難所の開設・運営、集落内道路や共同利用する水路の土砂取りなど、初期の避難行動、復旧活動を展開する。農地の復旧については、それぞれの農家が自力で復旧を行う。ボランタリーな取り組みについては、被災地域に関わるJAが被災した生産施設の撤去や農作物の保全、ごみの片付けなどを実施したり、各種行政機関も公的に職員を派遣したり、個人によるボランティア支援も多い。

公的な災害復旧事業の利用については、「異常な天然現象」により生じた災害と認定されれば、災害復旧事業の対象となる。被災した農地・農業用施設の査定が行われ、国の事業の災害指定の場合であれば、被害額40万円以上が対象となり、激甚災害指定されると補助率の嵩上げ制度が適用される。[*1] 通常の災害であれば、概ね、先述の対応で終わる。

しかしながら、近年、増加傾向にある大規模災害の場合、「とても、これまでの自助、互助、公助では間に合わない」という状況となる。これまでの事例では、地域の被災農家、被災非農家、NPOメンバーや自治体職員が農業ボランティア活動の必要性を提起し、各種団体に相談を持ち掛けている。しかしながら、行政機関は目前の業務で手一杯であり、社協は「営利目的」にボランティア派遣はできないため、相談は成就しない。自由に動けるNPO団体が地域にある場合は、農業ボランティア活動を展開してきた。しかしながら多くの地域では、そのようなNPOが存在しない。このような状況において、大規模災害時は、農業ボランティア活動を自ら立ち上げるか、被災地域外の支援を得ることが重要となる。[*2]

被災都道府県および全国の団体について

被災した県において、農業ボランティア活動に関係する団体は、行政機関である県、JA中央会、災害対応の中間支援NPO団体、そして県社協の4団体である。県には災害対策本部が設置され、各種情報が集約され対応がなされている。災害ボランティア活動については、社協が中心に取り組むとともに、都道府県単位の災害対応の中間支援ＮＰＯ団体により情報共有会議が開催される。これは、被災地に入った各種団体より、被災地域の状況、支援のニーズ情報を共有し、対応可能な団体との活動調整を行い、変わりゆく地域の状況に応じて必要な支援を届けることを目的としている。この会議は、地元の県社協や災害対応の中間支援ＮＰＯ団体、各種ＮＰＯが中心となるとともに、「全国災害ボランティア支援団体ネットワーク」（以下、「ＪＶＯＡＤ」）が支援に入ることもある。この会議の情報を、支援団体、社協、県の機関、そして、内閣府や関係省庁が共有することにより、機材・物資支援、ボランティアの派遣調整が行われる。

この会議で共有される情報は、主にインフラの被災に伴う支援の制限、家屋の復旧や避難所運営にまつわる生活復旧の内容が中心であるが、やがて、農業ボランティア活動に関するニーズ、情報が共有される。これまでの各地の事例のように、地域の声が大きい場合は確実に共有され、対応の必要性が認識されると考えて良い。

被災地域外から入る団体には、農業ボランティア活動の経験を有する団体が複数ある。これらの団体が任意に被災地を巡り、ニーズ情報を収集し、早い段階からボランティアの募集・派遣活動を地域と協力し展開する。これらの団体の活動が、情報共有会議の活動に活かされている。また、「ＪＶＯＡＤ」が支援のもれや抜けをなくすために、被災地域を回り、聞き取りをしている。

ステークホルダー連携の課題と展望

農業ボランティア活動の展開にはステークホルダー（関係団体、関係者）の連携が不可欠となる。どの団体が協力してくれるのか、否か。「農業ボランティア活動を展開したい」という人が、地元の社協、市町村などに飛び込みで訪ねて断られる場合が少なくない。結果的に、農業ボランティア活動が実施できなかったという。本書で紹介できた農業ボランティア活動は、キーマンによる粘り強い交渉と実践、連携活動の賜物であり、頭が下がる思いである。これまで述べた連携タイプを実現するには、各団体の特性を事前に理解することが大切かもしれない。ここでは、ＪＡ、社協、そして、行政との連携について触れていきたい。*3

①ＪＡにおける農業ボランティア活動の展開

ＪＡグループとは、農家の経営に必要な資材の共同購入、生産物の共同販売、その他、金融、旅行、出版などを各地域で展開している組織である。災害復興への関わりは、東日本大震災の発災直後に全国からＪＡ職員が各地から駆けつけ災害ボランティア活動を実施したと報告されている（結城ほか ２０１２、農林中金総合研究所 ２０１６）。この経験はＪＡグループによるその後の災害ボランティア活動の息の長い活動に繋がっている。

東日本大震災における実施内容は、ＪＡ内の組合員組織である青年部や女性部が組織力を活かして被災地で炊き出し、また、被災農家の組織化支援などを行っている。福島県などでは、風評被害対策として除染作業や放射能測定がＪＡの主導により実施された。

その後の活動として、２０１１年に全国で活動するＪＡグループ支援隊が編成され、職員による全国規模の災害ボランティア派遣に取り組んでいる（工藤 ２０１３）。さらに県レベルの動きとしては、平成29年7月九州北部豪雨においてＪＡグループ福岡では、災害対応のため災害対策本部（事務局：ＪＡ福岡中央会）を設置しＪＡ筑前あさくらに職員を派遣した。また、ＪＡ筑前あさくら自身も組合員からの要望を受けて、部会担当者がニーズを聞き取り、他のＪＡにも声をかけながら総務部署が中心となって支援作業を行っている。なお、本書でも紹介したように、あまりに多い被害と農家の要望を受け、農業ボラセンを設置した。ＪＡグループからの第3陣や、他県ＪＡグループからの農地復旧支援の派遣は、ボランティアの一員として農業ボラセンに受け入れ活動を行っている。

このようにＪＡグループでは、全国のＪＡが連携し災害ボランティアを行う仕組みが整備され、被災後の早い段階から活動が展開されている。一方、被害が大規模で広範囲に及ぶ場合は、手が回らないのが実態である。農林中央金庫の野場隆汰（２０２２）は農業ボラセンの意義とＪＡの関与について、農業ボラセンには次の3つの役割と機能があると指摘している。一つ目は、ボランティアをコーディネートする役割。二つ目は地域農業の実情を深く理解し、ニーズを的確に判断し、効果的な活動内容や優先順位の決定を行う役割。そして、三つ目は、被災農家とボランティアという二者間の関係だけでなく、行政や社協、ＮＰＯ法人、農家以外の地域住民など、さまざまな外部組織との連携を行う役割である。農業ボラセンの役割は、災害以前からの事業に依拠している。

野場は、農協への社会的な期待は高いと指摘しつつ、「ＡＶＣ（注：農業ボランティアセンター）のような組織や地域といった既存の枠組みを超えた人々を受け入れるという支援の在り方には、これまでＪＡグループが災害復興において果たしてきたものとは違った役割を求められることもあると思われる。その新たな展開の過程では、様々な課題が出てくることも想定される」（野場　２０２２：27）と結んでいる。この課題の特定と解決は、今後のＪＡグループにおける議論と研究が待たれるところである。

このようにＪＡグループは災害支援の仕組みを整えている。外部から相談を行う際は、活動内容を聞くのが良いであろう。外部団体との連携・支援を相談する際は、ＪＡグループに相談したい役割を明確化しておくことが望ましい。

②社会福祉協議会と農業ボランティア活動

社協は災害時、大規模災害対策基本方針[*4]や基本的考え方、そして各地のマニュアルに即し、災害ボラセンの設置・運営・撤収が行われる。この災害ボラセン運営については高度なノウハウが蓄積され、各レベルの社協が連携しながら専門人材の派遣が行われる。農業ボランティア活動の展開については、本書でも紹介してきたように基本的に社協が主となり運営することはない。しかしながら、これまでさまざまな連携・支援が行われてきた。

農業ボランティア活動との関係について、社協の基本的な考え方として「産業・生業支援などはボランティア活動による支援の範囲を超えるものと考えられてきた。……しかし、緊急度やニーズと支援の状況等によっては、……ボランティアの安全を確保したりしながら、できる範囲で対応してきた例もあるため、状況に応じて対応を検討する」[*5]と記載されている。被災地の地域性によっては、社協が農業ボランティア活動に関わる可能性が広がると期待される。

本書で紹介した事例のなかで、社協を通して行われた基本的な連携はいくつかある。一つ目は、被災者のニーズ調査情報の共有があげられる。社協の災害ボラセンが収集したニーズのなかで対応できない農業関連等に関するものは、情報共有会議での話題提供や、NPOなどへ個別相談が行われることがある。これなどは、社協の優れた情報収集機能とその他の生業支援や高度な支援を行うボランティアセクターとの連携として望ましい形である。二つ目は、災害ボランティア保険の手続きと災害ボランティア車両高速道路通行証明書の発行の事務である。そして三つ目は、資材の提供である。スコップや一輪車など、家屋の復旧作業で使用される道具のなかには、農業ボランティア活動で利用可能なものが複数あり、支援が行われてきた。しかし、これらについては、災害ボラセンが実施する以外の活動の証明が難しいことや、災害ボラセン閉鎖後は対応できないこともあり、地域の受け皿づくりが大切である。

より高度な連携としては、社協の災害ボラセンの関係者間で農業ボラセンの設置が検討され実施された、熊本地震における「西原村農業復興ボランティアセンター」（西原村百笑応援団）の事例（第4章）や、令和元年東日本台風の「信州農業再生復興ボランティアプロジェクト」（第7章）のような連携型が挙げられる。このようなタイプが多いのは、単に社協の守備範囲に生業支援が含まれていないということだけではない。農業や地域、災害の多様性、その被災後の復旧に必要な創造的な支援体制づくりと復旧活動が必要とされているからである。社協との連携について相談を行う場合は、社協の取り組みと守備範囲を理解した上で、農業ボランティア活動が必要とする情報、資材、人材、運営ノウハウ、スペースなどの供用について検討することが望まれる。

③行政と農業ボランティア活動

災害による被災地を抱える基礎自治体は各行政区、農区からの情報・窮状に基づき被害の把握を行い、国・県および自治体の復旧・復興対策事業を進める役割を担う。農地・農業用施設の復旧事業の多くは、補助金を利用することから、調査から、査定、被災者及び関係者との協議、計画、施工まで長い年月がかかり、事業を計画期間内に終了させることが重要となる。

一般的に市町村は平成の大合併により広域化し、職員の削減や異動により災害対応力の弱体化が進んできた。特に中山間地域を含む自治体は面積が広いため、被災地の地理を職員が十分に理解していなかったり、調査に多くの日数を要したりすることになる。このような状況を打開するために、現在では、他の行政機関からの応援として職員の災害派遣が行われ、災害対応業務が行われている。災害において、幹線道路や農道が被災している場合、そもそも、被災農家が農地被害の把握ができず、行政機関への災害報告も遅延しがちとなる。災害の応急対応期を終え復旧期に入るなかで、徐々に被災状況が把握され、復旧事業を実施するかしないかの査定と計画が進められる。災害復旧事業を実施しない農家、農地、農業用施設をどうするのかという課題が立ち現れる。

行政が中心となり展開した農業ボランティア活動の事例は、平成24年7月九州北部豪雨で被災した福岡県うきは市の「うきは山村地域保存会」と、令和2年7月豪雨において被災した福岡県大牟田市が実施した「大牟田市農業災害復旧ボランティアサポート協議会」である。いずれの行政機関も被災地に経験のあるNPO組織がないため、近隣のNPO団体の支援を取り付けたり、地元で連携体制を整えるなど、事業の実施運営を実現させた。

福岡県大牟田市は活動報告[*6]を残しており、振り返りと課題がまとめられている。一つは、中核となるボランティア団体との連携、そして、コーディネーターの確保である。そして、農業ボランティア活動案件の対応区分及び優先順位について、国の災害復旧事業、次に県・市等の補助事業を検討し、全ての補助事業に該当しない案件について、農業ボランティアの活用が検討されている。しかしながら、国の事業申請について、休耕田は対象とならず、申請に間に合わない農地もあり、農業ボランティア活動の対象とされた。

その他、ボランティアが車で集合できる広い駐車場のあるサポート拠点の設置、コロナ禍における対応、運営資金の確保と車両保険等への加入検討の必要性、地域での情報発信の検討、そして、今後の災害における協議会の設置基準について検討が必要とされている。この最後の協議会の設置基準については、災害と被災の規模、地域の特性等の違いが考えられ、各地域での継続的な検討が必要と考えられる。なお、福岡県大牟田市は本協議会の設置にあたり「令和2年7月豪雨　農業災害ボランティア活動の支援に関する協定書」を大牟田市社協と、本章で紹介した2つのNPOとの4者で締結している。本協定は令和3年3月末日までの適用とされているが、このような連携協定を平時から結び、農の振興に資する連携活動を展開し、災害時の備えとすることが必要であろう。

災害前の里地・里山保全活動の展開

農業被害を受ける地域は、いわゆる里地・里山といえる。高度経済成長期を契機にわが国は都市化・近代化が推し進められ多くの人々が都市地域に移住し、里地・里山地域の人口減少が進んだ。少子高齢化社会の到来を受け、集落と農林地の維持が難しいと言われて久しい。このようななか、里地・里山地域では都市農村交流、グリーンツーリズム、関係人口など、人々の関係づくりが取り組まれてきた。

本書で紹介した事例では、災害前から都市・農村の交流活動が行われ、災害時に農業ボランティア活動が展開できた事例が複数あった。災害前に行われていた里地・里山活動の構造や機能を活かしながら災害時対応ができたものである。筆者は、NPOや集落、農家による里地・里山保全活動の展開が、非農家、都市住民と各地でなされることを強く推奨する。それは、地域の地縁・血縁にとどまらない、新たな農村コミュニティの構築が期待できるからである。集落の人々が所有していない知識や経験は、今後、新たな社会に適応し集落を維持するために必要である。

NPOはテーマ特化組織であるものの、里地・里山保全という使命を掲げていれば、災害時の農業ボランティア活動に機動的に取り組むことが期待される。例えば、地域ごとのローカルな被災地に対し、偏った支援を展開できる。ある地域で深く展開した実績は、時に先駆性を持ち、先鋭的な取り組みとなる。このような取り組みが複数出てくると被災地域の抱える課題解決の可能性が見いだされ、あとは、それをどう広く展開するかという議論と対策につながることになる。

農村集落の住民、通い農家にとってみれば、災害時の農地・農業用施設の復旧は自分事、部会事、そして集落事として高い優先順位で取り組むことになる。それを非常時に実現するには、外部者と連携できることが助けとなろう。平時には、都市農村交流事業が各地で取り組まれている。あとは、災害時への想像力を働かせることになる。それを平時の活動の使命に災害対応を盛り込み、準備をはじめよう。理想的には、災害前から「農村デザインセンター」のような拠点を設け、ソフト面のみに限らず、ハード面の整備・改修を進めながら農村の生活の質の向上と共に、経営的に自立できる展開を行うことが望ましい。

人材育成について――福岡県の取り組みから

本書は、各地で展開した農業ボランティア活動について、それを実施することができた理由として、「あの人、あの組織」の存在に着目した。また過去の災害の経験を通じた被災地での情報共有により、ＪＡ、行政機関、そして、社協との連携が得られたことを紹介してきた。

今後の被災地において、まだ災害が起きていない各地の農山村において、「あの人、あの組織」をどのように確保することができるのかは、連携活動を行ううえで課題である。そのような動きのできる人材を育成し、日頃より連携活動を行い備えることが大切だと考えられる。

基本単位となるのは、自助と言われる家族単位での暮らしと生業であろう。常日頃から家族と共に農を営み、集落や地域、団体活動に参加し、関係づくりを行うことが欠かせない。洪水などの災害が想定される場合は、過去の事例から、災害時の対応を話し合うことも効果的である。資機材については、ふだん使用しているもので十分であり、災害時は、支援団体から借りることができる。もし、地域外で災害があった場合は、支援を行うことが、ノウハウの共有に資することになる。

集落や、団体、行政機関、ＪＡなどの組織単位では、計画的な準備と人材育成が望まれる。できるだけ平時の活動体制が、災害時の農業ボランティア活動として機能することが理想であることから、組織単位で検討し、ふだんの事業のなかで必要な情報媒体の利用、資機材の準備、拠点の確保、そして、関係づくりを進めることが求められる。また、農業ボランティア活動に関するセミナーや事業を実施することも考えられる。

福岡県では、２０１９（令和元）年から翌年の２０２０（令和２）年にかけて、農業ボランティア活動支援事業を実施した。事業実施の背景としては、罹災認定を受け補助事業による農地復旧を行おうとする場合、相当な時間を要することがあり、早急な復旧を求める農家は、自力による復旧が必要となる。そのため、国の災害復旧の対象とならない農地や水路の土砂の撤去について、農家の被災状況や圃場やビニールハウス等の位置など、地域農業に熟知したＪＡ職員が中心となって、農業ボラセンを設置し、他団体と連携をとりながら復旧活動を展開することが求められると考えられた。今後も県内で大規模な豪雨災害が起こりうる可能性があることから、災害時における農業ボランティア活動が速やかに実施可能となるよう、地域農業に精通したＪＡを核として、農業ボランティア活動の体制整備を行うため、事業を実施することとされた。

災害時の体制としては、関係機関と連携して農業ボランティア（農地復旧）活動をコーディネートする人材（コーディネーター）を配置する。また、広域の地域で災害が発生した場合には、JA間の協力により、迅速に対応できるような体制を整えることとされた。

このような体制で活動できる人材を養成するため、事業の実施内容は、主に研修会と、車両系建設機械（小型バックホー）運転技能講習とされた。研修会の資料については、JA福岡中央会の委託を受け、筆者らが『災害後の農地復旧のための共助支援の手引き』[*7]を作成した。研修会は、県内の各JAにJA福岡中央会から開催案内が送付され、参加対象者は総務企画部門、営農企画部門とされた。研修は、複数回行われ、平成29年7月九州北部豪雨で農業ボラセンを設置したJA筑前あさくらの担当者、「NPO法人山村塾」のKさんより災害時の活動について、県の農村森林整備課より農地復旧災害事業について、そして、筆者から手引きの説明などが行われた。また、フィールド実習として、資機材の積み込みと圃場への搬入作業と、農地復旧作業（ボランティア作業）も実地で行い、作業を通じて活動の概要の学習を行った。

教材は、手引きにくわえ、DVD映像の作成も行われた。研修に参加することができなかった担当者が学習できるように、研修の講義と実地内容の映像が収録されている。わずか2年間の取り組みであったが、本活動を行ったことにより、その後の県内外の農業ボランティア活動に少なからず貢献できていると考えている。

補論

農業ボランティアセンターの運営について

災害時にボランティアを集め、被災地に派遣するノウハウは各地の社会福祉協議会（以下、社協）およびNPOセンターなど、ふだんから生活支援をはじめ、類似の活動を実施している団体が有しており、各種マニュアルをWEB上で公開している。集落・地区、市町村、JAが農業ボランティアセンター（以下、農業ボラセン）の設置を検討する場合は、まずは、ボランティアコーディネートのできる社協との連携を模索し、農業ボラセンの機能の一部を分担することが望ましい。

次に、農業ボラセンの設置運営に関するノウハウは、過去の災害で活動した団体が有しており、実働においては、それらの団体との連携が望ましい。また、筆者は、2016年および2020年に『災害後の農地復旧のための共助支援の手引き』（以下、『手引き』）を公開している。2020年度の改定版は、2019年度福岡県農業ボランティア活動支援事業の一環として福岡県農業協同組合中央会が発行し、編集・執筆を筆者が行った。構成は本編、事例編、様式編の3部構成としており、様式編はファイル群をダウンロードし利用できる。参考にしていただきたい。

農業ボラセンの運営は、実働を伴う取り組みであるから、実働できる人材・団体と連携し、必要な資機材、資金、拠点を用意し展開する必要がある。ここで、要点をいくつか紹介したい。

共助連携を想定した農地復旧活動のタイムライン

被災からの復旧・復興は、その時々の被災地の実情を把握しながら準備と対応を進める必要がある。表9－1に、共助連携を想定した農地復旧活動のタイムラインを示した。ここでは共助に着目する。共助とは、外部からの支援のことである。この表は、平時からはじまっており、自助、互助、公助、共助とその実施主体を分けて示している。

自助は家族、親戚で行う活動である。ふだんから家族、親戚間のコミュニケーションを図り、このあとに述べる互助・共助活動への参加が大切である。災害時は、近くの人々が頼りとなり、地域の互助活動に、可能な範囲で参加を行う。農地の復旧について、自助で行えない場合は、公助による復旧を検討する。なお、このような災害復旧事業は遅れる可能性があるため、被災規模の小さな農地については、共助を利用することも選択肢である。地域のニーズ調査などには積極的に協力し、情報を集めることが必要である。

互助は、向こう三軒両隣、地域住民で行う活動である。平時は住民の協力により出事《でごと》や行事

表9－1　共助連携を想定した農地復旧活動のタイムライン

フェーズ	平　時	応急対応期（～1・2ヵ月）	仮復旧期（～翌年の春）	本格復旧期（翌年の春～）
自助	営農活動 互助・共助との共同	被災地の確認 自力復旧	被災地の確認 自力復旧 未被災地での営農開始	仮復旧した農地での営農開始
互助	地域活動の実施 共助との連携	互助組織による道あけ等の応急復旧活動	互助組織による復旧（共助との連携）	地域活動の実施（共助との連携）
公助	交流活動の展開 装備・施設・運用手順の備え	行政区長による応急対応、災害箇所の確認	災害査定・補助事業実施 行政区長による農地等復旧のニーズ調査	補助事業実施
共助	団体の組織化 人材育成 活動の開催	社協による災害ボラセンの運営支援 既存の共助組織による応急復旧活動	農業ボラセンの設置、活動支援 小規模の被災地の復旧を各団体と連携して実施	小規模の被災地の復旧・地域行事支援・未耕作地の代替管理・補助事業後の支援

を行う。災害時は、避難所への避難誘導、避難所運営、道や側溝の片付けなど、早期のさまざまな復旧活動を展開する。行政区長などの連絡・調整・判断をする方は、住民、行政、NPOの連携に努めることが望ましい。

公助は、行政組織によるものである。これまでの広域合併は、行政と地域の距離をより遠くする傾向があった。行政の役割として、平時より交流活動を行い連携協定を結ぶなど、互助・共助組織との関係を深め、人材育成、装備、施設の準備・運用を進めることが必要である。災害時は、被害の全体把握が困難となる。互助組織と連携し調査を行い、規模の小さな被災は自治体の起債・単独事業、もしくは、共助による復旧支援の検討が求められる。農業ボラセン機能は、被災状況に応じて判断することになる。

共助は、さまざまなテーマを追求する地域内外のＮＰＯが担う。平時は地域、行政とも連携しながら共助活動を展開する。里地・里山保全団体など農地に関わる団体は、人材、技術、機材、施設を確保しながら、可能な限り地域に根ざした活動を展開する。災害時、活動が展開できる条件が整ったと判断できれば、速やかに各種支援活動を展開する。特に社協、行政区長、自治体との連携が重要である。ニーズ調査等の情報、道具類の確保、ボランティア保険面などは連携のなかで確保できる。ＮＰＯ人材、技術、ボランティア確保は、平時に培った共助の力が必要とされる。復旧活動が軌道に乗れば、外部ＮＰＯからの支援を仰ぎ、互助組織と共に持続的な復旧・地域振興活動を展開することが望まれる。

①農業ボランティアセンターの開設

農業ボラセン設置判断の参考として判断基準例を表9－2に示す。この表は、災害の規模を軽度のレベル1からレベル3まで区分し、被害状況と救援活動の体制を大まかに示したものである。農業ボラセン設置の判断は、農地・農業用施設、農業支援の緊急度に応じ、想定される作業をリスト化し、関係機関と協議して設置の判断を行う。

想定される設置の時期は、発災から1～3ヵ月後が目安と考えられる。発災後の応急対応期は、人命確保、避難所支援、被災住宅への支援が中心であり優先されるため、農業ボラセンの設置は時期を見計らうことも大切である。

表9－2　農業ボランティアセンターの設置判断基準（例）

	被害状況	救援活動の体制
レベル 1	**比較的局所的な小規模の被災** •一部地域で建物が半壊 •一部地域で多数の農地が浸水 •ライフラインがほぼ正常稼働 •一部地域で住民が避難	•地元の互助・共助組織、行政機関が中心となって活動を展開 •農業ボラセンは設置しない
レベル 2	**比較的局所的だが中規模な災害** •一部地域で建物が全壊・半壊 •一部地域で農地が浸水、土砂等の流入	•農業ボラセンを設置 •ニーズ調査、ボランティアを募集し活動を実施する
レベル 3	**中～大規模災害** •ライフラインが一部寸断 •一部地域で人的被害が発生し避難所開設 •交通網が一部でマヒ •多くの農地で浸水、土砂の流入などが見られる	•農業ボラセンを設置 •ニーズ調査、ボランティアを募集し活動を実施する •他地域のJAや各種団体の応援体制をとる

農業ボラセンの設置場所は被災地周辺、交通アクセス可能な場所等を確保する。要件としては、駐車場、物資の保管場所、ボランティアの休憩場所、可能であればオフィス機能を有する条件を満たしていることが望ましい。活動地が遠隔の中山間地などとなる場合は、サテライトを設け、機能の分散を検討する。サテライト設置の効果としては、被災地の状況が把握しやすく、きめ細かなニーズに対応できる。道具や装備を保管できれば、活動を効率化できる。

農業ボラセンの設置に際しては、運営規則を設け、設置根拠を明確にして活動することが望ましい。活動を行う人材は、現場を担う専門家、農業ボラセン機能を担うコーディネーター、そして、一般のボランティアである。専門家の人材像は大きく3つに分けられる。一つ目は、被災した農地・農業用施設などの被災と復旧事業の仕分け判断のできる人材、二つ目は復旧現場で一般ボランティアと連携し作業を安全に遂行できる人材、そして三つ目は、資材の運搬、重機のオペレーションのできる人材である。農業ボラセン機能を担うコーディネーター人材は、農業ボラセンの全体総括ができる責任者、そして、ニーズ班と総務班である。詳細な役割分担、資材の準備・管理については『手引き』を参照いただきたい。

②ニーズ調査の周知と実施

ニーズ調査と実施判断については、「公平性」が問われる可能性がある。JAが農業ボラセンを担う場合、ニーズ調査はJAの組合員だけでなく、地域全体を対象とし公平に門戸を開くことが望ましい。一方で、実施については、農業ボラセンの体制、考え方により全てのニーズに対応できない場合があると想定される。対応できない活動は、連携する他団体にニーズ情報を提供・分担し、創造的に活動を進めることができる。

農業ボラセン設置の告知は、情報収集団体・メディア、関係者に広くいきわたるよう実施する。基本的に農家は、復旧活動をボランティアに依頼、要請する考え方を有していない。担当者は生産部会の代表者や行政区長などに説明を行い、理解を広げる必要がある。農家への告知は、農業ボラセン活動の告知のチラシを依頼者（農家）に配布する。生産組合、行政区、復興会議など、配布、声掛けを代表者から行うと効率的である。なお、『手引き』には、チラシのひな形を公開しているので活用できる。

被災者、高齢者のなかには体調の関係やその他の事情で依頼できない場合も多いため、一斉連絡や個別の声掛けをしていく必要がある。ニーズの受付作業は、電話での受付を含め、ニーズ受付票を利用すること。なお、実施の即答は行わない。

関係団体へは連絡調整会議の開催を呼びかけ、定期的にニーズ情報の交換と実施の検討、分担について協議を行う。社協や行政機関、各種ボランティア団体に届くニーズ情報のなかに、農業ボラセンで対応できるものもあるため、団体相互の情報交換ができる関係づくりが望まれる。

③活動の計画・事業の仕分け

現地調査と現地協議について、収集した農家等からのニーズをもとに、現地で調査を行い活動の計画を立てる。農地・農業用施設の復旧は、災害復旧制度との関係から事業の仕分けが必要である。農家および行政機関の農地復旧担当者と相談のうえ、何をどこまで農業ボラセンで扱うか事前調整を行う。

平成29年7月九州北部豪雨における「JA筑前あさくら農業ボランティアセンター」では、朝倉市農林課との間で、次のような農地復旧制度との線引きが行われた。山地の樹園地の土砂出し・流木撤去について、農林課としては平地の田畑における災害復旧事業の後に着手していくため申請と査定が遅くなり、着工を待っていれば果樹が枯れる恐れがある。農業ボラセンが行う場合、農地は査定に乗っている可能性があるので、敷地内から土砂を出さなければ問題はないということであった。農家からの要望はあるため、農業ボラセンとしては最も高い優先順位で実施された。

一方、田畑の土砂出し・流木撤去について、農林課としては国の査定に乗るところが多いため農業ボラセンの活動はしない方が良いが、査定は土砂の堆積厚によるため、小さな流木は撤去してもかまわないという回答だった。複数のＮＰＯにより田んぼにおける稲の収穫や流木などの撤去作業が行われたが、農業ボラセンは活動を行わない判断をした。その他、ビニールハウスの土砂出し、農水路・農道の土砂・流木撤去、納屋の土砂出しなどが検討され、実施の順位付け、実施の可否判断が行われた。

協議を行わずにボランティアによる復旧活動を実施し、その後、災害復旧制度を利用する場合、現状保存がなされていないとみなされ、災害復旧事業の対象から外される可能性がある。このような事態を避けるためにも事前の現地協議が必要である。理想的には、部分的にでも農業ボラセンで仮復旧し、本格復旧までの期間に営農が再開できると良い。

事業の実施判断として、農業ボラセンが取り扱う主な対象は、「急を要するもの」「自力復旧できないが災害復旧事業を行うほどでもない小規模の被災」、そして「復旧事業後の対応」などとなる。活動の実施は緊急性の高い内容を優先的に行うこととなる。

具体的に実施可能と想定される活動は、農地に入ったごみ・小石の除去、土砂出し（水路、農地など手作業を要する箇所）、そして、専門技術を要さず危険の伴わない軽作業で対応できる小規模の被災などである。一方、次のような活動は、実施に注意が必要と想定される。作付け・収穫等の農作業支援で品質管理の観点を要するもの、草刈りなど機械を用い危険が伴うもの、災害査定で災害復旧事業を行う予定のもの、小型重機等を用い実施すべきもの、専門技術を要し危険を伴う作業、そして反社会的と判断されることである。

計画における留意事項は次の通りである。まず、軽トラや農機具の入れない農地における農産物は、収穫支援、農作物管理を行うことが望ましい。しかしながら、収穫した商品の取り扱いについて勘案する必要がある。お米について、自家消費米などは生活支援の側面もあり、地域景観を保つ観点からもボランティアによる支援が望ましい。一方、商品作物については、値崩れや価格競争力を落とすことも懸念され、適宜、判断が必要となる。

次に、手作業で行うか小型重機で行うかの検討である。農地に入った小石やガレキなど、手作業で実施しなければならない作業もあるが、土砂など、小型重機で実施したほうが効率的な場合もある。重機がアクセスできる場所については、ボランティアの安全を勘案したうえで、導入の検討が望ましい。ボランティアの手作業を非効率に用いるのは好ましくないであろう。

最後に、農家の自立の観点である。被災時、生活を立て直し、農業を立て直すためにボランティアの支援が必要とされる。一方、過度の支援は農家の自立の妨げや、馴れ合いを生じかねない懸念もある。

④ボランティアの受け入れ準備

農地・農業用施設の復旧におけるボランティアの募集方法は事前応募型が望ましい。一般的な災害ボラセンは、朝、任意に集合したボランティアに受付をしてもらい、ニーズ票をもとに、マッチング・派遣を行う。しかしながら、この方法では、作業内容に対し、ボランティア数が過剰になったり、作業内容とボランティアのミスマッチが起こる可能性もある。募集人数を限定する事前応募型とすることで、予約の可否は、作業の内容、移動方法、作業スペース、道具の数、天気、現地の状況等から判断する。事前にボランティアに受け入れ可否と内容等を伝えることにより、より安全に、充実した活動とすることができる。天候悪化の場合は中止連絡を直前に行うこともできる。

ボランティアの募集先は、平時の関係性を活かし、地域内・近接行政機関へのチラシ配布、SNS、メール、ホームページでの告知等を行う。告知文には、実施日・人数・作業内容などを記入し配信しよう。ボランティアへの情報提供は詳細に行うことが望まれる。災害の種類、天候の変化への対応、募集対象・人数、必要とされる服装・装備・心構え等、保険手続き、集合場所、時間等、各種留意事項について、必要な情報を十分に伝える必要がある。特に、初心者にむけては、活動の雰囲気や、肉体的、精神的な大変さについてイメージできるよう、情報の発信に努めることが望ましい。

事前申し込みの受付方法は、電話・メール・FAXで行うか、もしくは、インターネットのGoogleフォームで登録票を作成し参加希望を募る方法もある。受け入れ可否を判断した後、申込者・団体に回答を行う。人数を多く受け入れられる内容の場合は、学校のサークルや、企業・団体の受け入れは効果的である。すでに、チームとして意思疎通の図れる関係性ができておりスムーズな活動が期待される。

農業ボランティア活動の特徴は、未成年者や女性も参加しやすいことである。未成年者については学校および保護者の同意書が必要である。参加は小学生以上とし、保護者・教員が同伴することを基本とする。一般の個人、小グループを受け入れる場合は、受け入れ側のコーディネートの負担、安全管理、コミュニケーションの観点から適正人数を勘案する必要がある。基本的に、一つの作業現場に、7～15人程度に留めることが望ましい。

⑤活動当日の運営

初めて出会うボランティア、被災者、関係者が安全で充実した活動を展開するには、活動当日の現場運営が大切である。当日の運営は、図9－5のような流れで実施する。

当日、現場を運営するには、作業を進行するボランティアリーダーが必要である。リーダーの主務はコミュニケーションである。ボランティアの人数確認、依頼主とボランティアの対面

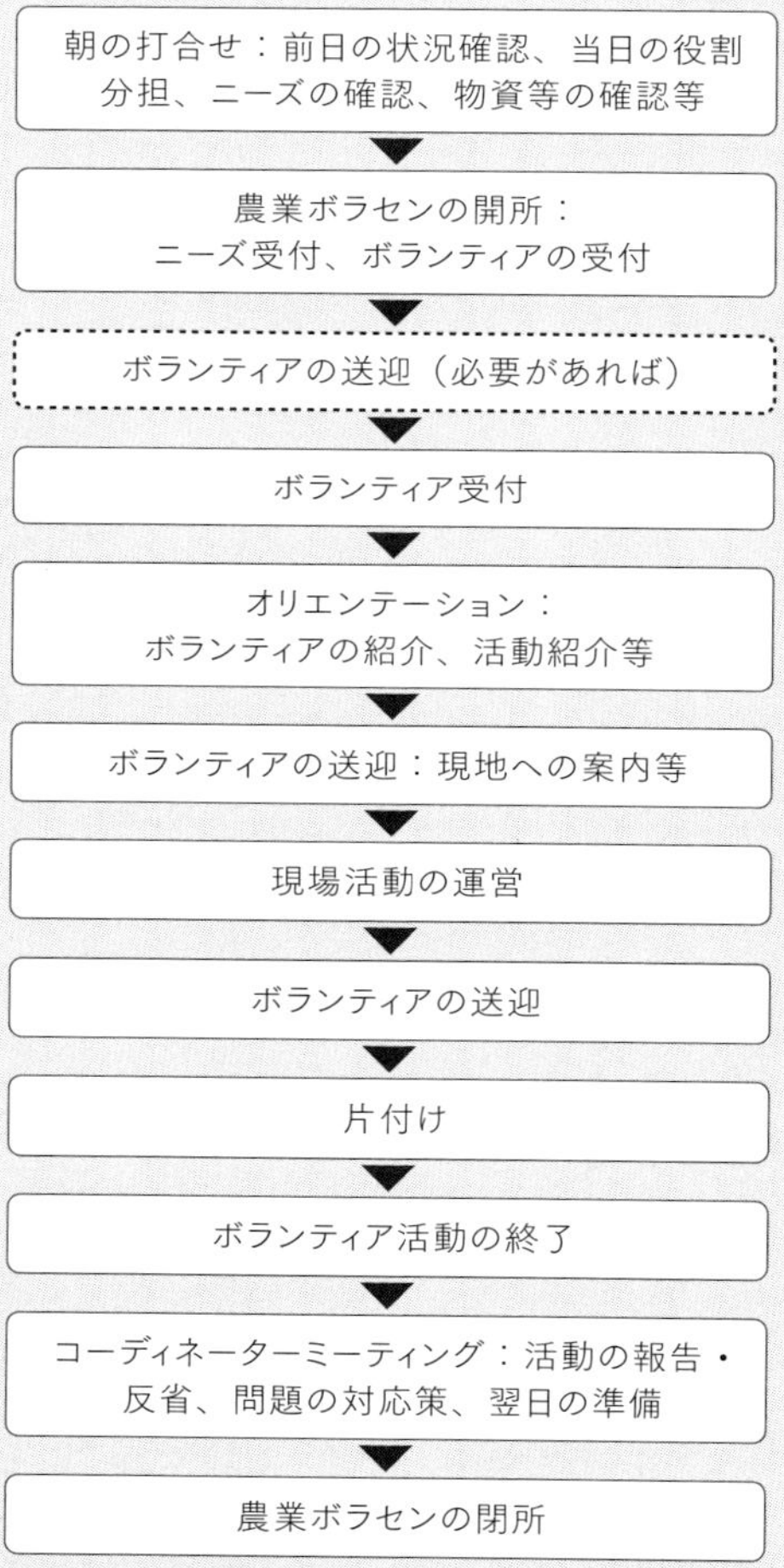
朝の打合せ：前日の状況確認、当日の役割分担、ニーズの確認、物資等の確認等
農業ボラセンの開所：ニーズ受付、ボランティアの受付
ボランティアの送迎（必要があれば）
ボランティア受付
オリエンテーション：ボランティアの紹介、活動紹介等
ボランティアの送迎：現地への案内等
現場活動の運営
ボランティアの送迎
片付け
ボランティア活動の終了
コーディネーターミーティング：活動の報告・反省、問題の対応策、翌日の準備
農業ボラセンの閉所

図9−5　農業ボランティアセンター（農業ボラセン）の一日の流れ

の場の設定、グループ管理、休憩、道具管理、ボランティアへの説明、声掛けなど、さまざまなコミュニケーション活動を行う。初めての参加者や依頼者は、勝手がわからずに我慢や遠慮をすることがある。オリエンテーション等のコミュニケーションは大切であり、作業中も目配りを行い、安全に無理なく作業できているかの確認が必要である。作業後の後じまいの際に少しでも時間があるのであれば、活動の感想などを共有することも大切である。作業の進捗状

況、次の活動への申し送り事項、ボランティアが気づいた危険や留意事項などを把握し、次に活かすことができれば、質の高い活動が継続的に展開できる。最後には、整理体操を行い、疲れが残らないようにしたい。被災農家が現場に居合わせることができれば、一緒に作業ができたり、謝辞を伝えられたりし、ボランティアの充実感が確かなものになる。

農業ボランティア活動は、さまざまな道具を利用する場合がある。数や状態など必要な情報を活動前後に記録するとともに、作業前は、道具も身体も壊さないように、道具の名前、利用目的、安全な利用方法、運び方を、作業後は、片付け方について説明し、適切な扱いができているかを活動のなかで確認を行う。

最後に、活動終了後、ボランティアリーダーは活動報告書を記入し、農業ボラセンに提出する。気づいたことがあれば、総務班に口頭で伝達し、後日の作業に申し送りを行う。受付対応・関係団体との情報交換、当日の受付などの役割を担う総務班は、ボランティアリーダーの活動報告書を確認し、後日の活動の参考にする。

⑥危機管理

農業ボランティア活動の危機管理の必要性は、「現場の安全の確保」「スムーズな活動」そして、「活動・組織の保全」の観点から求められる。事故を起こさないための準備（危機管理の検討、リスクと対策の実施と伝達、活動中の目配り）、事故時の準備（事故対応の体制、救急処置の準備）、そして保険の準備（傷害保険、賠償責任保険）である。リスクは、道具の使用、気候、動植物、環境に起因するが、一方で、事故は人的要因で生じる。事前の現場確認、リスクの同定・想定と対策の計画、現場での伝達と管理を行い、大きなケガ、事故が生じる可能性を最小化する。

農業ボラセンに求められる基本的な危機管理について述べる。全ての農業ボラセン、活動現場、車両に緊急応急セット、飲料水等が利用できるよう準備する。特に、農業ボランティア活動で想定されるリスクは、熱中症、切り傷、刺傷、腰痛、打撲、筋肉痛等である。大きな事故としては高所からの転落、交通事故、二次災害なども含まれる。もしもの事故のために、近隣の医療機関の連絡先を入手し、関係者と共有しておく。応急手当の訓練を受けた経験者の参加を確保し、研修の実施も求められる。

作業を行う前には、リスクアセスメントを実施し安全計画書を作成する。想定されるリスク、リスクを制御する対策、事故等が生じた場合の対応を計画し、コーディネーター、ボランティアリーダーと事前に共有する。リスクを制御できない活動は実施しない。

参加者の服装について、安全で適切な服装であるかどうか、事前の案内、当日の確認を実施する。被災現場であることから、被災者の心理にも配慮し、長袖・長ズボン、華美でない服装、汚れても良い靴、滑り止めのついた軍手、マスク、帽子、必要な場合はヘルメットを着用する。

動力機器を用いる場合は、資格、研修を受講した人員が対応し、適用される保険を確保する。また、作業現場、時間を一般ボランティアと分けるなど、危機管理を行う必要がある。コーディネーター、リーダーに求められる基本的な危機管理として、これまで述べたことに関するトレーニングを受講したり、実施のなかでサブリーダーとしての経験を積み、リピーターや経験者として関わりを重ね役割を担うことになる。このような人材を平時から確保することが大切である。農作業体験にくわえ、地域の水路、ため池の管理活動、草刈り活動、そして、里地・里山保全活動など、ふだんから実践的に協働する場の創出が望まれる。

⑦農業ボラセンの閉鎖に向けて

農業ボラセンの閉鎖は、基本的に、開設時に対象とした農業ボランティアによる活動の終了が見えてきた段階で検討する。一方、活動のなかで新たに見いだされる作業もあると考えられ、また、目の前の被災の復旧だけでなく、農業のより中長期的な視点から活動を柔軟に行うことも望まれる。創造的に、柔軟に対応しながら活動を進め、農業ボラセンを閉鎖する際は、他の活動組織に、緩やかに委ねることができると良い。例えば、シルバー人材センターや、援農活動、ツーリズムのような取り組みへの移行などである。

また、季節によっては活動自体が難しくなることがある。梅雨、酷暑、台風、雪など、温暖化の影響もあり、豪雨、豪雪となることもある。当然のことであるが、警報が出たり、熱中症などのリスクが高まったりする時期は、1週間、1～2ヵ月単位で活動を休止することも必要となる。

註

＊1　農林水産省の災害復旧事業のサイトを参照。https://www.maff.go.jp/j/nousin/bousai/bousai_saigai/b_hukkyuu/#anchor_toha

＊2　農業ボランティア活動をめぐる被災地域・市町村、都道府県、全国の連携に関連して想起したいのが、ヨーロッパ連合の設立条約に謳われ、日本でも「平成の大合併」に際して言及された「補完性（subsidiarity）の原理」である。1600年代初頭の政治理論家、地方政治家であるヨハネス・アルトゥジウス（Johanes Althusius）に由来する補完性の原理は、「より大きな集団は、より小さな集団が自ら目的を達成できるときには、介入してはならない」（消極的な補完性）、「大きい集団は、小さな集団が自ら目的を達成できないときには、介入しなければならない」（積極的な補完性）からなる、両義的な概念である（遠藤 2003）。

＊3　2023（令和5）年2月8日に九州大学の社会包摂デザイン・イニシアティブ主催で実施した第4回社会包摂デザイン研究会「災害と農業・農村」での話題や参考文献などを参考とした。

＊4　社会福祉法人全国社会福祉協議会、2013年3月、「大規模災害対策基本方針」。

＊5　社会福祉法人全国社会福祉協議会（地域福祉推進委員会）、2013年3月（2021年5月改訂）、「社協における災害ボランティアセンター活動支援の基本的考え方——全国的な社協職

員の応援派遣の進め方」。

＊6　大牟田市農業災害復旧ボランティアサポート協議会、2021年10月、「令和2年7月豪雨農業災害復旧ボランティア活動報告」。

＊7　公開されている「災害後の農地復旧のための共助支援の手引き」は以下の通りである。

1. 「Volunteer for Farmland Restoration 災害復旧後の農地復旧のための共助支援の手引き version. 2016年3月31日——平成24年7月九州北部豪雨を事例に」

HandleURL：
https://hdl.handle.net/2324/7183323

2. 「災害後の農地復旧のための共助支援の手引き：福岡県の農業ボランティアコーディネーターの方々へ version. 2020年3月」

HandleURL：
https://hdl.handle.net/2324/7183324

3. 「災害後の農地復旧のための共助支援の手引き：福岡県の農業ボランティアコーディネーターの方々へ version. 2020年3月　事例編」

HandleURL：
https://hdl.handle.net/2324/7183325

4. 「災害後の農地復旧のための共助支援の手引き：福岡県の農業ボランティアコーディネーターの方々へ version.2020年3月　様式編」

HandleURL：
https://hdl.handle.net/2324/7183326

参考文献

■第1章

青田良介・室崎益輝・北後明彦、２０１０年、「災害復興基金と中間支援組織が連動した上での地域主導による復興推進のあり方に関する考察」『地域安全学会論文集』12、31－40頁。

朝廣和夫、２０１４年、「災害時にみる自然と地域の絆」土居義岳編『絆の環境設計――21世紀のヒューマニズムをもとめて』九州大学出版会、113－127頁。

朝廣和夫、２０１６年、『戦略的創造研究推進事業（社会技術研究開発）、コミュニティがつなぐ安全・安心な都市・地域の創造研究開発領域、研究開発プロジェクト「中山間地水害後の農林地復旧支援モデルに関する研究」事業報告書』。

朝廣和夫、２０２０年、『災害後の農地復旧のための共助支援の手引き――福岡県の農業ボランティアコーディネーターの方々へ』福岡県農業協同組合中央会。

朝廣和夫・小森耕太、２０１６年、『Volunteer for Farmland Restoration 災害復旧後の農地復旧のための共助支援の手引き version. ２０１６年3月31日――平成24年7月九州北部豪雨を事例に』。

朝廣和夫・鷲見直紀・橋爪良菜・佐藤宣子・藤原敬大・作田耕太郎・三谷泰浩、２０２２年、「豪雨被災中山間集落における修景デザインによる復興支援――平成29年7月九州北部豪雨で被災した福岡県朝倉市志波平榎集落における櫟山見晴台づくりを事例に」『芸術工学研究』（九州大学大学院芸術工学研究院）37、17－30頁。

渥美公秀、２００８年、「災害ボランティア再考」菅磨志保・山下祐介・渥美公秀編『シリーズ災害と社会 5 災害ボランティア論入門』弘文堂、83－105頁。

舩戸修一、２０１３年、「『援農ボランティア』による都市農業の持続可能性――日野市と町田市の事例から」『サステイナビリティ研究』（法政大学サステイナビリティ研究教育機構）3、75－83頁。

後藤光蔵・小口広太・北沢俊春・田中誠、２０２２年、『都市農業の変化と援農ボランティアの役割――支え手から担い手へ』筑波書房。

池田真利子・永山いちい・大石貴之、２０１３年、「飯田市における都市農村交流の展開――ワーキングホリデー飯田を事例として」『地域研究年報』（筑波大学人文地理学・地誌学研究会）35、121－145頁。

稲垣文彦・阿部巧・金子知也・日野正基・石塚直樹・小田切徳美、２０１４年、『震災復興が語る農山村再生――地域づくりの本質』コモンズ。

川村匡由、２０１７年、『防災福祉のまちづくり――公助・自助・互助・共助』水曜社。

木村和弘編、２０１９年、『棚田地域の震災復興――阪神淡路大震災、中越地震、そして長野県北部地震』農林統計出版。

水越康介、２０２２年、『応援消費――社会を動かす力』岩波書店（岩波新書新赤版1934）。

門田一徳、2019年、『農業大国アメリカで広がる「小さな農業」――深化する産直スタイル「CSA」』家の光協会。

西村一郎、2014年、『宮城・食の復興――つくる、食べる、ずっとつながる』生活文化出版。

Parsons, Talcott, 1951, *The Social System*, Free Press.（＝1974年、佐藤勉訳『社会体系論』青木書店。）

齊藤康則、2020年、「生業復興と販路形成――サードセクターは、なぜそしてどのように、被災した生産者を支援したのか」吉原直樹・山川充夫・清水亮・松本行真編『東日本大震災と〈自立・支援〉の生活記録』六花出版、580－610頁。

関嘉寛、2013年、「東日本大震災における市民の力と復興――阪神・淡路大震災／新潟県中越地震後との比較」田中重好・舩橋晴俊・正村俊之編『東日本大震災と社会学――大災害を生み出した社会』ミネルヴァ書房、71－103頁。

田島康弘、2005年、「新しいツーリズムによる地域振興――九州中央山地におけるワーキングホリデーの検討」『鹿児島大学教育学部研究紀要 人文・社会科学編』56、1－15頁。

山下祐介・菅磨志保、2002年、『震災ボランティアの社会学――〈ボランティア＝NPO〉社会の可能性』ミネルヴァ書房。

■第2章

原田隆司、2000年、『ボランティアという人間関係』世界思想社。

石森大智・岸本秀紀・菅原真奈夏・武田花音・廣田杏奈・齊藤康則、2022年、「震災復興からみた農業・水産業の持続可能性」東北学院大学経済学部共生社会経済学科編『令和3（2021）年度フィールドワーク報告書 第11巻』、3－25頁。

小賀坂行也、2012年、「仙台農協管内における東日本大震災の現状及び直面する課題」『日本農業年報』58、19－42頁。

小賀坂行也・伊藤房雄、2014年、「農業復興の課題と展望――仙台東部地区を事例として」『都市問題』105（3）：63－70頁。

西田陽平・武居史弥・金鑫、2015年、「大規模施設園芸における雇用労働者の収穫技術向上に関するナレッジマネジメントの効果」『農村経済研究』（東北農業経済学会）33（1）、74－80頁。

岡田知弘、2012年、『震災からの地域再生――人間の復興か惨事便乗型「構造改革」か』新日本出版社。

仙台市、2013年、『東日本大震災 仙台市 震災記録誌』。

仙台市史編さん委員会編、2014年、『仙台市史 特別編 9 地域誌』。

Taylor, Charles, 1994, "The Politics of Recognition," Amy Gutmann ed, *Multiculturalism: Examining the Politics of Recognition*, Princeton University Press, 25-74.（＝1996年、佐々木毅・辻康夫・向山恭一訳『マルチカルチュラリズム』岩波書店。）

山下祐介、2024年、「復興における当事者性について」山下祐介・横山智樹編『被災者発の復興論――3・11以後の当事者排除を超えて』岩波書店、196－223頁。

■第3章

重松敏則、１９９９年、『新しい里山再生法――市民参加型の提案』全国林業改良普及協会。

うきは市、２０１４年、『平成24年7月九州北部豪雨記録誌』。

八女市、２０１６年、『平成24年7月九州北部豪雨 災害と復旧復興の記録』。

夢かさはら自治運営協議会、２０１３年、『7・14笠原写真記録集――平成24年7月14日九州北部豪雨 福岡県八女市黒木町笠原の記録集』。

■第4章

渥美公秀、２０１４年、『災害ボランティア――新しい社会へのグループ・ダイナミックス』弘文堂。

阿蘇農業協同組合西原甘藷部会、２０１２年、『設立40周年記念誌』。

大門大朗・渥美公秀・稲場圭信・王文潔、２０２０年、「災害ボランティアの組織化のための戦略」『実験社会心理学研究』(日本グループ・ダイナミックス学会) 60 (1)、18－36頁。

藤本延啓、２０１８年、「西原村における被災と対応の個別性――地域社会レベルと時間の経過を軸に」『西日本社会学会年報』16、23－33頁。

広瀬弘忠、１９８１年、『災害への社会科学的アプローチ』新曜社。

本間照雄、２０１４年、「災害ボランティア活動の展開と新たな課題――支援力と受援力の不調和が生み出す戸惑い」『社会学年報』43、49－64頁。

稲垣文彦・阿部巧・金子知也・日野正基・石塚直樹・小田切徳美、２０１４年、『震災復興が語る農山村再生――地域づくりの本質』コモンズ。

河井昌猛、２０１６年、「西原村農業復興ボランティアセンターの取り組み」『月刊自治研』58 (10)、55－57頁。

西原村誌編纂委員会、２０１０年、『西原村誌』。

小澤一貴、２０１５年、「シルバー人材センターの成立と発展」『公共政策志林』(法政大学公共政策研究科) 3、47－60頁。

齊藤康則、２０１７年、「被災地の非営利組織で働く『第二世代』の生活史――活動と雇用のあいだを揺れ動くＮＰＯ」吉原直樹・似田貝香門・松本行真編『東日本大震災と〈復興〉の生活記録』六花出版、344－371頁。

徳野貞雄、２０１７年、「『目に見えない』ムラ型震災とは、何か――『二重の複合型震災』だった熊本震災」『農業と経済』83 (4)、33－48頁。

山田孝、２０１９年、「熊本地震からの復興――色褪せない地域コミュニティで創るムラ」『都市住宅学』２０１９(104)、202頁。

■第5章

朝倉町史刊行委員会、１９８６年、『朝倉町史』。

朝倉市、２０１９年、『平成29年7月九州北部豪雨 朝倉市災害記録誌』。

筑後川まるごと博物館運営委員会編、２０１９年、『筑後川まるごと博物館——歩いて知る、自然・歴史・文化の143キロメートル』新評論。

崔青林・池田真幸・水井良暢・島崎敢・李泰榮・臼田裕一郎、２０１８年、「平成29年7月九州北部豪雨における朝倉市災害ボランティアセンターの運営実態」『防災科学技術研究所主要災害調査』52、113－120頁。

第16回全国かき研究大会福岡県準備委員会、１９７８年、『第16回全国かき研究大会記念誌 福岡のかき』。

藤井政人、２０１９年、「九州地方における水害・土砂災害——平成29年九州北部豪雨、平成28年熊本地震災害」『土木施工』60（6）、67－68頁。

古川柳子、２０１９年、「ネットワークから見る『復興』のプロセス——九州北部豪雨水害から一年半…福岡県東峰村を舞台として」『明治学院大学藝術学研究』29、11－35頁。

後藤隆昭、２０１８年、「災害ボランティアの潮流『ボランティア元年』から『三者連携』まで——内閣府『防災における行政のＮＰＯ・ボランティア等との連携・協働ガイドブック』を中心として」『法律のひろば』71（9）、4－11頁。

杷木町史編さん委員会編、１９８１年、『杷木町史』。

羽野勉、２０１８年、「朝倉市蜷城地区コミュニティにおける平成29年九州北部豪雨時の対応」『第17回都市水害に関するシンポジウム論文集』（土木学会西部支部）、17－22頁。

梶田孝道、１９８８年、『テクノクラシーと社会運動——対抗的相補性の社会学』東京大学出版会。

梶原健嗣、２０２１年、『近現代日本の河川行政——政策・法令の展開：１８６８～２０１９』法律文化社。

上水樽昌幸、２０２１年、「筑後川水系赤谷川流域における河川の権限代行工事」『河川』77（7）、40－44頁。

工藤篤志、２０１３年、「ＪＡグループ支援隊『協同の力』で被災地応援中——ＪＡグループによる復興支援」『Ｎｏｓａｉ』（全国農業共済協会）65（9）、13－18頁。

水越康介、２０２２年、『応援消費——社会を動かす力』岩波書店（岩波新書新赤版１９３４）。

野場隆汰、２０２１年、「被災地の農業復興における農協の役割——平成29年九州北部豪雨におけるＪＡ筑前あさくらの取組みから」『農業協同組合経営実務』76（2）、4－16頁。

帯谷博明、２００４年、『ダム建設をめぐる環境運動と地域再生——対立と協働のダイナミズム』昭和堂。

大野誠・大野淳一・清淳一・大坪摩耶、２０１９年、「平成29年7月九州北部豪雨災害における応急復旧（筑後川水系赤谷川権限代行）——洪水・土砂・流木三重苦に挑む」『土木施工』60（6）、78－81頁。

斎藤功・林秀司、１９９３年、「筑後川中流域におけるカキ栽培の発展と貯蔵技術の革新——浮羽町を中心として」『筑波大学人文地理学研究』17、87－105頁。

角哲也・鈴木湧久・小木曽友輔・小林草平・竹門康弘・カントゥッシュサメ、２０１８年、「九州北部豪雨における寺内ダムへの流木流入の実態とダム下流に対するその意義」『京都大学防災研究所年報』61（B）、681－688頁。

手島義勝、２０２０年、「いまこそＴＡＣだ!!（第104回）ＪＡ筑前あさくらＴＡＣ活動報告」『農業協同組合経営実務』75（4）、58－65頁。

■第6章

阿川一美、1988年、『果樹農業の発展と青果農協』果樹産業振興桐野基金。

相原和夫、1990年、『柑橘農業の展開と再編』時潮社。

愛媛県史編さん委員会編、1985年、『愛媛県史 地誌Ⅱ（南予）』。

林芙俊、2003年、「専門農協の組織再編と共選組織の存立意義——愛媛県ミカン産地の事例研究」『北海道大学農経論叢』59、93-104頁。

市川虎彦、2020年、「過疎地域住民の市町村合併評価——周辺部編入型：宇和島市・西予市」『松山大学論集』32、35-72頁。

井上達夫、2003年、『法という企て』東京大学出版会。

幸渕文雄、2001年、「果樹（柑橘）地帯における戦後農政の推移と産地の動向」『年報村落社会研究』37、133-169頁。

香月敏孝・吉見珠輝、2014年、「農業センサス等からみた愛媛県農業の特徴」村田武編『愛媛発・農林漁業と地域の再生』筑波書房、44-59頁。

松岡淳、2007年、「柑橘作農家における樹園地の分散と集団化——分散のメリット・デメリットの分析を中心として」『農林業問題研究』（地域農林経済学会）166、1-11頁。

小田切徳美編、2013年、『農山村再生に挑む——理論から実践まで』岩波書店。

武山絵美・西久保依里佳、2021年、「農地中間管理機構関連農地整備事業による樹園地整備における地権者・借り手の同意・参加理由——愛媛県松山市の柑橘園地を対象として」『農業農村工学会論文集』89（1）、Ⅰ202-208頁。

宇和青果農業協同組合、1996年、『宇和青果農協80年のあゆみ』。

宇和島市、2019年、『宇和島市復興計画』。

宇和島市、2021年、『平成30年7月豪雨 宇和島市災害記録誌』。

和家康治、2014年、「柑きつ農協共販の展開と今後の取組み——JAえひめ南農協（旧宇和青果農協）の共販活動への提言」村田武編『愛媛発・農林漁業と地域の再生』筑波書房、97-111頁。

山本浩司、2019年、「斜面災害の全体状況」『平成30年7月豪雨 愛媛大学災害調査団報告書』、79-82頁。

吉田町誌編纂委員会編、1976年、『吉田町誌 下巻』。

吉田町誌編纂委員会編、2005年、『吉田町誌 昭和・平成30年の歩み』。

■第7章

千曲川工事事務所、2002年、『千曲川・犀川の地形と地質』。

林琢也・呉羽正昭、2010年、「長野盆地におけるアグリ・ツーリズムの変容——アップルライン（国道18号）を事例に」『地理空間』3（2）、113-138頁。

中居楓子・中村晋一郎・竹之内健介、2020年、「事前の防災活動による避難の促進——令和元年東日本台風千曲川決壊における長野市の事例」『土木学会論文集Ｂ１（水工学）』76（1）、424－436頁。

長野市、２０２１年、『令和元年東日本台風 長野市災害記録誌』。

長野市誌編さん委員会編、２００４年、『長野市誌 ７ 歴史編 現代』。

長野市社会福祉協議会、２０２１年、『長野市災害ボランティアセンター活動報告書』。

長沼地区住民自治協議会、２０２３年、『令和元年台風第19号災害記録誌 つなぐおもい伝えたい想い――１０１３からの住民のあゆみ』。

長沼村史編集委員会編、１９７５年、『長沼村史』。

関谷直也、２００７年、「災害文化と防災教育」大矢根淳・浦野正樹・田中淳・吉井博明編『シリーズ災害と社会①災害社会学入門』弘文堂、122－131頁。

山田啓一・田辺淳、１９８５年、「千曲川における寛保２年（１７４２）８月大洪水の考察」『日本土木史研究発表会論文集』５、121－127頁。

山室秀俊、２０２０年、「信州の農家を救おう！ 農ボラプロジェクトにかけた願い」『信州自治研』344、１－７頁。

吉田和義、１９８７年、「千曲川沿岸における地割慣行地の地理学的研究――長野県小布施町山王島集落の事例」『新地理』（日本地理教育学会）35（1）、１－13頁。

■第８章

Dynes, R.R. and Quarantelli, E. L., 1968, "Group Behavior under Stress: A Required Convergence of Organizational and Collective Behavior Perspectives," *Sociology and Social Research*, 52: 416-429.

福田徳三、２０１２年、『復刻版 復興経済の原理及若干問題』（山中茂樹・井上琢智編）関西学院大学出版会。

後藤春彦、２００９年、「生活景とは何か」社団法人日本建築学会編『生活景――身近な景観価値の発見とまちづくり』学芸出版社、23－36頁。

木村佐枝子、２０１９年、「スキル・資格・学び――ボランティアと専門性」、江田英里香編『ボランティア解体新書――戸惑いの社会から新しい公共への道』木立の文庫、57－64頁。

倉沢進、１９７７年、「都市的生活様式論序説」磯村英一編『現代都市の社会学』鹿島出版会、19－29頁。

Laville, J.-L. eds, 2007, *L'économie solidaire: une perspective internationale*, Hachette Littératures.（＝２０１２年、北島健一・鈴木岳・中野佳裕訳『連帯経済――その国際的射程』生活書院。）

McAdam, Doug and Dieter Rucht, 1993, "The Cross-National Diffusion of Movement Ideas," *The Annals of the American Academy of Political and Social Science*, 528: 56-74.

宮原浩二郎、２００６年、「『復興』とは何か――再生型災害復興と成熟社会」『先端社会研究』（関西学院大学大学院社会学研究科）５、５－40頁。

中澤秀雄、２０１９年、「公共土木施設『復旧』に回収されるまちとくらしの再生――宮城県気仙沼市・岩手県陸前高田市を中心に」吉野英岐・加藤眞義編『シリーズ被災地から未来を

考える ③ 震災復興と展望――持続可能な地域社会をめざして』有斐閣、92－127頁。

Nancy, Jean-Luc, 1982, *Le partage des voix*, Editions Galilée.（＝１９９９年、加藤恵介訳『声の分割』松籟社。）

野田隆、１９９７年、『災害と社会システム』恒星社厚生閣。

小田切徳美、２０２４年、『にぎやかな過疎をつくる――農村再生の政策構想』農山漁村文化協会。

大森彌、２００４年、「身近な公共空間」西尾勝・小林正弥・金泰昌編『公共哲学 11 自治から考える公共性』東京大学出版会、155－179頁。

尾崎寛直、２０１６年、「人口減少下における『復興』と地域の持続可能性――『よそ者』受け入れの視点から」長谷川公一・保母武彦・尾崎寛直編『岐路に立つ震災復興』東京大学出版会、39－62頁。

関曠野、２０１４年、「『農業』から『農』へ」関曠野・藤澤雄一郎『シリーズ地域の再生 ３ グローバリズムの終焉――経済学的文明から地理学的文明へ』農山漁村文化協会、12－21頁。

塩崎賢明、２０１４年、『復興〈災害〉――阪神・淡路大震災と東日本大震災』岩波書店（岩波新書新赤版１５１８）。

指出一正、２０１６年、『ぼくらは地方で幸せを見つける――ソトコト流ローカル再生論』ポプラ社。

田中輝美、２０１７年、『関係人口をつくる――定住でも交流でもないローカルイノベーション』木楽舎。

徳野貞雄、２０１１年、『生活農業論――現代日本のヒトと「食と農」』学文社。

頼政良太、２０２４年、『災害ボランティアの探究――アクション・リサーチによる実践研究』関西学院大学出版会。

山口直美、１９７３年、「農地農業用施設の災害復旧」『農業土木学会誌』41（５）、301－306頁。

■第9章

遠藤乾、２００３年、「日本における補完性原理の可能性――重層的なガバナンスの概念化をめぐって」山口二郎・山崎幹根・遠藤乾編『グローバル化時代の地方ガバナンス』岩波書店、251－274頁。

工藤篤志、２０１３年、「ＪＡグループ支援隊の取組み」『農業協同組合経営実務』68（５）、10－17頁。

野場隆汰、２０２２年、「農業災害ボランティアセンターの意義と農協の関与」『農林金融』75（６）、16－29頁。

農林中金総合研究所、２０１６年、『東日本大震災 農業復興はどこまで進んだか――被災地とＪＡが歩んだ5年間』家の光協会。

結城登美雄・小山良太・農林中金総合研究所、２０１２年、『東日本大震災 復興に果たすＪＡの役割』家の光協会。

あとがき

新型コロナウイルス感染症が世界を覆い、緊急事態宣言という聞き慣れない言葉が世のなかに暗い影を落とした2020年春、一冊の小冊子が、私（齊藤）の手元に届けられた。それは、本書の共著者である朝廣が、福岡県をフィールドとして長年積み重ねてきた農業ボランティア活動に基づく報告書、『災害後の農地復旧のための共助支援の手引き』である。

朝廣の名前を初めて知ったのは、さかのぼること3年前の2017年秋、熊本地震の調査で訪れた熊本県山都町であった。地震後の豪雨で崩れた棚田の修復に取り組む地元の方から、朝廣のコメントが掲載された新聞記事を紹介されたのである。この当時、社会学の分野では、災害発生時の農業ボランティア活動をめぐる議論はほとんど見られなかったが、すでに他分野には先達がいるのだと知り驚いたことが、つい昨日のように思い出される。

その後、本書第6章の元となる論稿が掲載された雑誌を返礼送付したことが、異なる分野で活動してきた私たちが共同研究をはじめる契機となった。Ｗｅｂ会議システムで打ち合わせを重ね、共同調査を行うなかで誕生することになったのが本書である。私たちを結びつけてくれたのは、まさに災害現場であり、そこで活動する方々であった。

もとより専門領域が異なるだけでなく、調査を開始した時期も一律ではないため、各地域で展開された農業ボランティア活動を、リジッドな枠組みから比較することは叶わなかった。しかし、あらためて本書のラインナップを眺めてみると、ボランティア、NPO、地域おこし協力隊、自治体職員、農業協同組合、被災農家など、実にこの活動の多様な担い手が浮かび上がって来るだろう。時間経過とともに実践知が蓄積され、農業ボランティア活動が「制度化」されつつあるプロセスも、ほのかに見えてくるように思われる。

もっとも強調しておきたいのは、農業ボランティア活動が、災害ボランティア活動と同じ水準で制度化されたわけではなく、社会実装という意味では、実に多くの課題が残されている点である。極端気象の増加を背景として、毎年のように自然災害が発生する状況のなか、本書が被災現場における農業ボランティア活動の浸透、さらに被災した農業・農村の復旧・復興にわずかなりとも寄与することになれば、著者としては望外の思いである。

なお、農地復旧後の農業復興や地域再生については、本書で十分に論じることができなかった。今後もこれらの課題に対する補足調査を続けるとともに、次なる災害が発生した際に被災農家から寄せられるニーズが、どのような形式の農業ボランティア活動として結晶することになるのか、この点も注視していく考えである。以上のような点については、いつの日か諸般の事情が許せば改訂版や増補版を刊行し、本書の内容を更新できればと願っている。

本書の初出は以下の通りである。しかしながら、本書に収録するにあたり大幅な加筆修正を施しており、ほとんど原形を留めていない。

■第1章（執筆　朝廣和夫・齊藤康則）

書き下ろし

■第2章（執筆　齊藤康則）

・齊藤康則、2018年、「なぜ災害ボランティアは農業支援に向かったのか?――東日本大震災・熊本地震の取り組みから考える生業の復興」『震災学』（荒蝦夷発行）12、200–229頁。

・齊藤康則、2020年、「生業復興と販路形成――サードセクターは、なぜそしてどのように、被災した生産者を支援したのか」吉原直樹・山川充夫・清水亮・松本行真編『東日本大震災と〈自立・支援〉の生活記録』六花出版、580–610頁。

■第3章（執筆　朝廣和夫）

・朝廣和夫・包清博之・谷正和、2014年、「福岡県八女市における平成24年九州北部豪雨の農地の被害分布と復旧課題に関する研究」『ランドスケープ研究』（日本造園学会）77（5）、649–654頁。

・朝廣和夫・包清博之・谷正和、2015年、「八女市・うきは市の平成24年の豪雨による農地復旧支援の共助活動型に関する研究」『ランドスケープ研究』（日本造園学会）78（5）、717–722頁。

・朝廣和夫、2016年、『戦略的創造研究推進事業（社会技術研究開発）、コミュニティがつなぐ安全・安心な都市・地域の創造研究開発領域、研究開発プロジェクト「中山間地水害後の農林地復旧支援モデルに関する研究」研究開発実施終了報告書』。

・朝廣和夫・小森耕太、2016年、『Volunteer for Farmland Restoration 災害復旧後の農地復旧のための共助支援の手引き version. 2016年3月31日――平成24年7月九州北部豪雨を事例に』。

■第4章（執筆　齊藤康則）
・齊藤康則、2018年、「なぜ災害ボランティアは農業支援に向かったのか?――東日本大震災・熊本地震の取り組みから考える生業の復興」『震災学』（荒蝦夷発行）12、200－229頁。

■第5章（執筆　齊藤康則）
書き下ろし

■第6章（執筆　齊藤康則）
・齊藤康則、2020年、「西日本豪雨と『みかんボランティア』――宇和島市吉田町における柑橘農業の復旧誌」『震災学』（荒蝦夷発行）14、130－149頁。

■第7章（執筆　齊藤康則）
書き下ろし

■第8章（執筆　齊藤康則）
・齊藤康則、2020年、「災害復興と生業支援――2010年代の災害から浮上する、いくつかの論点」『東北学院大学東北産業経済研究所紀要』39、5－9頁。
・齊藤康則、2024年、「被災した農業を復旧・復興するために、どのような支援システムが必要とされているか?――2010年代後半の自然災害から考える「農業ボランティア」の将来像」『旭硝子財団助成研究成果報告』（No.76人文・社会科学）。

■第9章（執筆　朝廣和夫）

・朝廣和夫・小森耕太、2016年、『Volunteer for Farmland Restoration 災害復旧後の農地復旧のための共助支援の手引き version. 2016年3月31日——平成24年7月九州北部豪雨を事例に』。

・朝廣和夫、2020年、『災害後の農地復旧のための共助支援の手引き——福岡県の農業ボランティアコーディネーターの方々へ』福岡県農業協同組合中央会。

この間、幸いにも下記の研究助成、研究委託を受ける機会に恵まれた。ここに記して深く感謝申し上げたい。

国立研究開発法人科学技術振興機構（JST）・社会技術研究開発センター（RISTEX）・戦略的創造研究推進事業（社会技術研究開発）・コミュニティがつなぐ安全・安心な都市・地域の創造研究開発領域・研究開発プロジェクト「中山間地水害後の農林地復旧支援モデルに関する研究」（2012～15年度、研究代表者・朝廣和夫）

国立研究開発法人科学技術振興機構（JST）・社会技術研究開発センター（RISTEX）・研究開発成果実装支援プログラム「熊本地震における農業支援・農地等復旧ボランティア実装支援」（2016年度、研究代表者・朝廣和夫）

日本学術振興会科学研究費助成事業 基盤研究C「社会的事業の台頭と震災復興の長期化により転換期を迎えたNPOに関する実証的研究」（2017～22年度、研究代表者・齊藤康則）

福岡県農業協同組合中央会からの委託研究「災害時における農業ボランティア活動をコーディネートするための体制整備について」（2019年度、委託先・朝廣和夫）

学校法人東北学院個別学術研究「大規模災害からの第一次産業の復旧・復興に関する実証的研究」（２０２０～21年度、研究代表者・齊藤康則）
公益財団法人旭硝子財団 人文・社会科学分野 サステイナブルな未来への研究助成「被災した農業を復旧・復興するために、どのような支援システムが必要とされているか？」（２０２１～23年度、研究代表者・齊藤康則）
公益財団法人住友財団・２０２１年度環境研究助成「被災した農業・農村の復旧・復興を促進する農業ボランティア活動の体系化に関する研究」（２０２１～24年度、研究代表者・朝廣和夫）
公益財団法人河川財団 河川基金助成事業「千曲川堤外地における水害と農業の過去・現在・未来」（２０２３～24年度、研究代表者・齊藤康則）
公益財団法人住友電工グループ 社会貢献基金「豪雨災害で被災した農地の復旧と農村コミュニティの再形成に関する社会学的比較研究」（２０２３～24年度、研究代表者・齊藤康則）

とりわけ住友財団からの研究助成がなければ、本書のような地道な実践研究を、書籍のかたちで世に送り出すことは不可能であったと思われる。あらためて深く感謝申し上げたい。

本書2・3・5～7章に掲載したEsri ArcGIS Proの画像は、米国Ｅｓｒｉ社とそのデータ提供者に所有権があり、同社の許可を得て使用している（Certain Esri ArcGIS Pro Imagery in this work are owned by Esri and its data contributors and are used herein with permission. Copyright ©2024 Esri and its data contributors. All rights reserved.）。また、国土地理院発行の数値地図（国

土基本情報）と、ＥＳＲＩジャパンの全国市区町村界データを使用している。

フィールドワークに赴いた各地で、多くの方々に大変お世話になりました。紙幅の関係上、全ての方のお名前を挙げることはできませんが、広瀬剛史さん（元ＲｅＲｏｏｔｓ）、小森耕太さん（山村塾）、山口聖一さん（がんばりよるよ星野村）、河井昌猛さん（リエラ）、濱﨑俊充さん（ＪＡ筑前あさくら）、安元正和さん（エフコープ生活協同組合）、川崎由香子さん（元ＪＶＯＡＤ）、平川文さん（Ｃａｍｐ）、渡邉健太郎さん（愛媛県庁）、清家嗣雄さん・大加田聖司さん（ＪＡえひめ南）、西澤清文さん（長沼ワーク・ライフ組合）、杉田威志さん（青年海外協力隊長野県ＯＢ会）には、幾度となくお話を伺わせていただくのみならず、資料の提供、現地調査の調整などを含めて、多大なるご協力をいただきました。誠にありがとうございました。

本書の出版に際して、一般社団法人農山漁村文化協会制作局の阿部道彦さん、株式会社農文協プロダクションの阿久津若菜さんに、厳しい出版事情とタイトなスケジュールのなか、多大なるご尽力を賜りました。また、初期の草稿段階より、故・甲斐良治さん（元農山漁村文化協会）、フリーライターの森千鶴子さん（森の新聞社）から、たびたび貴重なアドバイスを頂戴しました。あらためて深く御礼申し上げます。ありがとうございました。

齊藤　康則

著者紹介

齊藤康則（さいとう・やすのり）

東北学院大学地域総合学部准教授。専門は地域社会学、災害社会学。2010年東京大学大学院人文社会系研究科博士後期課程単位取得退学。大分大学福祉科学研究センター、山口学芸大学教育学部を経て、12年より同大経済学部准教授、23年より現職。
分担執筆として、『震災復興と展望―― 持続可能な地域社会をめざして』（吉野英岐・加藤眞義編、有斐閣、2019年）、論文に、「災害と子育て支援NPO」（『地域社会学会年報』36号、2024年）がある。

朝廣和夫（あさひろ・かずお）

九州大学大学院芸術工学研究院教授。専門は緑地保全学。1995年九州芸術工科大学大学院芸術工学研究科修士課程修了。㈱アーバンデザインコンサルタントを経て、1996年より同大助手、ロンドン大学インペリアルカレッジ客員研究員、03年より九州大学芸術工学研究院環境計画部門助手。09年より同大准教授。23年より同大教授。
分担執筆として、『よみがえれ里山・里地・里海―― 里山・里地の変化と保全活動』（重松敏則・JCVN編、築地書館、2010年）がある。

農業ボランティア

――災害列島をめぐる　人・組織の復旧記録

2025年3月10日 第1刷発行

著者　齊藤康則・朝廣和夫

発行所　一般社団法人　農山漁村文化協会
〒335-0022　埼玉県戸田市上戸田2丁目2-2
電　話　048(233)9351(営業)　048(233)9376(編集)
ＦＡＸ　048(299)2812　振替00120-3-144478
ＵＲＬ　https://www.ruralnet.or.jp/

ISBN978-4-540-24158-1
〈検印廃止〉

Printed in Japan
乱丁・落丁本はお取り替えいたします。

DTP 制作／（株）農文協プロダクション
印刷／（株）新協
製本／根本製本（株）
定価はカバーに表示